应用型本科　电气工程及自动化专业“十三五”规划教材

电工技术基础

主　编　王业琴　陈亚娟　张　敏
副主编　刘保连　杨　艳　鲁　庆

西安电子科技大学出版社

内容简介

本书主要内容包括：电路的基本概念和基本定律、电阻电路的一般分析方法、电路的暂态分析、正弦交流电路、三相电路、磁路与变压器、安全用电等。通过本书的学习，可使学生掌握电路和磁路的基本理论、基本分析方法和安全用电常识。

本书适合作为高等学校工科非电类专业“电工基础”课程的教材，也可供相关专业人员参考。

图书在版编目(CIP)数据

电工技术基础/王业琴，陈亚娟，张敏主编．—西安：西安电子科技大学出版社，2017.8

应用型本科　电气工程及自动化专业“十三五”规划教材

ISBN 978-7-5606-4635-0

Ⅰ.①电…　Ⅱ.①王…②陈…③张…　Ⅲ.①电工技术　Ⅳ.①TM

中国版本图书馆CIP数据核字(2017)第195101号

策　　划　马晓娟
责任编辑　马晓娟
出版发行　西安电子科技大学出版社(西安市太白南路2号)
电　　话　(029)88242885　88201467　　邮　　编　710071
网　　址　www.xduph.com　　电子邮箱　xdupfxb001@163.com
经　　销　新华书店
印刷单位　虎彩印艺股份有限公司
版　　次　2017年8月第1版　2017年8月第1次印刷
开　　本　787毫米×1092毫米　1/16　印张11
字　　数　252千字
印　　数　1～1000册
定　　价　23.00元

ISBN 978-7-5606-4635-0/TM

XDUP 4927001-1

如有印装问题可调换

前　言

电工技术在机械制造、交通运输、化工生产以及现代医疗技术等各专业领域都有非常重要的应用，也是各行业创新与发展的重要基础。在高等工科院校中，“电工基础”是非电专业的一门必修课程。本书遵循教育部提出的“卓越工程师教育培养计划”精神，厚基础、重实践，以能力提升为核心，注重学生专业成长、切合工程应用实际。

任何专业技能的获取都需要努力学习，电工技术也不例外，学习一种新知识最好的方法就是读、想、做。本书每一章节都有导读、基本要求、小贴士、实际案例、练习与思考等，对电工技术中的重点问题的求解进行了总结，并给出了相应的例题讲解。认真阅读思考每一章节的内容，结合例题一步步深入理解重要知识点，然后通过课后习题检验自己的学习效果，是夯实电工基础知识的不可缺少的步骤。本书摒弃了学生觉得艰深的理论分析过程，结合一线教师的长期教学经验，将知识点以通俗易懂的方式逐步引出、讲透并加以总结。本书除了可作为“电工基础”课程教材外，还可作为学习辅导用书，对想弄清问题来龙去脉，静下心思考问题本质的学生有很好的指导作用。

为了更好地完成“卓越工程师教育培养计划”的培养目标，本书非常注重工程案例的引入，在每一个知识点理论讲解结束后，都会至少给出一个工程案例，比如多量程电表的设计、常见地磅的设计、汽车点火过程、现代医疗方案及医疗设备的工作原理等。每个案例都遵循说明问题、分析实际问题、建立电路模型、求解电路及达成案例目标任务的思路进行讲解，由此通过例题描述工程案例的工作原理，分析知识点在实际案例中的体现，依据问题描述提炼电路模型，利用所学知识点求解电路，最后将求解的结果回归实际工程案例，完成实际工程案例的目标任务。通过工程案例分析，一方面使学生不局限于学习空洞的理论知识，更直观理解电工技术在本专业和工程实践中的应用，从而提高学习兴趣，强化学习效果；另一方面，通过实际案例的讲解培养学生认识问题、分析问题和解决问题的能力。

本书由王业琴、陈亚娟、张敏任主编，刘保连、杨艳、鲁庆任副主编，本书的编写者均是淮阴工学院电路电工课程组一线教师。在本书编写的过程中，得到了校院两级领导的关心和支持,在此向他们表示衷心的感谢。

虽然主观上力求谨慎认真，但限于时间和编者的学识、经验，书中难免存在缺点和疏漏，恳请使用本书的广大同行、同学和其他读者不吝批评指正，以便今后修改提高。

编者

2017 年 6 月

目　　录

第 1 章　电路的基本概念和基本定律

【导读】

本章从电路模型入手，介绍电路的组成、基本物理量，组成电路的各种电路元件及其伏安特性等知识，并讨论电源的两种模型及其等效变换，阐述电路的基本定律——基尔霍夫定律。这些内容都是电路分析与计算的基础。

【基本要求】

- 理解电压、电流的参考方向的概念。
- 理解电阻、电感和电容元件的伏安特性。
- 理解基尔霍夫定律的内容，掌握用基尔霍夫定律分析与计算电路参数的方法。
- 理解电源的两种模型及其等效变换的条件。
- 熟悉电功率、电能以及受控源的概念。

1.1　电路与电路模型

1.1.1　电路

1. 电路的作用

电路是电流的通路，它是为完成某种预期目的由若干电工、电子器件或设备按一定的方式组合起来构成的。根据电路的作用，可将电路分为两类。一类用于实现电能的传输和转换，例如照明电路将电能由电源传输至照明灯，并转换为光能；动力电路将电能由电源传输至电动机，并转换为机械能。另一类用于实现电信号的传输、变换和处理，例如收音机电路通过天线接收载有声音信息的无线电波信号，然后选出所需要的信号，经过放大和处理，最后驱动扬声器将声音信号重现出来。

2. 电路的组成

不管是哪一类电路，都由电源、负载和中间环节三部分组成。

电源在电路中是提供电能或电信号的装置，如发电厂里的发电机，把热能、水能、核能等转换为电能；收音机电路中，天线接收电信号，相当于是电路的信号源。

负载在电路中是将电能转化为其他形式的能量或者是将处理过的信号传送出来的装置，例如灯泡将电能转变为光能，电动机将电能转变为机械能，收音机的扬声器将放大和处理后的电信号变成声音播放出来。

中间环节在电路中是将电源和负载连接起来的装置，如发电厂与用户之间的输电线路、变压器、控制开关等，又如收音机电路中对信号进行放大和处理的那部分装置。

在电路分析中，将电源或信号源的电压或电流称为激励，它推动电路工作，把在激励的作用下电路各部分产生的电压和电流称为响应。

1.1.2 电路模型

由实际电路元件或器件组成的电路称为实际电路。诸如发电机、变压器、电池、电动机、电阻器、电感器、电容器、晶体管等都是实际电路元件。它们的电磁性质较为复杂，一个实际元件往往呈现多种物理性质，例如一个白炽灯，除了具有电阻性(消耗电能)外，当通过电流时会产生磁场，因而还具有电感性，但电感微小，可以忽略不计，因此只将白炽灯看成是电阻元件。

为了便于进行电路分析，常采用一些理想电路元件来表征实际元件的特性，称为实际元件的模型。理想电路元件主要有电阻元件、电感元件、电容元件和电源元件等。一个实际元件的性质可以用一个理想元件或几个理想元件的组合来表示。由一些理想电路元件所组成的电路，就是实际电路的电路模型，它是对实际电路电磁性质的科学抽象和概括。

图 1.1.1(a)和 1.1.1(b)所示分别是手电筒电路的实际电路和电路模型。

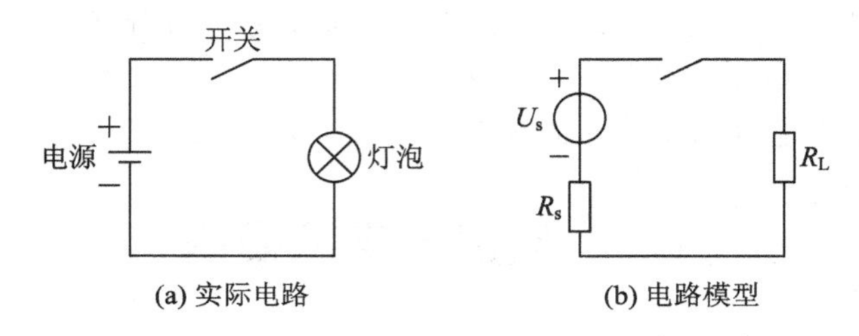

图 1.1.1 手电筒电路

1.2 电路的基本物理量

1.2.1 电流

1. 电流的概念

电流是由电荷的定向运动形成的。物理中规定电流的方向是正电荷运动的方向。

电流的大小等于单位时间内通过导体横截面的电荷量，即

$$i=\frac{\mathrm{d}q}{\mathrm{d}t} \tag{1.2.1}$$

式中，i 表示电流，q 表示电荷量，t 表示时间。大小和方向随时间周期性变化的电流，称为交流电流，用小写字母 i 表示。大小和方向不随时间变化的电流，称为直流电流，用大写字母 I 表示。

在国际单位制中，电流的单位是安[培]，符号为 A。常用的电流单位还有千安(kA)、毫安(mA)、微安(μA)。

2. 电流的参考方向

在分析复杂电路时，电流的实际方向往往难以判断。特别是交流电流的方向是随时间变化的，无法标出它的实际方向。为此，引入“参考方向”这一概念。

参考方向是任意假定的一个方向，在电路中用箭头表示。如果分析电路时计算出来的电流是正值，表示参考方向与实际方向一致；如果计算出来的电流是负值，表示参考方向与实际方向相反，如图 1.2.1 所示。可见，有了参考方向后，电流就成为代数量了，根据电流的正、负值可以确定电流的实际方向。

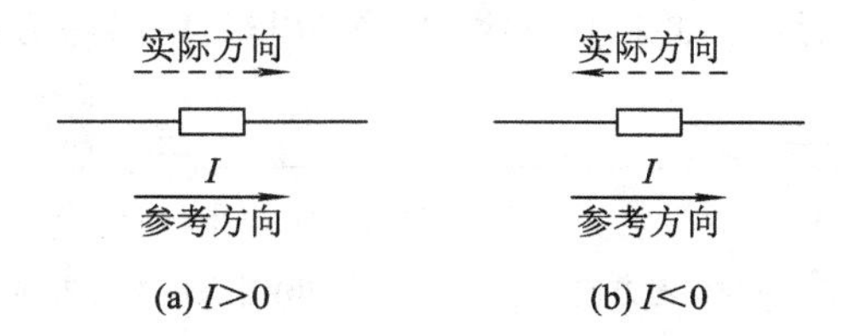

图 1.2.1　电流的参考方向与实际方向

1.2.2　电压

1. 电压的概念

电压用来描述电场力移动单位正电荷所需要的能量。电路中，a、b 两点之间的电压 u 定义为：电场力把单位正电荷由 a 点移动到 b 点所需要的能量，即

$$u=\frac{\mathrm{d}W}{\mathrm{d}q} \tag{1.2.2}$$

式中，u 表示电压，W 表示能量。由定义可知电压的方向是从正极性（高电位）端指向负极性（低电位）端。同前所述，交流电压用小写字母 u 表示，直流电压用大写字母 U 表示。

在国际单位制中，电压的单位是伏[特]，符号为 V。常用的电压单位还有千伏(kV)、毫伏(mV)、微伏(μV)。

与电压相关的物理量还有电动势和电位，二者的单位与电压一样都是伏[特]。电动势用 E 表示，表征电源内部克服电场力做功的能力，电动势的方向是从负极性（低电位）端指向正极性（高电位）端，与电压方向相反。电位用 V 表示，电路中某一点的电位定义为该点相对于参考点的电压。关于电位的内容将在 1.6 节详述。

2. 电压的参考方向

电压的方向有三种表示方式：

(1) 采用参考极性表示，如图 1.2.2(a)所示。

(2) 采用箭头表示，如图 1.2.2(b)所示。

(3) 采用双下标表示，如图 1.2.2(c)所示。U_{AB} 表示参考方向是由 A 指向 B。

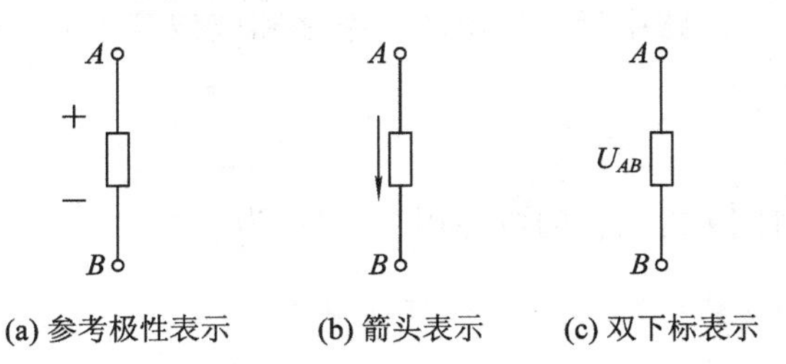

图 1.2.2　电压的参考方向

在规定了参考方向后，电压成为了代数量，如果分析电路时计算出来的电压是正值，表示参考方向与实际方向一致；反之，表示参考方向与实际方向相反。

3. 关联参考方向

在选取电压和电流的参考方向时，如果电压和电流的参考方向选取一致，则称为关联参考方向，如图 1.2.3(a)所示；如果不一致，则称为非关联参考方向，如图 1.2.3(b)所示。

i → R $+\ u\ -$

(a) 关联参考方向

R ← i $+\ u\ -$

(b) 非关联参考方向

图 1.2.3 电压和电流的参考方向

1.2.3 电功率和电能

1. 电功率

电功率是指电气设备在单位时间内所消耗的电能，用 $p(P)$ 表示，简称功率。功率的计算公式为

$$p=\frac{\mathrm{d}W}{\mathrm{d}t}=\frac{\mathrm{d}W}{\mathrm{d}q}\frac{\mathrm{d}q}{\mathrm{d}t}=ui \tag{1.2.3}$$

直流时有

$$P=UI \tag{1.2.4}$$

在国际单位制中，功率的单位是瓦[特]，符号为 W。常用的功率单位还有千瓦(kW)、毫瓦(mW)等。

式(1.2.3)和式(1.2.4)是在电压与电流的参考方向一致时的表达式。当电压与电流的参考方向不一致时，表达式应为

$$p=-ui \quad 或 \quad P=-UI \tag{1.2.5}$$

小贴士

不管电压与电流的参考方向是否一致，带入相应的功率计算公式后，如果计算结果为正值，表明元件实际吸收功率，在电路中起负载的作用；如果计算结果为负值，表明元件实际发出功率，在电路中起电源的作用。

根据能量守恒定律，电路中元件发出的功率之和应该等于元件吸收的功率之和，即整个电路的功率是平衡的。

2. 电能

电路元件在一段时间 t 内消耗的电能用 W 表示为

$$W=\int_0^t p\mathrm{d}t \tag{1.2.6}$$

直流时有

$$W=Pt=UIt \tag{1.2.7}$$

在国际单位制中，电能的单位是焦[耳]，符号为 J。工程上电能的单位常用“度”表示，功率为 1 kW 的用电设备在 1 h 内消耗的电能为 1 度，即

$$1\text{ 度}=1\text{ kW}\cdot\text{h}=1000\text{ W}\times3600\text{ s}=3.6\times10^6\text{ J}$$

【例 1.2.1】 如图 1.2.4 所示是某电路中的一部分，已知 $U_1=6$ V，$U_2=4$ V，$I=-3$ A。(1) 求元件 1、2 的功率，并说明它们是消耗功率还是发出功率，起电源作用还是起负载作用；(2) 求 A、B 端的总功率以及在 1 h 内消耗多少度电能。

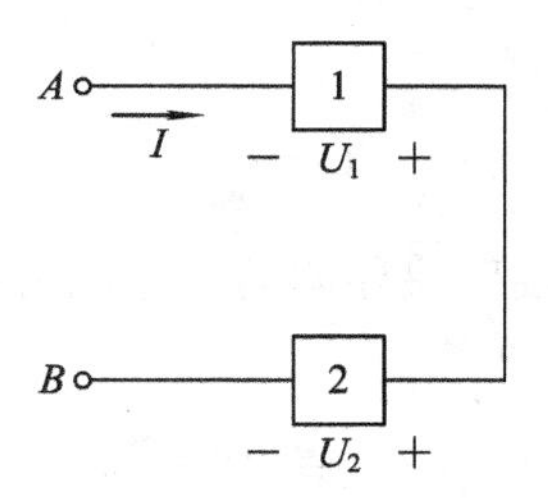

图 1.2.4　例 1.2.1 图

解：(1) 元件 1 的电压与电流参考方向不一致，故

$$P_1=-U_1I=-6\text{ V}\times(-3\text{ A})=18\text{ W}$$

$P_1>0$，元件 1 消耗功率，起负载作用。

元件 2 的电压与电流参考方向一致，故

$$P_2=U_2I=4\text{ V}\times(-3\text{ A})=-12\text{ W}$$

$P_2<0$，元件 2 发出功率，起电源作用。

(2) 总功率为

$$P=P_1+P_2=18-12\text{ W}=6\text{ W}$$

$$W=Pt=6\times10^{-3}\text{ kW}\times1\text{ h}=0.006\text{ 度}$$

1.3　电阻、电感和电容元件

只含有一个电路参数的元件分别称为理想电阻元件、理想电感元件和理想电容元件，通常简称电阻元件、电感元件和电容元件，其图形符号分别如图 1.3.1(a)、(b)、(c)所示。

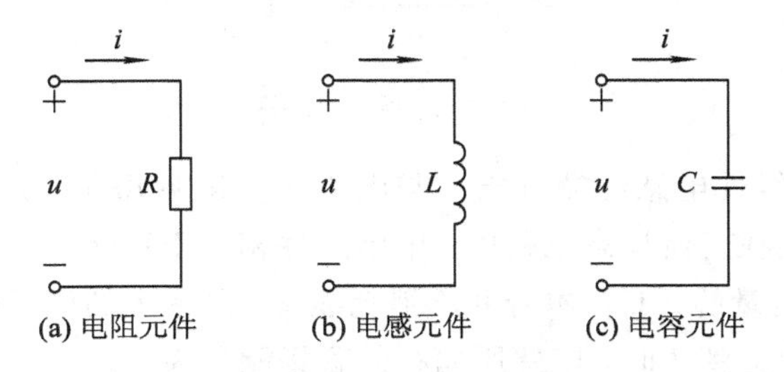

(a) 电阻元件　(b) 电感元件　(c) 电容元件

图 1.3.1　电阻、电感和电容元件

1.3.1　电阻元件

电阻元件上电压和电流之间的关系称为伏安特性。在 $u-i$ 平面上，如果电阻元件的伏

安特性曲线是一条通过坐标原点的直线，则称为线性电阻，否则称为非线性电阻。线性电阻的 u、i 之间的关系服从欧姆定律，当 u、i 的参考方向一致时，有

$$u=Ri \tag{1.3.1}$$

当 u、i 的参考方向不一致时，有

$$u=-Ri \tag{1.3.2}$$

式中，R 为元件的电阻，是一个与电压、电流无关的常数。国际单位制中电阻的单位为欧[姆]（Ω）。电阻常用的单位还有千欧（kΩ）、兆欧（MΩ），$1\ \mathrm{M\Omega}=10^3\ \mathrm{k\Omega}=10^6\ \Omega$。

电阻的倒数称为电导，即

$$G=\frac{1}{R} \tag{1.3.3}$$

电导的单位是西门子（S）。电导直接反映导体的导电能力，电导越大，导电能力越强。

电阻吸收的功率为

$$p=ui=Ri^2=\frac{u^2}{R} \tag{1.3.4}$$

从 t_1 到 t_2 的时间内，电阻元件吸收的能量为

$$W=\int_{t_1}^{t_2}Ri^2\,\mathrm{d}t \tag{1.3.5}$$

电阻吸收的电能全部被转化为热能，这个能量转换的过程是不可逆的。因此，电阻是一个耗能元件。

1.3.2 电感元件

当电流 i 流过电感元件时，将会产生穿过线圈的磁通 Φ，如果 Φ 与 i 之间是线性函数关系，则称为线性电感，否则称为非线性电感。若电感线圈共有 N 匝，则对于线性电感，有

$$N\Phi=Li \tag{1.3.6}$$

式中，L 为元件的电感，是一个与磁通、电流无关的常数。国际单位制中电感的单位为亨[利]（H），常用的单位还有毫亨（mH）、微亨（μH）。

当流过电感元件的电流 i 随时间变化时，产生的自感电动势为 e_L，元件两端就有电压 u。若电感元件的 i、e_L、u 的参考方向如图 1.3.1(b)所规定，则

$$e_L=-\frac{\mathrm{d}(N\Phi)}{\mathrm{d}t}=-L\frac{\mathrm{d}i}{\mathrm{d}t} \tag{1.3.7}$$

$$u=-e_L=-L\frac{\mathrm{d}i}{\mathrm{d}t} \tag{1.3.8}$$

式(1.3.8)表明，线性电感的端电压 u 与电流的变化率 $\mathrm{d}i/\mathrm{d}t$ 成正比。对于恒定电流，电感的端电压为零，故在直流稳态电路中，电感元件相当于短路。

电感是储存磁场能量的元件，本身并不消耗能量，是一个储能元件。当时间由 0 到 t_1、流过电感的电流 i 由 0 变到 I 时，电感所储存的磁场能量为

$$W_L=\int_0^{t_1}ui\,\mathrm{d}t=\int_0^{I}Li\,\mathrm{d}i=\frac{1}{2}LI^2 \tag{1.3.9}$$

式(1.3.9)表明，电感元件在某一时刻的储能只取决于该时刻的电流值，与之前的电流变化进程无关。

1.3.3　电容元件

当电压 u 加在电容元件两端时，电容的极板上就会储存电荷[量]q，如果 q 与 u 之间是线性函数关系，则称为线性电容，否则称为非线性电容。对于线性电容，有

$$q=Cu \tag{1.3.10}$$

式中，C 为元件的电容，是一个与电荷[量]、电压无关的常数。国际单位制中电容的单位为法 [拉](F)。由于法拉的单位太大，常采用微法(μF)、纳法(nF)或皮法(pF)表示，$1\ \mathrm{F}=10^6\ \mu\mathrm{F}=10^9\ \mathrm{nF}=10^{12}\ \mathrm{pF}$。

当电容元件两端的电压 u 随时间变化时，极板上储存的电荷[量]也随之变化，连接极板的导线中就有电流 i。若 u、i 的参考方向如图 1.3.1(c)所规定，则

$$i=\frac{\mathrm{d}q}{\mathrm{d}t}=C\frac{\mathrm{d}u}{\mathrm{d}t} \tag{1.3.11}$$

式(1.3.11)表明，线性电容的电流 i 与电压的变化率 $\mathrm{d}u/\mathrm{d}t$ 成正比。对于恒定电压，电容的电流为零，故在直流稳态电路中，电容元件相当于开路。

电容是储存电场能量的元件，本身并不消耗能量，是一个储能元件。当时间由 0 到 t_1、电容的端电压 u 由 0 变到 U 时，电容所储存的电场能量为

$$W_C=\int_0^{t_1}ui\,\mathrm{d}t=\int_0^{U}Cu\,\mathrm{d}u=\frac{1}{2}CU^2 \tag{1.3.12}$$

式(1.3.12)表明，电容元件在某一时刻的储能只取决于该时刻的电压值，与之前的电压变化进程无关。

在实际使用中，若单个电阻器、电感器、电容器不能满足要求，可将几个元件串联或并联起来使用。表 1.3.1 给出了 n 个同性质的元件串联或并联时参数的计算公式。

表 1.3.1　n 个元件串联或并联时参数的计算公式

连接方式	等效电阻	等效电感	等效电容
串　联	$R=R_1+R_2+\cdots+R_n$	$L=L_1+L_2+\cdots+L_n$	$\frac{1}{C}=\frac{1}{C_1}+\frac{1}{C_2}+\cdots+\frac{1}{C_n}$
并　联	$\frac{1}{R}=\frac{1}{R_1}+\frac{1}{R_2}+\cdots+\frac{1}{R_n}$	$\frac{1}{L}=\frac{1}{L_1}+\frac{1}{L_2}+\cdots+\frac{1}{L_n}$	$C=C_1+C_2+\cdots+C_n$

1.4　独立电源与受控电源

1.4.1　电压源

1. 理想电压源

理想电压源属于理想的电路元件，它的端电压保持恒定值或是一定的时间函数，与输出电流无关。例如电池是个实际电压源，若它的内阻为零，那么无论流过它的电流大小如

何，电池的端电压恒等于电池的电动势，这时的电池就是一个理想电压源。

理想电压源有两个基本性质：其一，它的端电压是定值或是一定的时间函数，与流过的电流无关；其二，流过的电流是由电压源和与之相连的外电路共同决定的。

理想直流电压源的模型如图 1.4.1(a)所示，其外特性曲线(表征端电压与输出电流之间的关系)如图 1.4.1(b)所示。外特性曲线是一条与横轴平行的直线，表明理想直流电压源的端电压 U 恒等于 U_s，与电流大小无关。

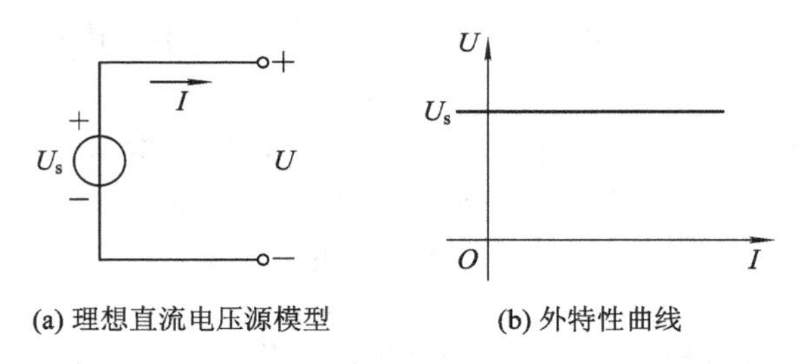

(a) 理想直流电压源模型　　(b) 外特性曲线

图 1.4.1　理想直流电压源模型及外特性曲线

2. 实际电压源

任何一个实际的电压源在能量转换过程中都有功率损耗，那是因为都存在内阻，所以理想电压源实际上是不存在的。实际电压源的电路模型可用理想电压源串联内阻的形式来表示，如图 1.4.2(a)所示。

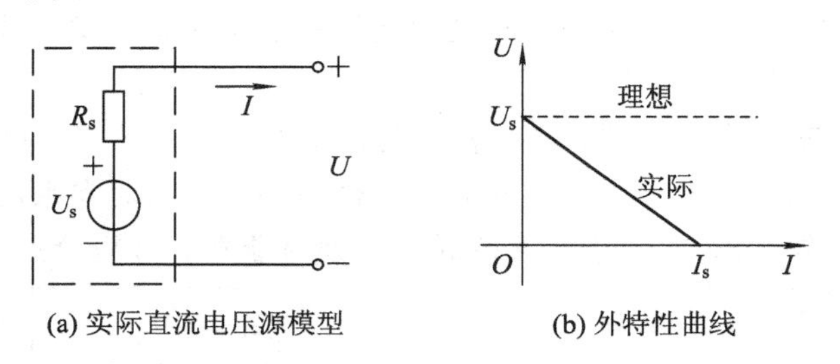

(a) 实际直流电压源模型　　(b) 外特性曲线

图 1.4.2　实际直流电压源模型及外特性曲线

由图 1.4.2(a)可得端电压为

$$U=U_s-R_sI \tag{1.4.1}$$

当电压源开路时，$I=0$，$U=U_s$；当电压源短路时，$U=0$，$I=I_s=U_s/R_s$。

由式(1.4.1)可得实际直流电压源的外特性曲线如图 1.4.2(b)所示。曲线表明，实际电压源的端电压随着输出电流的增大而减小。在 U_s 和 R_s 一定的条件下，当输出电流增大时，内阻损耗增大，端电压会随之减小。因此希望电压源内阻越小越好，内阻越小，越接近理想电压源。

1.4.2　电流源

1. 理想电流源

理想电流源也属于理想的电路元件，它向外输出的电流保持恒定值或是一定的时间函数，与端电压无关。

理想电流源有两个基本性质：其一，它向外输出的电流保持恒定值或是一定的时间函数，与端电压无关；其二，它的端电压是由电流源和与之相连的外电路共同决定的。

理想直流电流源的模型及外特性曲线如图 1.4.3 所示。

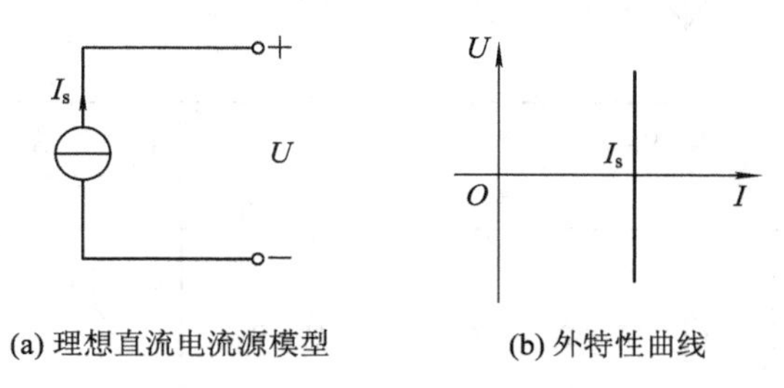

图 1.4.3　理想直流电流源模型及外特性曲线

2. 实际电流源

任何一个实际的电流源的电流总有一部分在电源内部流动而不会全部输出，所以理想电流源实际上是不存在的。实际电流源的电路模型可用理想电流源并联内阻的形式表示，如图 1.4.4(a)所示。

由图 1.4.4(a)可得输出电流为

$$I=I_s-\frac{U}{R_s} \tag{1.4.2}$$

当电流源开路时，$I=0$，$U=I_s R_s$；当电流源短路时，$U=0$，$I=I_s$。

由式(1.4.2)可得实际直流电流源的外特性曲线如图 1.4.4(b)所示。曲线表明，实际电流源的输出电流随着端电压的增大而减小。在 I_s和 R_s一定的条件下，当端电压增大时，内阻分流增大，输出电流会随之减小。因此希望电流源内阻越大越好，内阻越大，越接近理想电流源。

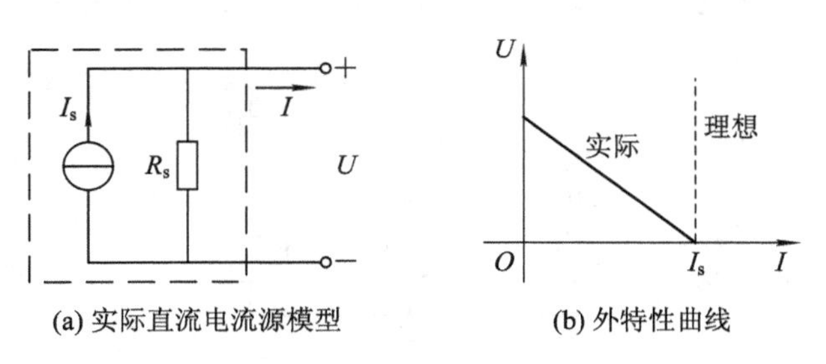

图 1.4.4　实际直流电流源模型及外特性曲线

1.4.3　受控源

前面介绍的电压源和电流源都是独立电源，它们不受外电路的影响而独立存在。在实际电路中还有另一类电源，其电压或电流受电路中另一处的电压或电流控制，并随之变化，称为受控源。受控源用菱形方框表示，共有四种类型：电压控制电压源(VCVS)、电压控制电流源(VCCS)、电流控制电压源(CCVS)、电流控制电流源(CCCS)，如图 1.4.5 所示。图中，μ、g、γ、β 是控制系数，其中 μ、β 无量纲，g 以电导为量纲，γ 以电阻为量纲。当这些系数是常数时，这种受控源称为线性受控源。

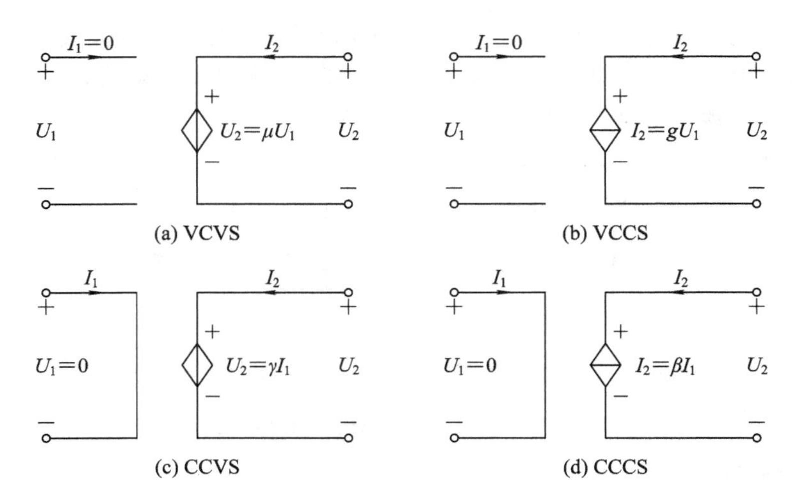

图 1.4.5　受控源

必须指出，受控源不代表激励，不能为电路提供能量。另外，受控源不是独立的，其存在与否取决于控制量，所以对含受控源电路进行处理时，不能随意将受控源去掉、开路、短路或让其单独作用。

1.5　基尔霍夫定律

基尔霍夫定律包括电流和电压两个定律，是电路分析中的基本定律，主要用来描述电路中各部分电流、各部分电压之间的关系。基尔霍夫电流定律是针对节点的，基尔霍夫电压定律是针对回路的。

在讨论基尔霍夫定律之前，先以图 1.5.1 为例介绍几个有关的名词。

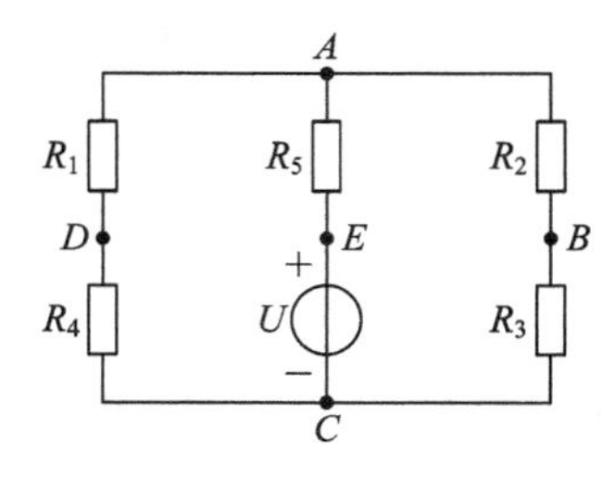

图 1.5.1　电路举例

(1) 支路：电路中流过同一电流的每一条分支即为支路。图 1.5.1 中有 ADC、AEC、ABC 三条支路。

(2) 节点：电路中三条或三条以上支路的连接点称为节点。图 1.5.1 中有 A、C 两个节点。

(3) 回路：电路中由支路组成的任一闭合路径称为回路。图 1.5.1 中有 $AECDA$、$ABCEA$、$ABCDA$ 三个回路。

(4) 网孔：内部不含支路的回路，即电路中最简单的单孔回路。图 1.5.1 中有 $AECDA$、$ABCEA$ 两个网孔。

1.5.1　基尔霍夫电流定律

基尔霍夫电流定律(KCL)的内容是：对于电路中的任一节点，在任一瞬间流入节点的电流等于流出该节点的电流。电流的这一性质也称为电流连续性原理，是电荷守恒的体现。

在图 1.5.2 中，由 KCL 得

$$\sum I_{入} = \sum I_{出} \tag{1.5.1}$$

可写出

$$I_1 + I_3 = I_2 + I_4$$

将上式改写成

$$I_1 + I_3 - I_2 - I_4 = 0$$

即

$$\sum I = 0 \tag{1.5.2}$$

式(1.5.2)表明，在任一瞬间，任一节点上电流的代数和恒等于零。若规定流入节点的电流项前为正号，流出节点的电流项前则应为负号，反之亦然。

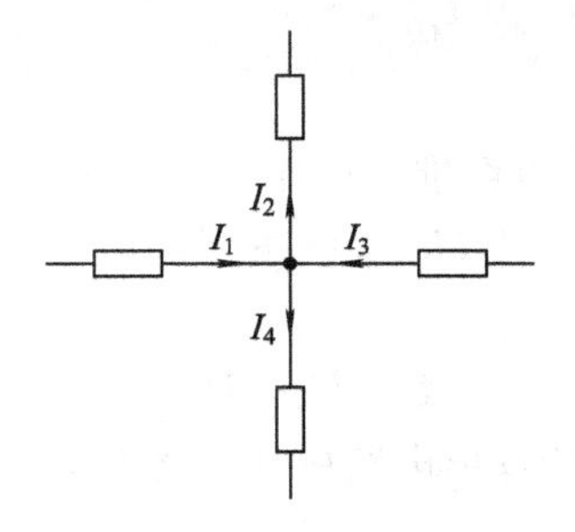

图 1.5.2　节点

KCL 不仅适用于电路中的任一节点，也可推广应用于电路中任一假设的闭合面。将一个闭合面看作是一个广义节点，就有：通过电路中任一假设闭合面的各支路电流的代数和恒等于零。例如图 1.5.3 中，可将虚线包围的闭合面看作广义节点，由 KCL 有

$$I_1 + I_2 + I_3 = 0$$

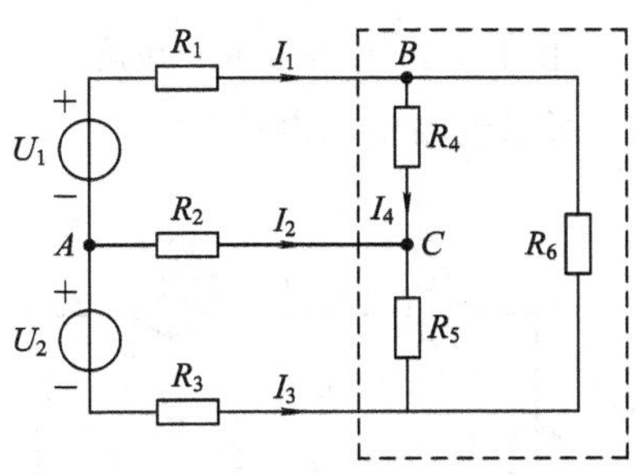

图 1.5.3　电路中的闭合面

1.5.2　基尔霍夫电压定律

基尔霍夫电压定律(KVL)的内容是：从回路中任意一点出发，以顺时针方向或逆时针

方向沿回路绕行一周，则在循行方向上的电位降之和等于电位升之和。

以图 1.5.3 中的回路 $ABCA$ 为例，选择顺时针的绕行方向，由 KVL 有

$$\sum U_{降} = \sum U_{升} \tag{1.5.3}$$

根据电流的参考方向可列出

$$R_1 I_1 + R_4 I_4 = R_2 I_2 + U_1$$

将上式改写成

$$R_1 I_1 + R_4 I_4 - R_2 I_2 - U_1 = 0$$

即

$$\sum U = 0 \tag{1.5.4}$$

式(1.5.4)表明，在任一瞬间，沿任一回路绕行方向，回路中各段电压的代数和恒等于零。若规定电位降项前为正号，电位升项前则应为负号，反之亦然。

小贴士

应用 KVL 列回路电压方程时，首先要标出各部分的电流、电压的参考方向，且一般约定电阻的电流和电压取关联参考方向。

KVL 不仅适用于闭合电路，也可推广应用于开口电路。以图 1.5.4 为例，可列出

$$U_s - U - R_s I = 0$$

或

$$U = U_s - R_s I$$

表明用 KVL 方程可以很方便地计算出电路中任一部分电压。

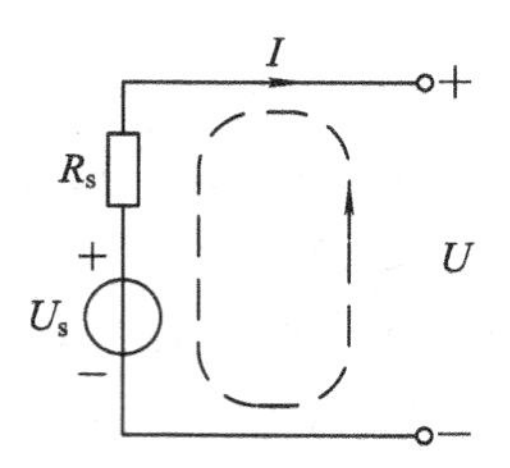

图 1.5.4　KVL 的推广应用

【例 1.5.1】　求如图 1.5.5 所示电路中的电压 U_2。

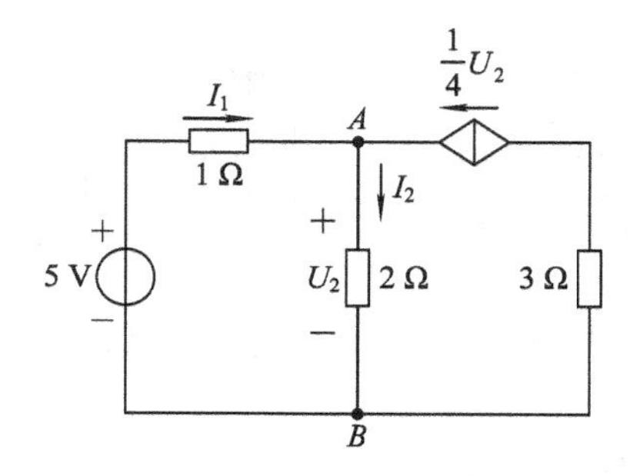

图 1.5.5　例 1.5.1 图

解：对 A 节点列 KCL 方程：

$$I_1-I_2+\frac{1}{4}U_2=0 \quad ①$$

对左网孔列 KVL 方程：

$$I_1+2I_2=5 \quad ②$$

因为 $U_2=2I_2$，代入式①，得

$$I_1-\frac{1}{2}I_2=0 \quad ③$$

联立式②、③求得

$$I_2=2\ \text{A},\ U_2=2I_2=4\ \text{V}$$

1.6　电位的计算

由前面的介绍可知，两点间的电压就是两点的电位之差，而电路中某点的电位具体是多少，需要用到电位的概念。物理学中指出电位即电场中某点的电势，其大小等于电场力把单位正电荷从该点移到参考点所做的功。因而要计算电路中各点的电位，必须先在电路中选取一个参考点，其大小等于该点到参考点之间的电压。

工程上通常选取大地或与大地相连的部件(如设备的机壳)作为参考点，规定其电位为零，用接地符号⊥表示。当然参考点的选取原则上是任意的。

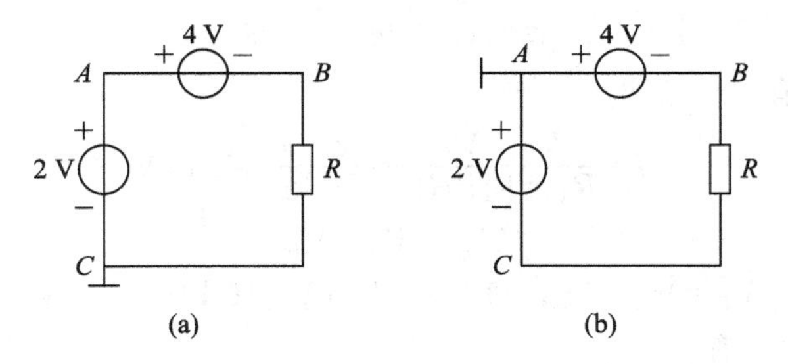

图 1.6.1　电位的计算

在图 1.6.1(a)中，选 C 为参考点($V_C=0$)，A、B 两点的电位分别为

$$V_A=V_A-V_C=U_{AC}=2\ \text{V}$$

$$V_B=V_B-V_C=U_{BC}=-2\ \text{V}$$

$$U_{AB}=V_A-V_B=2-(-2)=4\ \text{V}$$

在图 1.6.1(b)中，选 A 为参考点($V_A=0$)，B、C 两点的电位分别为

$$V_B=V_B-V_A=U_{BA}=-4\ \text{V}$$

$$V_C=V_C-V_A=U_{CA}=-2\ \text{V}$$

$$U_{AB}=V_A-V_B=0-(-4)=4\ \text{V}$$

小贴士

可见，选取的参考点不同，电路中各点的电位也不同，但是任意两点之间的电压是不变的。即各点电位的大小是相对的，而两点之间的电压是绝对的。

有时候电路图中会将恒压源符号省去，各端点标以电位值。例如图 1.6.2(a)可以简化为图 1.6.2(b)。

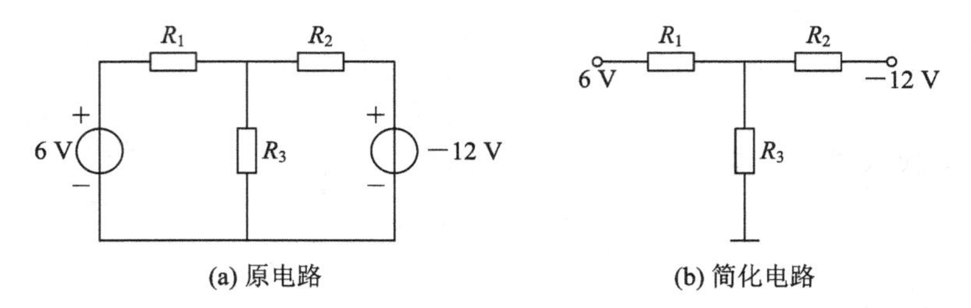

图 1.6.2　电路的简化

【例 1.6.1】　如图 1.6.3 所示电路中，$R_1=16\ \text{k}\Omega$，$R_2=R_3=4\ \text{k}\Omega$，求开关 S 断开或闭合时 B 点的电位。

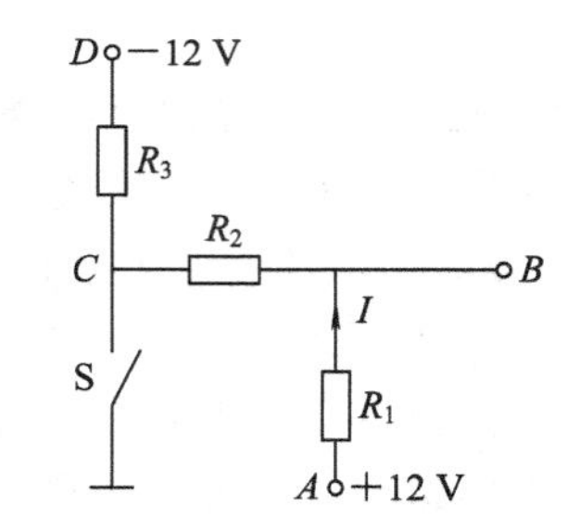

图 1.6.3　例 1.6.1 图

解： S 断开时，有

$$I=\frac{V_A-V_D}{R_1+R_2+R_3}=\frac{24\ \text{V}}{24\ \text{k}\Omega}=1\ \text{mA}$$

$$U_{AB}=V_A-V_B$$

$$V_B=V_A-U_{AB}=12\ \text{V}-1\ \text{mA}\times16\ \text{k}\Omega=-4\ \text{V}$$

S 闭合时，$V_C=0$，有

$$I=\frac{V_A-V_C}{R_1+R_2}=\frac{12\ \text{V}}{20\ \text{k}\Omega}=0.6\ \text{mA}$$

$$U_{BC}=V_B-V_C$$

$$V_B=U_{BC}-V_C=0.6\ \text{mA}\times4\ \text{k}\Omega-0=2.4\ \text{V}$$

练习与思考

1. 选择题

1.1　如题 1.1 图所示电路，电压源发出的功率为(　　)。

A. 20 W　　B. −20 W　　C. 50 W　　D. −50 W

1.2　如题 1.2 图所示电路，电流源发出的功率为(　　)。

A. 50 W　　B. −100 W　　C. 100 W　　D. 200 W

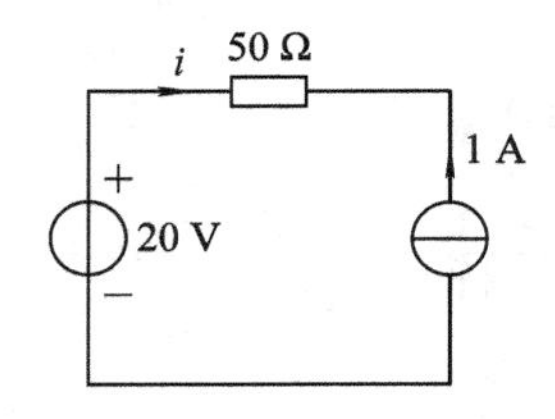

题 1.1 图

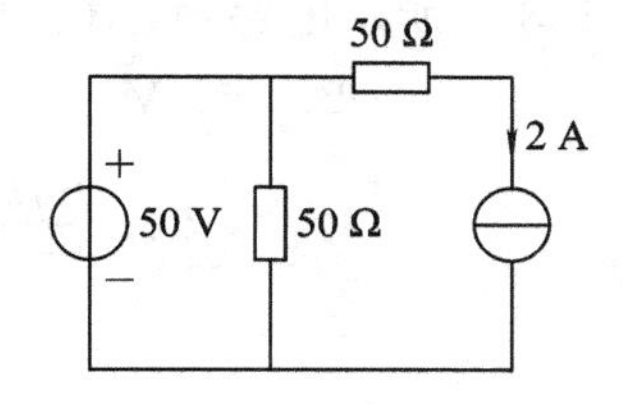

题 1.2 图

1.3　如题 1.3 图所示电路，若 $U=-15$ V，则 5 V 电压源发出的功率为(　　)。

A. 10 W　　B. −10 W　　C. 5 W　　D. −5 W

1.4　如题 1.4 图所示电路中，电流 I 为(　　)。

A. 3 A　　B. −2 A　　C. 2 A　　D. 1 A

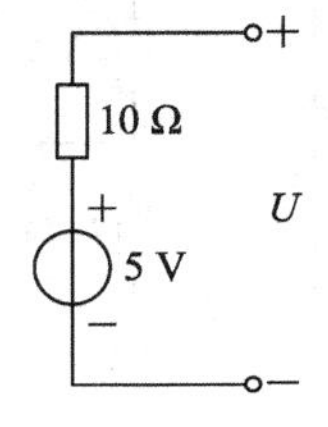

题 1.3 图

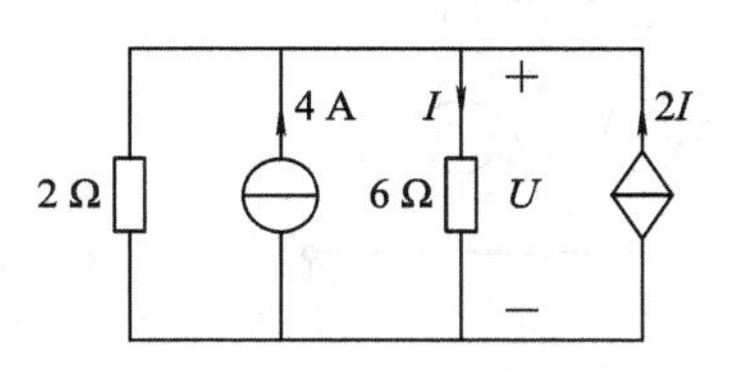

题 1.4 图

1.5　如题 1.5 图所示支路的电压 U 为(　　)。

A. 16 V　　B. 12 V　　C. −12 V　　D. −16 V

1.6　如题 1.6 图所示电路中，电流 I 为(　　)。

A. −4 A　　B. 4 A　　C. −7 A　　D. 7 A

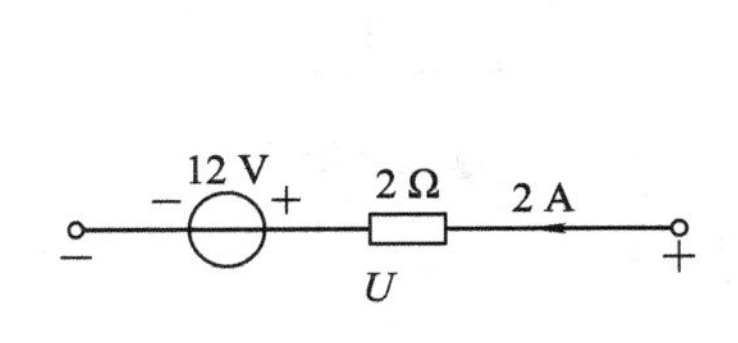

题 1.5 图

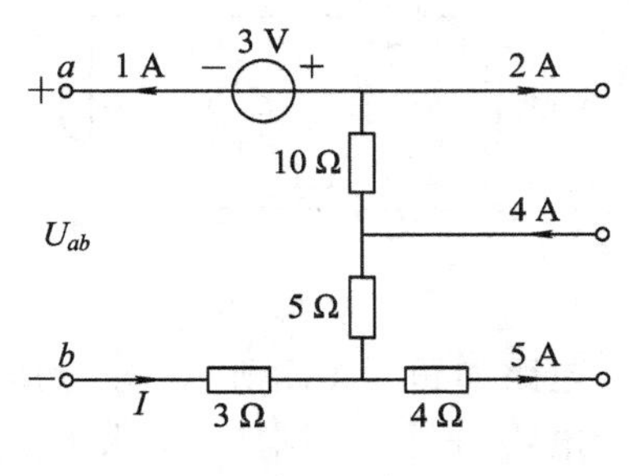

题 1.6 图

1.7　如题 1.7 图所示电路中，已知 $I_1=1$ A，$I_2=5$ A，$I_5=4$ A，下列说法正确的是(　　)。

A. $I_3=3$ A　　B. $I_4=-2$ A　　C. $I_6=-3$ A　　D. $I_6=7$ A

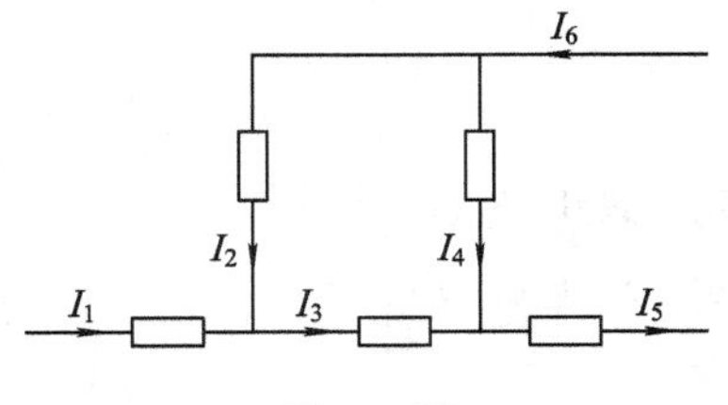

题 1.7 图

1.8 如题 1.8 图所示电路中，B 点的电位为（　　）。

A. 1 V　　B. −1 V　　C. 4 V　　D. −4 V

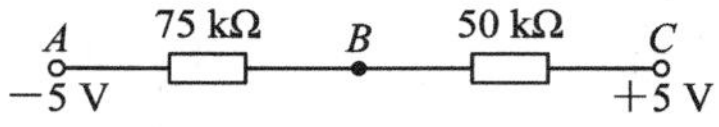

题 1.8 图

1.9 如题 1.9 图所示电路中，A 点的电位为（　　）。

A. 1 V　　B. −1 V　　C. 4 V　　D. −4 V

1.10 如题 1.10 图所示电路中，A 点的电位为（　　）。

A. 1 V　　B. −1 V　　C. 2 V　　D. −2 V

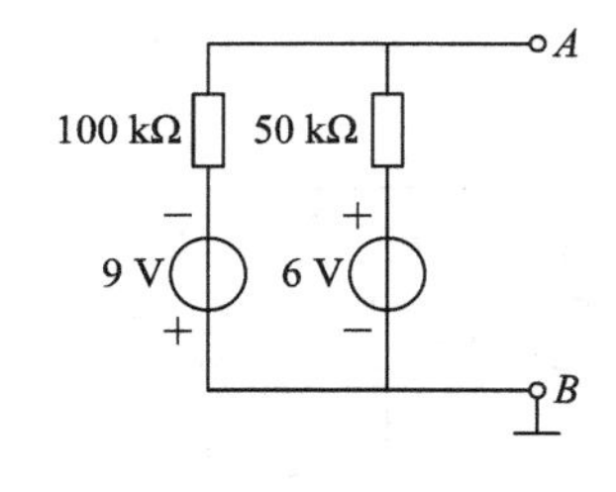

题 1.9 图

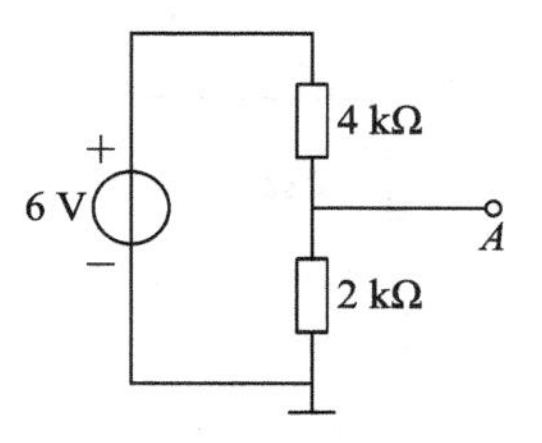

题 1.10 图

2. 计算题

2.1 电路如题 2.1 图所示，求图中的电压 U。

2.2 电路如题 2.2 图所示，电流 I 为 1 A，求负载 R。

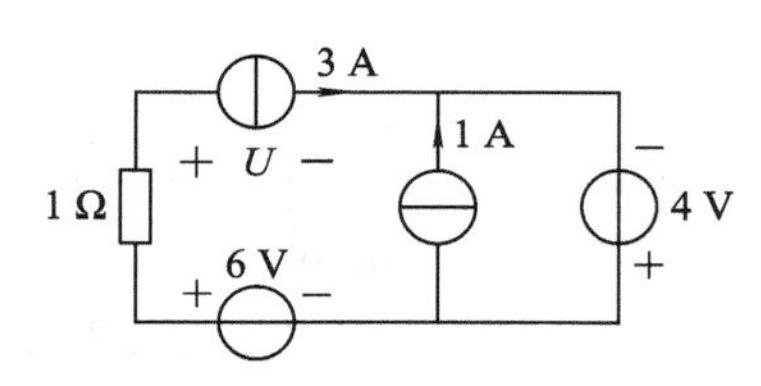

题 2.1 图

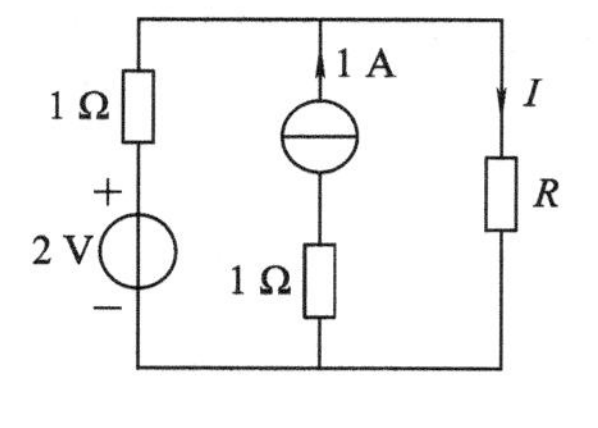

题 2.2 图

2.3 电路如题 2.3 图所示，求电压 U。

2.4 电路如题 2.4 图所示，求电流 I。

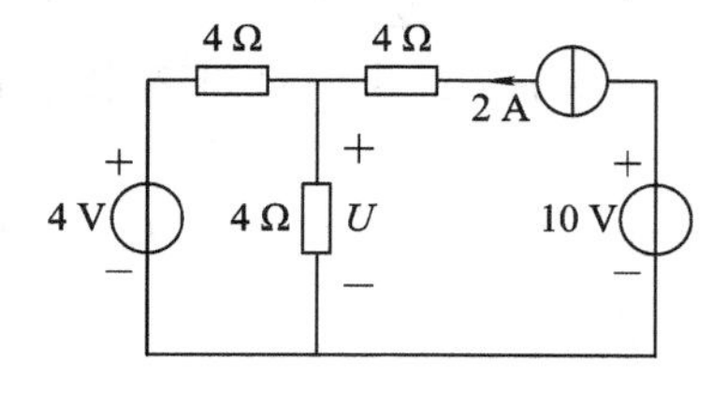

题 2.3 图

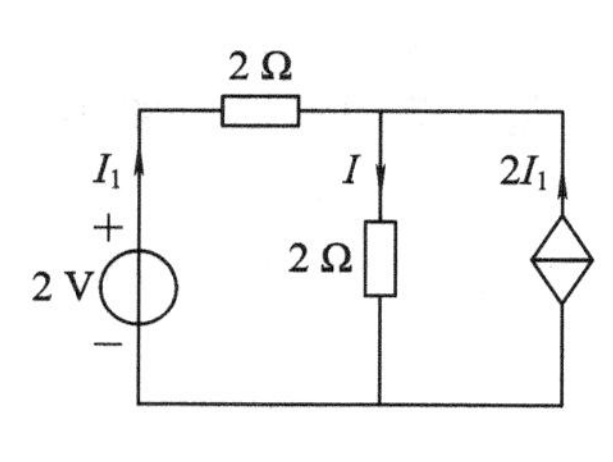

题 2.4 图

2.5 电路如题 2.5 图所示，求电流 I_2。

2.6 电路如题 2.6 图所示，求电流 U_{ab}。

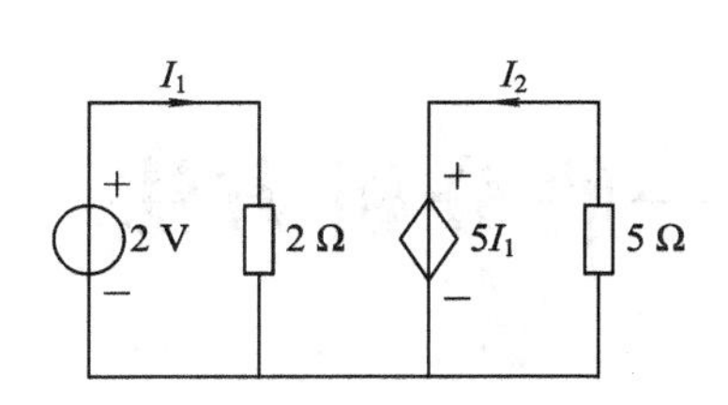

题 2.5 图

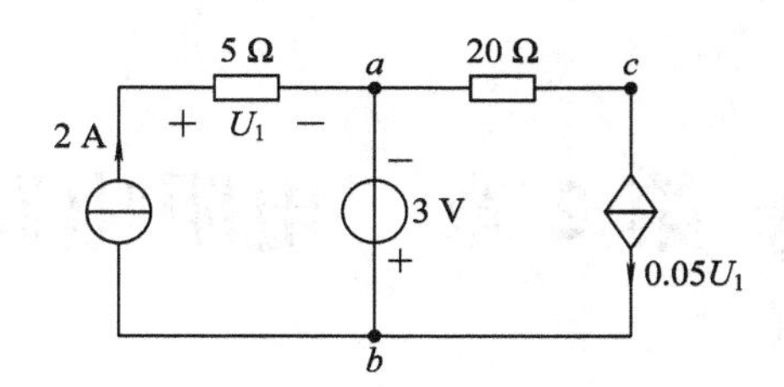

题 2.6 图

2.7　电路如题 2.7 图所示，求 A 点的电位。

2.8　电路如题 2.8 图所示，求 B 点的电位。

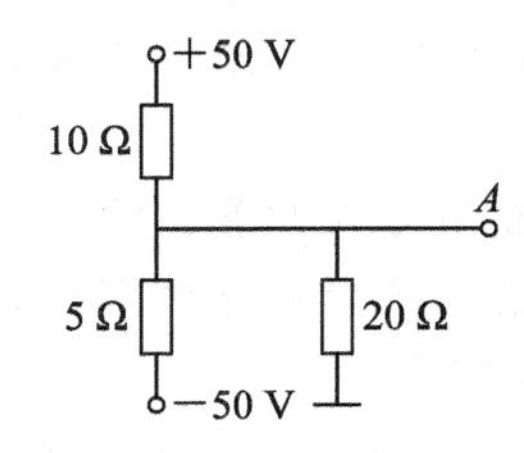

题 2.7 图

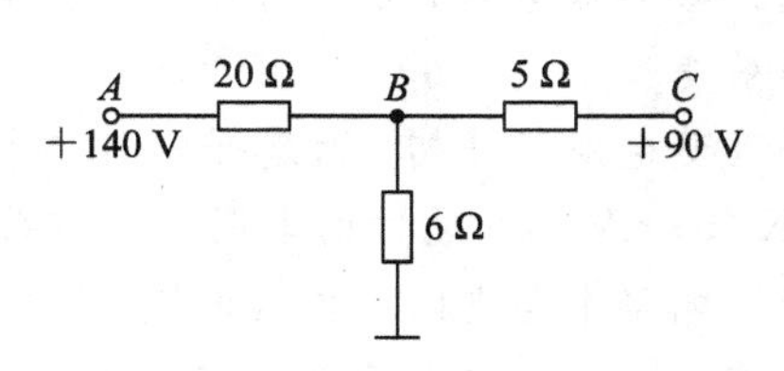

题 2.8 图

2.9　电路如题 2.9 图所示，求 B 点的电位。

2.10　电路如题 2.10 图所示，求 A 点的电位。

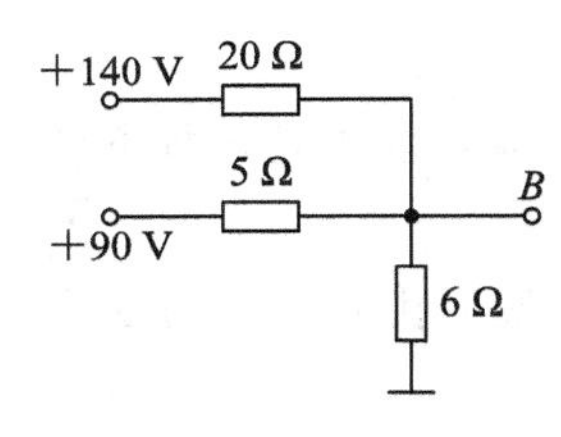

题 2.9 图

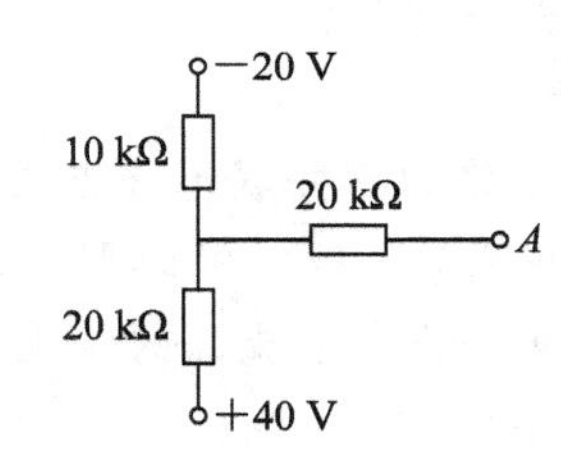

题 2.10 图

第2章　电阻电路的一般分析方法

【导读】

电阻电路的分析一般可分为三大类，即电路等效的方法、列方程的方法及利用定理求解。

电路等效的方法将被求支路以外的电路或者某一部分电路结构进行简化，即用一个较为简单的电路替换原电路，从而可以简化计算，电路的等效变换可以分为电阻的等效变换和电源的等效变换。

如果不改变电路的结构，而选择电路中支路电压或电流作为未知量，根据电路的基尔霍夫定律(KCL/KVL)和元件的电压电流关系(VCR)建立未知量的独立方程组，求解方程组就可以得到电路中各支路的电压电流，该方法称为列方程。

电阻电路定理中主要学习叠加定理和戴维南定理。叠加定理是线性电路分析的基础，可将电源分成几组，按组计算以后再叠加，可简化计算；也可以推导其他的定理。戴维南定理可以将含源一端口网络等效为一个电源，只需要计算复杂电路中某一支路的电压电流时，应用该定理十分简便。

【基本要求】

• 理解电阻电路的串并联连接方式，掌握电阻电路的串并联等效方法，掌握电阻电路的分压、分流及应用，了解电阻的Y/△变换。

• 理解独立电压源、电流源的特性，理解实际电源与独立电源的区别，掌握有多个电源电路的等效方法。

• 理解支路、节点及回路的基本概念，掌握利用支路电流法及节点电压法列写电路方程的方法。

• 理解叠加定理、戴维南定理的基本内容，掌握利用叠加定理求解黑盒子问题及利用戴维南定理求解最大功率的方法，了解诺顿定理。

2.1　电阻电路的等效变换

如图2.1.1(a)所示，电路分为A、B两个部分，将电路B用一个等效电路B_{eq}代替，如图(b)所示，并不会影响电路A内任何元件的电压和电流，而电阻电路等效变换的重点就是如何获得等效电路B_{eq}。

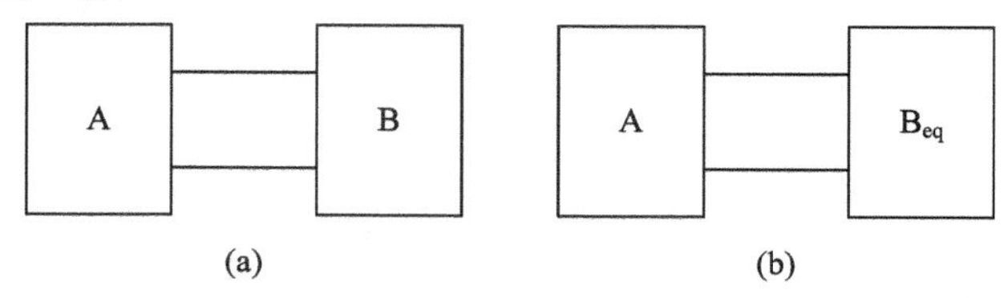

图2.1.1　电路及其等效电路

等效电路 B_{eq} 代替电路 B 的前提条件是要保证在原电路(a)和等效后的电路(b)中，被求支路两端的伏安特性相同，此为“等效原则”。等效变换要注意两个问题，即“对外等效”和“对内不等效”。等效变换后电路中未被替换的元件或支路的电压和电流保持不变；但是被等效替换部分的电路的结构和参数发生了变化，与原电路没有对应关系，要想求其电压或电流必须回到原电路中进行求解，即(a)和(b)中 A 电路内部元件的电压和电流是相同的，而 B 和 B_{eq} 电路中元件的电压电流不同，A 对 B 和 B_{eq} 来说是“外电路”，而 B 和 B_{eq} 称为“内电路”，可以在(b)中求 A 电路内部元件的电压和电流，但是 B 中元件的电压和电流必须返回(a)中求解。

电路 B 可以只含有电阻的支路，也可以由电源和电阻支路共同组成，本节将主要解决这两种情况下的等效电路 B_{eq} 的获取方法，即电阻等效变换和电源等效变换。

2.1.1　电阻的串联、并联及等效变换

电阻电路有两种最常见的连接方式，即串联连接和并联连接。

1. 串联电阻和分压器

电路结构上，两电阻的接线端首尾依次连接，如图 2.1.2 所示，称为两电阻串联。串联电阻电路中所有电阻上电流相同，即流过同一电流 i(KCL)。

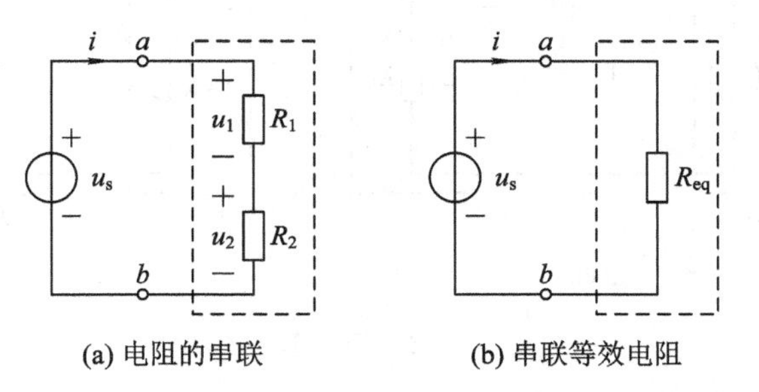

图 2.1.2　电阻的串联及串联等效

对于图(a)，列写回路的 KVL 方程有

$$u_s = u_1 + u_2 = R_1 i + R_2 i = (R_1 + R_2) i$$

对于图(b)，有

$$u_s = R_{eq} i$$

若 $R_{eq} = R_1 + R_2$，则图(a)和图(b)中端口 ab 具有相同的伏安特性(即两电路中 ab 两点的电压和流过 ab 的电流相同)，两电路对端口 ab 右端的电路等效，定义 R_{eq} 为串联电阻的等效电阻，等于串联各电阻之和，R_{eq} 大于串联的任一个电阻，此定义可扩展到 n 个电阻串联的情况：

$$R_{eq} = R_1 + R_2 + \cdots + R_k + \cdots + R_n = \sum_{k=1}^{n} R_k \tag{2.1.1}$$

电阻串联的电路中，每个电阻上的电流相同，第 k 个电阻上的电压 $u_k = R_k i = R_k \cdot \dfrac{u_s}{R_{eq}}$，其电压与电阻阻值成正比，即总电压根据各个电阻阻值的大小进行电压分配，图 2.1.2(a)中两电阻的分压为

$$\begin{cases} u_1=\dfrac{R_1}{R_1+R_2}u_s \\ u_2=\dfrac{R_2}{R_1+R_2}u_s \end{cases} \tag{2.1.2}$$

式(2.1.2)通常称为分压公式，每个串联电阻上的分压小于总电压，因此串联电路也常做分压器使用。

小贴士

当电源电压高于负载的额定电压时，可以在电路中串联一个电阻进行分压，以降低负载上的电压值。但是由于串联分压电阻会产生损耗，使得电路整体效率不高，因而只适用于小电流简单电路的场合。

加入分压电阻后也可以减小流经负载上的电流，此分压电阻也可称为限流电阻。

常见的多量程的电压表采用的就是分压器的原理实现电压表的量程扩展。

【例 2.1.1】 图 2.1.3(a)中，$U_s=12$ V，$R_L=9$ Ω，试确定电阻 R，使得 R_L 上的电压为四分之三的电源电压，并求电路中电流 I、电源和 R 上的功率。

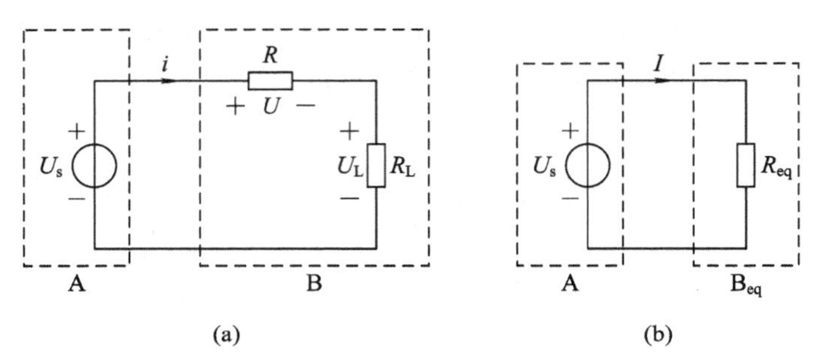

图 2.1.3　例 2.1.1 图

解：根据分压公式可知

$$U_L=\frac{R_L}{R+R_L}\cdot U_s=\frac{3}{4}U_s$$

所以

$$\frac{R_L}{R+R_L}=\frac{3}{4}\quad 或\quad R_L=3R$$

又由于 $R_L=9$ Ω，所以 $R=3$ Ω。

接下来，利用电阻串联等效可得

$$R_{eq}=R+R_L=12\ \Omega$$

如图 2.1.2(b) 所示，则有

$$I=\frac{U_s}{R_{eq}}=\frac{12}{12}=1\ \text{A}$$

$$P_{U_s}=U_s\cdot I=12\times1=12\ \text{W}$$

在图 2.1.2(a)中，由 KVL 可得 R 上的电压和电流为

$$U=12-12\times\frac{3}{4}=3\ \text{V}$$

$$I=1\ \text{A}$$

所以

$$P_R = U \cdot I = 3 \times 1 = 3\ \text{W}$$

在图 2.1.3(a)与(b)中，电路 A 对两电路的作用是等效的，即两电路中求得电源发出的功率相等，即“对外等效”，而要求得 R 上的电量，则必须返回图(a)中求解。

小贴士

需要注意的是，利用电阻分压给负载供电将会存在分压电阻的额外损耗等问题，并不实用，具体请思考课后习题。在实际工程应用中，常用三端稳压器获得所需要的电压(三端稳压器将在电子技术部分讲解)。

【例 2.1.2】 常见的 LED 小灯也叫发光二极管，通常由单片机或者控制芯片控制其亮灭，一般供电电压为 5 V，常见原理图画法如图 2.1.4(a)所示(P0.0 是单片机的一个 I/O 口)。LED 的工作电流一般在 1～20 mA。当电流在 1～5 mA 间变化时，随着电流增大，肉眼会看到小灯越来越亮；而当电流在 5～20 mA 之间变化时，其亮度基本没什么变化；当电流超过 20 mA 时，LED 就会有烧坏的危险。试设计 LED 的限流电阻 R_{es}，使其正常发光，其中 LED 正向导通时，其两端电压为 1.8～2.2 V。

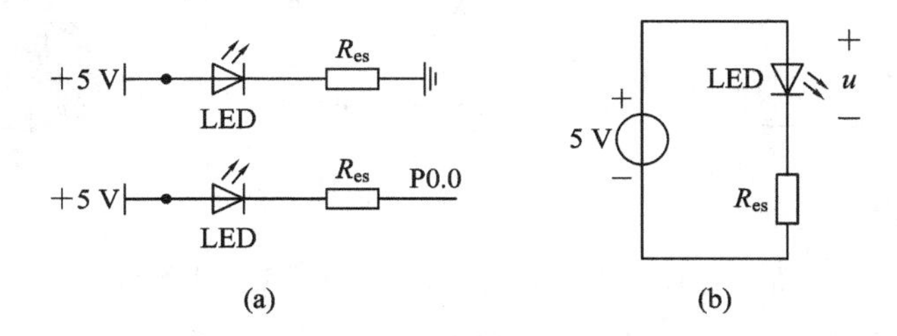

图 2.1.4　例 2.1.2 图

解： 图 2.1.4(b)中，LED 和电阻 R_{es} 串联，LED 导通，电压取 2 V，则 R_{es} 上的电压为 3 V；又有流经 LED 的电流范围为 1～20 mA，则

$$R_{es} = \frac{5-2}{I}$$

当 $I=1$ mA 时，$R_{es}=3$ kΩ；当 $I=20$ mA 时，$R_{es}=150$ Ω。所以限流电阻 R_{es} 的取值范围是 150 Ω～3 kΩ，通常取 $R_{es}=1$ kΩ。

【例 2.1.3】 现有一电磁式表头如图 2.1.5(a)所示，当在其两端加 0.1 V 电压时，表头满偏，且测得流过表头的电流为 1 mA，试设计一个 1 V、10 V、20 V 的三量程的直流电压表。

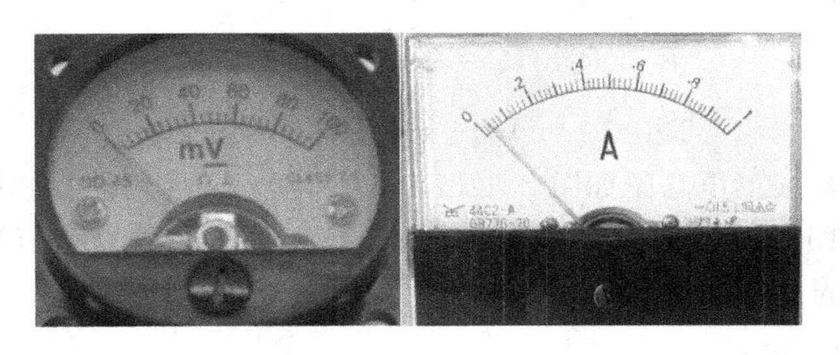

图 2.1.5　电磁式表头

解： 在直流电路中，电磁式表头可以等效为一个电阻，设计直流电压表的步骤如下。

（1）根据欧姆定律，可求得表头的等效电阻值为

$$R_0=\frac{0.1\ \text{V}}{1\ \text{mA}}=100\ \Omega$$

（2）表头满偏时电压为0.1 V，即表头能够承受的最大电压为0.1 V，若测量电压大于表头满偏电压，另需要分压电阻进行分压，分压电阻和表头串联。待分压电压越大所需串联分压电阻越大，设计三量程直流电压表，则需要三个等级的分压电阻，其电路图如图2.1.6(a)所示。

设计量程为1 V的直流电压表时，需要一个电阻R_1来分压0.9 V，分压电阻R_1和表头串联，待测电路的电压用恒压源U_s表示，其电路图如图2.1.6(b)所示。

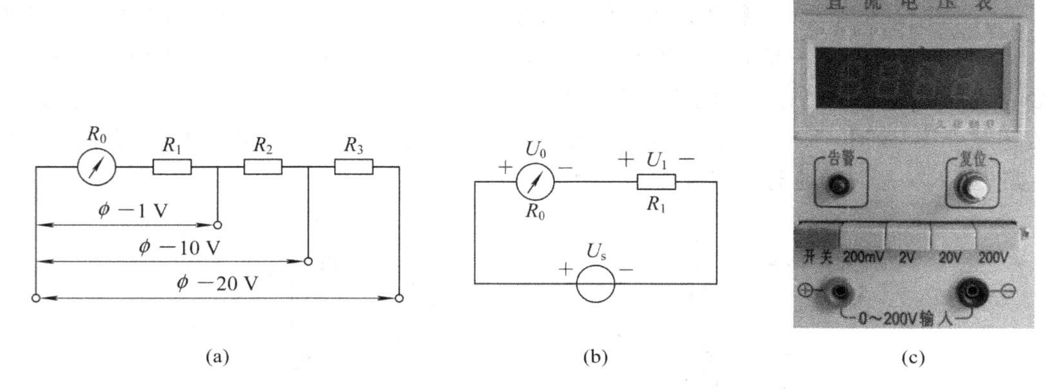

图2.1.6 多量程直流电压表电路模型及实物图

（3）表头满偏时的电流为1 mA，则流经分压电阻R_1的电流也为1 mA，由欧姆定律可得分压电阻R_1的值为

$$R_1=\frac{0.9\ \text{V}}{1\ \text{mA}}=900\ \Omega$$

同样的步骤可设计10 V、20 V量程的直流电压表，10 V量程的电压表需要串联分压电阻的值为

$$R_1+R_2=\frac{9.9\ \text{V}}{1\ \text{mA}}=9900\ \Omega$$

$$R_2=9900\ \Omega-R_1=9\ \text{k}\Omega$$

50 V量程的电压表需要串联分压电阻的值为

$$R_1+R_2+R_3=\frac{19.9\ \text{V}}{1\ \text{mA}}=19\ 900\ \Omega$$

$$R_3=19\ 900\ \Omega-(R_1+R_2)=10\ \text{k}\Omega$$

三量程直流电压表的电路图如图2.1.6(a)、(b)所示，常见的封装好的多量程直流数字式电压表的实物图如图2.1.6(c)所示，开关选择不同的位置就可以选择不同的分压电阻，从而实现不同的量程测量。

2. 并联电阻和分流器

电路结构上，两电阻的首端相连、尾端相连，如图2.1.7所示，称为两电阻并联。并联电阻电路中电阻两端的电压相同。

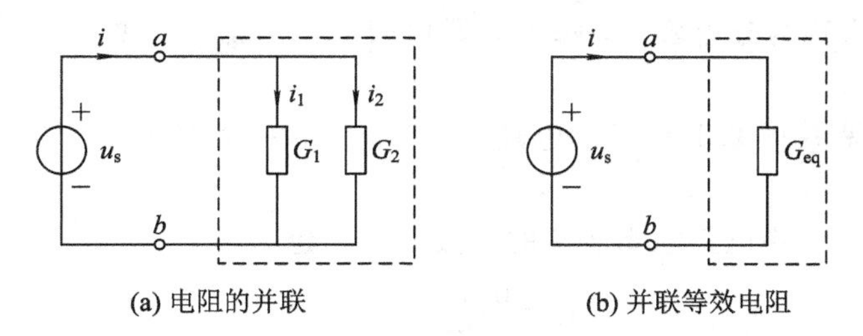

图 2.1.7　电阻的并联及并联等效

对于图 2.1.7(a)，其 KCL 方程有

$$i=i_1+i_2=\frac{1}{R_1}u_s+\frac{1}{R_2}u_s=\left(\frac{1}{R_1}+\frac{1}{R_2}\right)u_s$$

对于图 2.1.7(b)，有

$$i=\frac{1}{R_{eq}}u_s$$

若$\frac{1}{R_{eq}}=\frac{1}{R_1}+\frac{1}{R_2}$，则图(a)和图(b)中端口 ab 具有相同的伏安特性，两电路对端口 ab 右端的电路等效，R_{eq} 为并联电阻的等效电阻，等效电阻的倒数等于并联各电阻倒数之和，其值小于任一个并联的电阻。通常两电阻并联也可以表达为 $R_{eq}=R_1 /\!/ R_2$，此定义可扩展到 n 个电阻并联的情况：

$$\frac{1}{R_{eq}}=\frac{1}{R_1}+\frac{1}{R_2}+\cdots+\frac{1}{R_k}+\cdots+\frac{1}{R_n}=\sum_{k=1}^{n}\frac{1}{R_k} \tag{2.1.3}$$

式(2.1.3)也可以写为

$$G_{eq}=G_1+G_2+\cdots+G_k+\cdots+G_n=\sum_{k=1}^{n}G_k \tag{2.1.4}$$

式(2.1.4)中 G_{eq} 称为等效电导，是等效电阻的倒数，其等于各电导之和。在国际单位制中，电导的单位是西(西门子)(S)。

电阻并联的电路中，每个电阻上的电压相同，各电阻上的电流 $i_k=\frac{1}{R_k}u_s=G_ku_s$，其电流与电阻阻值成反比，即总电流根据各个电阻阻值的大小进行分配电流，两个电阻并联时，有

$$\begin{cases} i_1=\dfrac{1}{R_1}u_s=iR_{eq}\cdot\dfrac{1}{R_1}=\dfrac{R_2}{R_1+R_2}i \\ i_2=\dfrac{1}{R_2}u_s=iR_{eq}\cdot\dfrac{1}{R_2}=\dfrac{R_1}{R_1+R_2}i \end{cases} \tag{2.1.5}$$

小贴士

为了便于生产，同时考虑到能够满足实际使用的需要，国家规定了一系列数值作为产品的标准，称为电阻的标称值，实际应用中需要的电阻值并不一定是标称值，这时就可以用标称值电阻的串联或者并联的等效值来代替。

常见的多量程的电流表采用的就是分流器的原理实现电流表的量程扩展。

家庭或工厂用电负载多为并联运行，各负载均为电网电压供电，当用电负载越多时，总负载等效电阻越小，电路中总电流越大，则电网的输出功率也越大，但是各个并联负载的运行状态(电压、电流和功率)基本不变。

式(2.1.5)通常称为分流公式，每个并联电阻上的分流小于总电流，因此并联电路也常做分流器使用。

【例 2.1.4】 利用图 2.1.5(a)的电磁式表头，设计一个 10 mA、50 mA、100 mA 的三量程直流电流表。

解：(1) 例 2.1.3 中已经求得表头的等效电阻值为

$$R_0=\frac{0.1\ \text{V}}{1\ \text{mA}}=100\ \Omega$$

(2) 表头满偏能够承受的最大电流为 1 mA，若测量电流大于表头满偏电流，则需要分流电阻进行分流，分流电阻和表头并联。待分流电流越大所需并联分流电阻就越小，设计三量程直流电流表，则需要三个等级的分流电阻，其电路图如图 2.1.8(a)所示。

设计量程为 100 mA 的直流电流表时，需要一个电阻 R_4 来分流 99 mA，待测电路的电流用恒流源 I_s 表示，其电路图如图 2.1.8(b)所示。

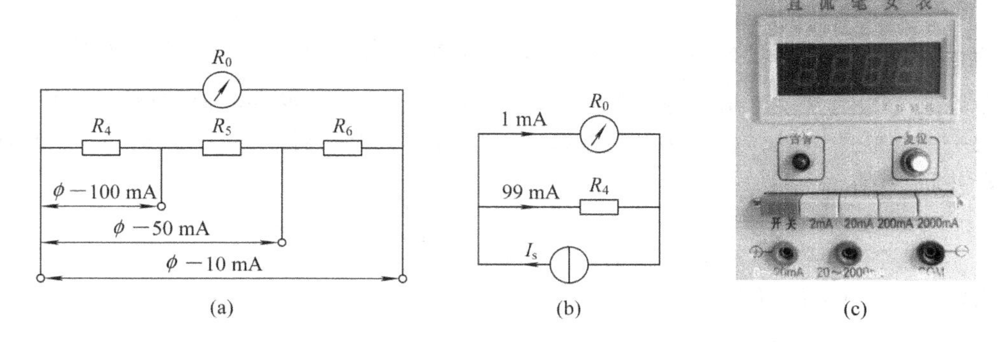

图 2.1.8　多量程直流毫安表电路模型及实物图

(3) 表头满偏时的电压为 0.1 V，则与表头并联的分流电阻 R_4 的电压也为 0.1 V，由欧姆定律可得分流电阻 R_4 的值为

$$R_4==\frac{100}{99}\ \Omega=1.01\ \Omega$$

同样的步骤可设计 50 mA、10 mA 量程的直流电流表，50 mA 量程的电流表需要并联的分流电阻的值为

$$R_4+R_5=\frac{0.1\ \text{V}}{49\ \text{mA}}=2.04\ \Omega$$

$$R_5=1.03\ \Omega$$

10 mA 量程的电流表需要并联的分流电阻的值为

$$R_4+R_5+R_6=\frac{0.1\ \text{V}}{9\ \text{mA}}=11.11\ \Omega$$

$$R_6=9.07\ \Omega$$

三量程直流电流表的电路图如图 2.1.8(a)、(b)所示，常见的封装好的多量程直流数字式毫安表的实物图如图 2.1.8(c)所示，开关选择不同的位置就可以选择不同的分流电阻，从而实现不同的量程测量。

电路除了简单的串联和并联连接方式外，更多的是串联和并联都存在的混合连接方式。在利用电阻的串并联等效求解电路时，要注意区分电路的连接方式和等效方法。

【例 2.1.5】 计算图 2.1.9 所示电路中的电流 I_1、I_2。

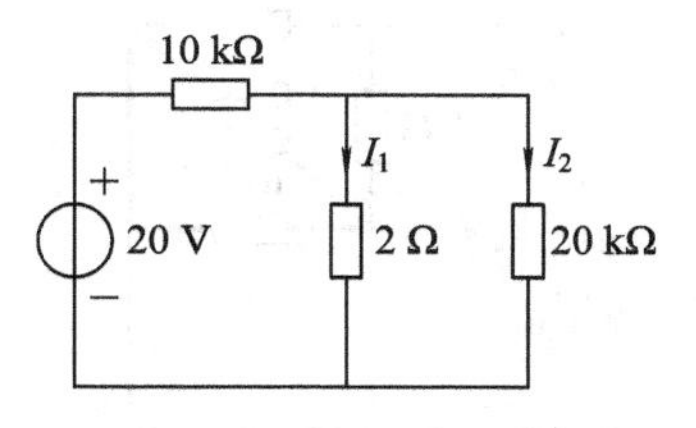

图 2.1.9　例 2.1.5 图

解： 电路的等效电阻为

$$R_{eq}=10\ \text{k}\Omega+(2\ \Omega /\!/ 20\ \text{k}\Omega)\approx 10\ \text{k}\Omega+2\ \Omega\approx 10\ \text{k}\Omega$$

观察电路的结构及电阻的阻值，当电阻阻值相差较大时，不需要精确计算，可以估算出结果。两个相差很大的电阻并联，由分流公式可知，大电阻分流作用可忽略不计，则其等效电阻可估算为较小的电阻阻值；两个相差很大的电阻串联，由分压公式可知，小电阻的分压作用可忽略不计，其等效电阻可估算为较大的电阻阻值。则电路的总电流为

$$I=\frac{20\ \text{V}}{10\ \text{k}\Omega}=2\ \text{mA}$$

即

$$I_1\approx I=2\ \text{mA}$$

$$I_2\approx 0$$

【例 2.1.6】 计算图 2.1.10 所示电路中 ab 间的等效电阻 R_{ab}。

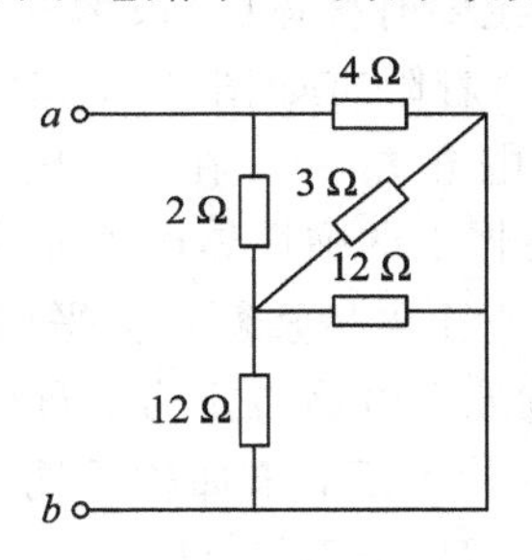

图 2.1.10　例 2.1.6 图

解： 对串并联混连的电路，首先要找到具有明显串联或并联关系的两个电阻，合并后再继续，一步步画到最后。

图 2.1.11(a)中粗线连接的两电阻并联，可等效合并为一个电阻，$12\ \Omega /\!/ 12\ \Omega=6\ \Omega$，即为图 2.1.11(b)中 6 Ω(除了要计算合并后的等效电阻值，还要注意两个电阻等效为一个电阻后的电路画法)。

图 2.1.11(b)中粗线连接的两电阻并联，$3\ \Omega /\!/ 6\ \Omega=2\ \Omega$，可等效合并为一个电阻，为图 2.1.11(c)中 2 Ω 电阻。

图 2.1.11(c)中粗线连接的两电阻串联，$2\ \Omega+2\ \Omega=4\ \Omega$，可等效合并为一个电阻，为图 2.1.11(d)中 4 Ω 电阻。

图 2.1.11(d)中粗线连接的两电阻并联，$4\ \Omega /\!/ 4\ \Omega=2\ \Omega$，可等效合并为一个电阻，为图 2.1.11(e)中 2 Ω 电阻。

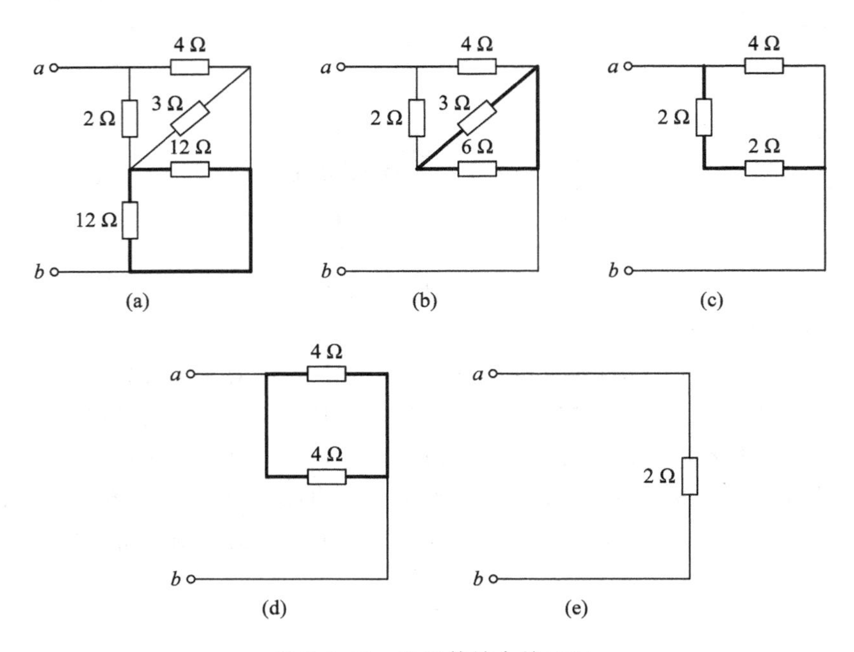

图 2.1.11 电阻等效合并过程

至此，电路等效画为一个电阻的最简单形式，则 $R_{ab}=2\ \Omega$。

【例 2.1.7】 地磅也称为汽车衡，是常见的如卡车、货车等大宗货物的称重设备，其结构示意图如图 2.1.12(a)所示，主要有称体(将被称重物体的重量传递给称重传感器)和应力仪(称重传感器)。传感器上贴着附有如图 2.1.12(b)所示的惠斯通电桥，当电桥平衡，即 $R_1R_x=R_2R_3$ 时，电流计的电流 $I_G=0$，在重力的作用下，称体平台将被测物体的重力传递给重力传感器，使称重传感器上的弹性体产生弹性形变，即 R_x 阻值发生变化，惠斯通电桥失去平衡。调整 R_3 的阻值直至电桥重新恢复平衡，即 $I_G=0$，ΔR_3 的调整值与被称物体的重力存在对应关系，由后续处理电路转换为被称物体的重量。假设，惠斯通电桥中 $R_1=100\ \Omega$，$R_2=110\ \Omega$，经过精密校准后，未加称重物体时弹性体的电阻为 $R_x=120\ \Omega$，当有称重物体时 $R_x=120.25\ \Omega$，求 R_3 调整值 ΔR_3。

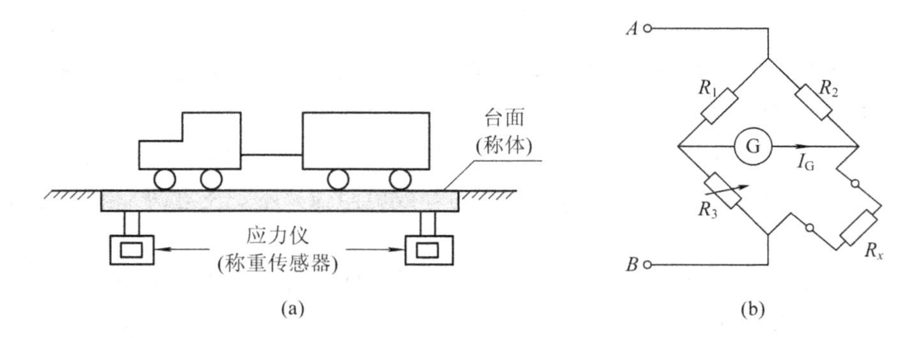

图 2.1.12 地磅结构示意图及惠斯通电桥

解： 惠斯通电桥的平衡方程 $R_1R_x=R_2R_3$，可得

$$R_3=\frac{R_1R_x}{R_2}=\frac{100\times 120}{110}=109.0909\ \Omega$$

有称重物体，弹性体发生形变，电桥重新平衡后：

$$R_3=\frac{R_1R_x}{R_2}=\frac{100\times120.25}{110}=109.3182\ \Omega$$

所以，R_3 调整值为

$$\Delta R_3=109.3182-109.0909=0.2273\ \Omega$$

3. 电阻 Y 形连接与△形连接的等效变换

在电路计算过程中，利用电阻的串并联等效可以简化电路计算，如图 2.1.13(b)所示的惠斯通电桥电路，电桥平衡，桥上电流为零，可看作开路，则从 AB 端口看进去的等效电阻 $R_{AB}=(R_1+R_3)/\!/(R_2+R_x)$，但是当电桥不平衡时，桥上电流不为零，则四个电阻不再是简单的串并联关系，所以并不是所有的电路中的电阻都存在直接的串并联关系。如图 2.1.13 所示的电桥电路在测量电路方面是一种非常重要的电路结构，其中五个电阻之间既非并联关系也非串联关系，所以无法用上述串并联等效的方法进行化简计算。

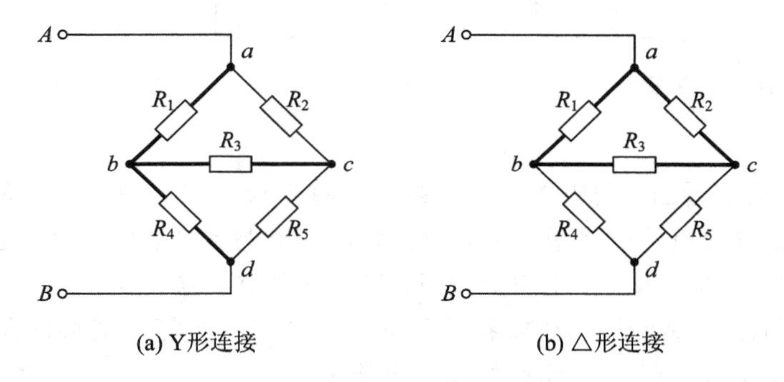

图 2.1.13　电桥电路

图 2.1.13 中存在两种连接方式，即由 R_1、R_2、R_3(或 R_3、R_4、R_5)构成的△形连接方式(也称为三角形连接)和由 R_1、R_3、R_4(或 R_2、R_3、R_5)构成的 Y 形连接方式(也称为星形连接)，它们对外都有 3 个端子。图 2.1.14 所示为 Y 形连接和△形连接方式。Y 形连接的三个电阻只与一个端子相连，所以电阻的下标与相连的端子对应，标注为 R_1、R_2、R_3；△形连接的三个电阻在两个端子之间，其下标由对应的两个端子组成，标注为 R_{12}、R_{23}、R_{34}。

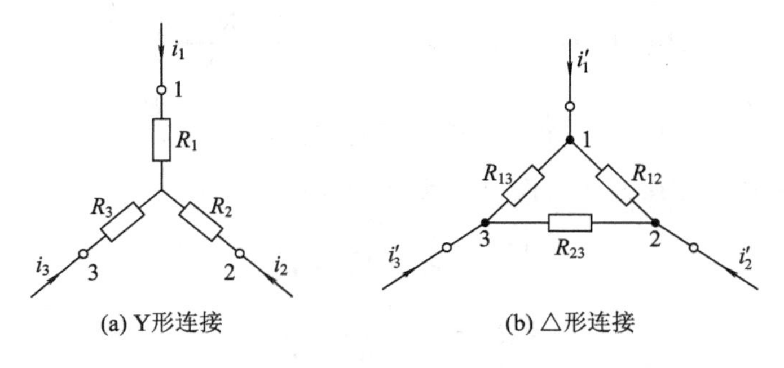

图 2.1.14　Y 形连接和△形连接

假设两种连接方式可以相互等效变换，并且转换后与外电路的其他元件间的连接关系不变，则变换前后外电路工作状态保持不变。暂且先不用考虑变换后电阻参数的变化，先来看两种连接方式变换后，电路结构将会发生什么变化。将图 2.1.13 中由 R_1、R_2、R_3 构成的△形连接方式等效转换为Y形连接方式，如图2.1.15(a)所示，变换后的电路将具有明显的串并联关系，根据串并联等效变换写出AB端口的等效电阻$R_{eq}=R_a+[(R_b+R_4)//(R_c+R_5)]$。

同样，将图2.1.13中由R_1、R_3、R_4构成的Y形连接方式等效转换为△形连接方式，如图2.1.15(b)所示，变换后的电路也将具有明显的串并联关系。根据串并联等效变换写出AB端口的等效电阻$R_{eq}=R_{da}//[(R_{ac}//R_2)+(R_{cd}//R_5)]$。

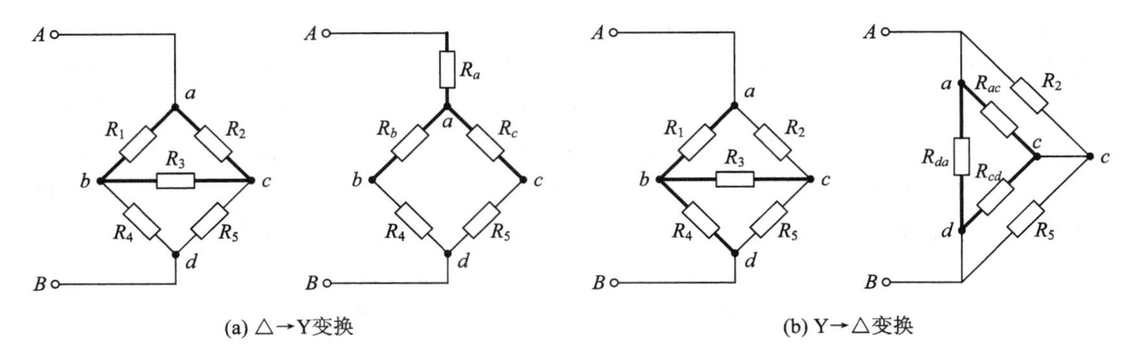

图2.1.15 Y/△变换

从图2.1.15可以看出，利用Y→△变换可以将复杂电路等效转换为简单串并联连接的电路，从而可以求出电路的等效电阻，但是要进行电路计算还需要知道连接方式变换后的三个电阻在阻值上与原来三个电阻的关系。Y→△等效变换要满足本章2.1中的“等效原则”，即等效前后，支路两端的伏安特性相同，所以Y→△等效变换的条件是图2.1.14(a)与(b)两图中的对应端子之间具有相同的电压u_{12}、u_{23}、u_{31}；且流入对应端子的电流分别相等，$i_1=i_1'$、$i_2=i_2'$、$i_3=i_3'$。

在Y、△形两种连接方式中，当某一端子开路时，其他两端间的等效电阻也必然对应相等，以3端子开路为例，有

$$R_1+R_2=R_{12}//(R_{31}+R_{23})=\frac{R_{12}(R_{31}+R_{23})}{R_{12}+R_{23}+R_{31}} \tag{2.1.6}$$

同理可得

$$R_2+R_3=R_{23}//(R_{31}+R_{12})=\frac{R_{23}(R_{12}+R_{31})}{R_{12}+R_{23}+R_{31}} \tag{2.1.7}$$

$$R_1+R_3=R_{31}//(R_{23}+R_{12})=\frac{R_{31}(R_{12}+R_{23})}{R_{12}+R_{23}+R_{31}} \tag{2.1.8}$$

联立三式，可得将△形连接方式转换为Y形连接方式时，有

$$\begin{cases} R_1=\dfrac{R_{12}R_{31}}{R_{12}+R_{23}+R_{31}} \\ R_2=\dfrac{R_{12}R_{23}}{R_{12}+R_{23}+R_{31}} \\ R_3=\dfrac{R_{31}R_{23}}{R_{12}+R_{23}+R_{31}} \end{cases} \tag{2.1.9}$$

将Y形连接方式转换为△形连接方式时，有

$$\begin{cases} R_{12}=\dfrac{R_1R_2+R_2R_3+R_3R_1}{R_3} \\ R_{23}=\dfrac{R_1R_2+R_2R_3+R_3R_1}{R_1} \\ R_{31}=\dfrac{R_1R_2+R_2R_3+R_3R_1}{R_2} \end{cases} \tag{2.1.10}$$

特殊地，当Y形连接方式三个电阻相等，即 $R_1=R_2=R_3=R_Y$ 时，等效变换得到的△形连接方式三个电阻也相等，即 $R_{12}=R_{23}=R_{31}=R_\triangle$，且 $R_\triangle=3R_Y$。

与电阻串并联等效变换类似，除了需要计算等效电阻的值，还要注意结构变换后的电路的画法，其原则是：除了Y/△部分以外的电路要保持与原电路的连接方式保持不变。以图2.1.14(a)为例，Y→△等效变换的一般步骤为：

(1) 先把△形等效变换为Y形的结构画出(粗线部分)，并标出对外连接端子(a、b、c)；

(2) 按照端子的连接方式将外电路依原电路补充完整；

(3) 利用串并联等效化简电路。特别需要注意，在图2.1.15(b)中 b 点为Y形连接的公共点，而不是对外连接端子，所以△形变换为Y形后，b 点消失。

【例2.1.8】 计算图2.1.16所示电路中 AB 端的等效电阻。

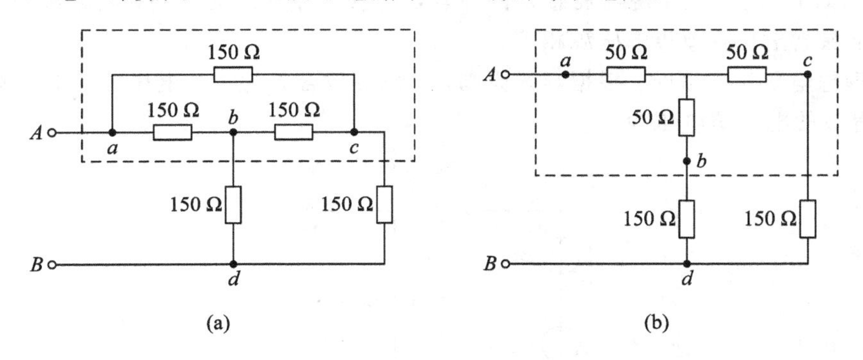

图2.1.16　例2.1.8图

解： 将虚线框部分的三个△形连接的三个电阻等效变换为Y形连接方式，原电路图2.1.16(a)中△形连接对外三个端子为 a、b、c；画出Y形连接的等效电路后，计算三个等效电阻值为 $R_Y=\dfrac{R_\triangle}{3}=50\ \Omega$，并标出Y形连接方式的对外连接端子 a、b、c，如图2.1.16(b)所示；然后再将外电路的各元件按照原电路的连接关系与端子对应相连。则等效电阻为

$$R_{AB}=50\ \Omega+[(50\ \Omega+150\ \Omega)//(50\ \Omega+150\ \Omega)]=150\ \Omega$$

当然本题中也可以将三个Y形连接的电阻变换为△形连接，然后计算。

2.1.2　两种实际电源及其等效变换

1. 理想电源的特性及其串并联等效

理想电源是从实际电源抽象出来的理想电路模型，包括理想电压源和理想电流源，它们都是二端有源元件。

由 1.1.5 节理想电压源的特性可知，理想电压源接外电路时，其端口电压等于理想电压源电压而与所接外电路无关，所以当理想电压源与任意元件并联后再接外电路时，不会影响对外电路的供电电压，则任意元件对于外电路来说可以等效看成开路。如图 2.1.17 所示，图(a)和图(b)中负载 R_L 上的电压 $u=u_s$，负载参数不变，所以负载上的电流也不变，满足“等效原则”，即对于负载 R_L 这个“外电路”来说，图(a)和图(b)的作用是等效的。

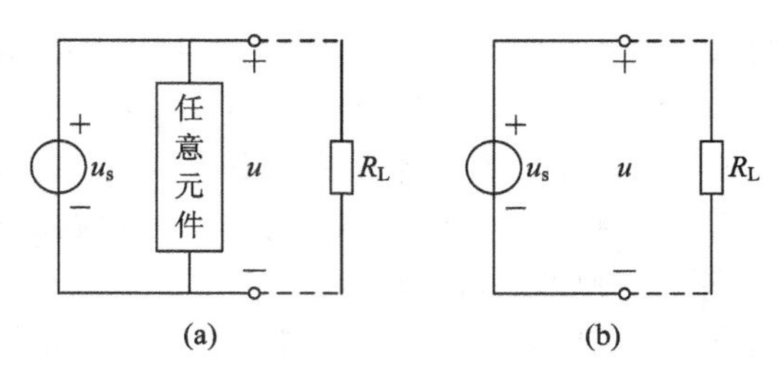

图 2.1.17 与理想电压源并联及其等效电路

注意，此“任意元件”不包括理想电压源，只有电压大小相等、极性相同的两个电压源才允许并联，否则违背 KVL 定律。当电压大小相等、极性相同的两个电压源并联时，对外电路可等效为一个电压源，但每个电压源提供多少功率(电流)则无法确定。

结论 2.1.1 理想电压源与任意元件并联，任意元件等效为开路，电路等效为理想电压源，电压源电压与原理想电压源相等。

两个理想电压源串联时，根据等效原则，可以等效合并为一个电压源，如图 2.1.18 所示，这个等效的电压源电压为

$$u_s=u_{s1}+u_{s2} \tag{2.1.11}$$

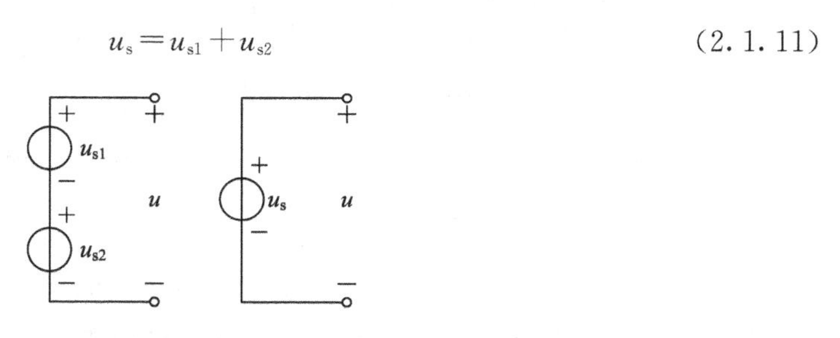

图 2.1.18 电压源的串联及等效电路

式(2.1.11)满足 KVL 方程，等效电压源电压 u_s 为两个串联电压源电压的代数和，此表达式可扩展到 n 个电压源串联的情况，注意，如果串联电源的参考方向和等效电源的参考方向相同则取“+”，否则取“−”。

结论 2.1.2 n 个理想电压源串联，等效为一个理想电压源，电压源电压等于 n 个电压的代数和。

小贴士

一般常见的普通干电池为 1.5 V 的电压源，我们常用到一些由多节干电池供电的小电器，比如供电电源为 3 V 的电器，就需要 2 节干电池串联供电。

由 1.1.5 节理想电流源的特性可知，理想电流源接外电路时，其端口电流等于理想电

流源电流，而与所接外电路无关，所以当理想电流源与任意元件串联后再接外电路时，不会影响对外电路的供电电流，则任意元件对于外电路来说可以看成短路，如图 2.1.19 所示。图 2.1.19(a)和图 2.1.19(b)中，负载 R_L 上的电流 $i=i_s$，负载参数不变，所以负载上的电压也不变，满足“等效原则”，即对于负载 R_L 这个“外电路”来说，图 2.1.19(a)和图 2.1.19(b)的作用是等效的。

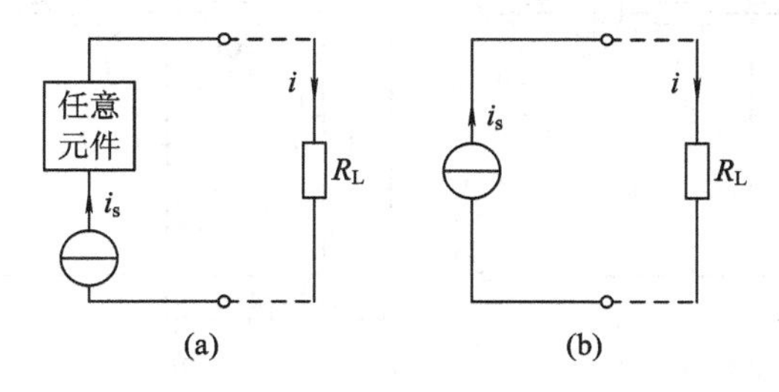

图 2.1.19　与理想电流源串联及其等效电路

注意，此“任意元件”不包括理想电流源，只有电压大小相等、极性相同的两个电流源才允许串联，否则违背 KCL 定律。当电流大小相等、极性相同的两个电流源串联时，对外电路可等效为一个电流源，但每个电流源提供多少功率(电压)则无法确定。

结论 2.1.3　理想电流源与任意元件串联，任意元件可等效为短路，电路等效为理想电流源，电流源电流与原理想电流源相等。

两个理想电流源并联时，根据等效原则，可以等效为一个电流源，如图 2.1.20 所示，这个等效的电流源电流为

$$i_s=i_{s1}+i_{s2} \tag{2.1.12}$$

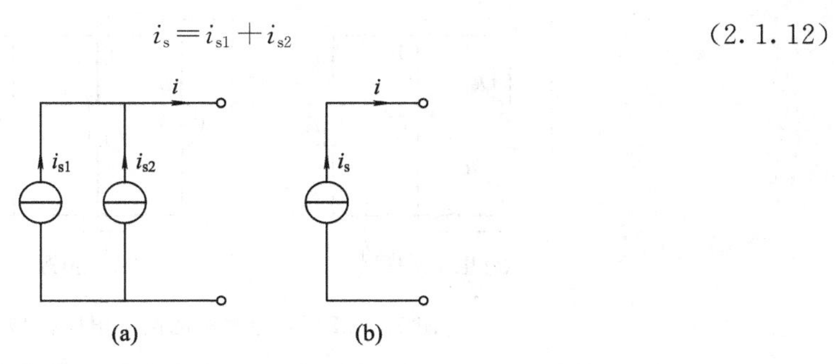

图 2.1.20　电流源的并联及等效电路

式(2.1.12)中，等效电源电流 i_s 为并联电源电流的代数和，此表达式可扩展到 n 个电流源并联的情况，如果并联电源的参考方向和等效电源的参考方向相同则取“+”，否则取“−”。

结论 2.1.4　n 个理想电流源并联，等效为一个理想电流源，电流源的电流等于 n 个电流的代数和。

【例 2.1.9】　求如图 2.1.21(a)所示电路的端口等效电路。

解：首先，先分析图 2.1.21(a)电路结构，电压源 u_s，电阻 R_s，电流源 i_{s1}、串联电阻 R_{s1} 三条支路并联，然后与电流源 i_{s2}、串联电阻 R_{s2} 支路串联。

电阻 R_s，电流源 i_{s1}、串联电阻 R_{s1} 两并联支路可看成一个整体，称为“任意元件”与电压源 u_s 并联，根据结论 2.1.1 可知，此“任意元件”可等效为开路，如图 2.1.21(b)所示。

图 2.1.21(b)中，电压源 u_s、电流源 i_{s2}、电阻 R_{s2} 三个元件串联，同样，将电压源 u_s 及串联电阻 R_{s2} 看成一个整体，也可以称为“任意元件”，然后与电流源 i_{s2} 串联，根据结论 2.1.3 可知，此“任意元件”可等效为短路，如图 2.1.21(c)所示。

由图 2.1.21(a)、(b)、(c)可以看出，电路大大简化，两电路对外电路是等效的。

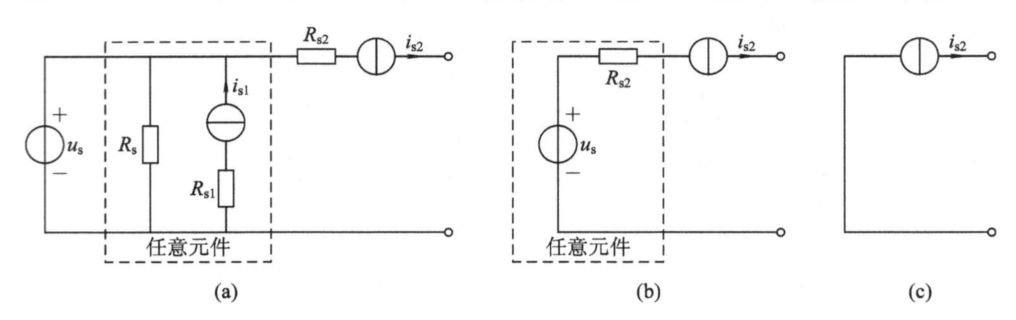

图 2.1.21　例 2.1.9 图

2. 两种实际电源及其等效变换

实际的电源有两种模型，一种是理想电压源与电阻串联的电路模型，称为电压源模型；另一种是理想电流源与电阻并联的电路模型，称为电流源模型。

一个实际的电压源，如发电机、干电池或信号源等，除了对外输出电压外，自身也消耗电能，即含有内阻。直流电压源模型的电路图如图 2.1.22(a)所示，图中，U_s 为电源电压，R_s 为电源内阻，U 为端口电压，R_L 为负载电阻，I 为负载电流。

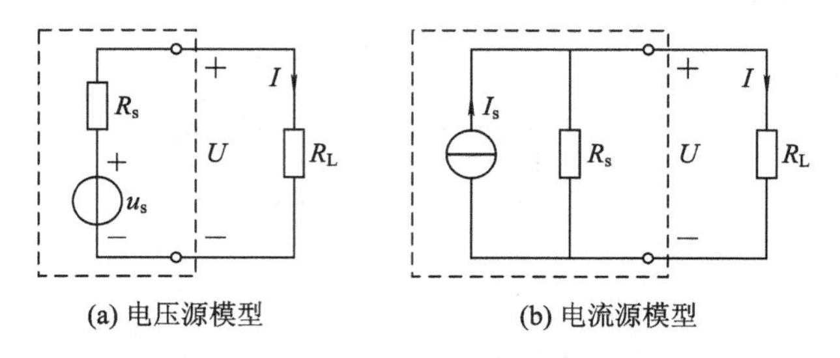

图 2.1.22　实际电源的两种电路模型

由图 2.1.22 所示的电路，可以写出电压源的端口特性方程为

$$U=U_s-IR_s \tag{2.1.13}$$

由式(2.1.13)可作出实际电压源的端口伏安特性曲线，如图 2.1.23(a)所示，曲线的斜率即为内阻 R_s，R_s 越大，曲线越陡峭，当负载变化时，会引起端口电压(负载电压)变化较大；R_s 越小，曲线越平坦，当负载变化时，端口电压(负载电压)变化很小，所以内阻 R_s 越小，电压源带负载能力越强。理想情况下 $R_s=0$，即为理想电压源，其伏安特性如图 2.1.23(a)中直线 1 所示，与 I 轴平行(不管负载及电流如何变化，输出电压保持不变)。直线 2 所代表的电压源的内阻小于直线 3，从伏安特性曲线图上可以看出：电压源的带负载能力，直线 3<直线 2<直线 1。直线 3 与 U 轴的交点为 $I=0$(端口开路)时的电压，即开路电压 $U_{oc}=U_s$；与 I 轴的交点为 $U=0$(端口短路)时的电流，即短路电流 $I_{sc}=\dfrac{U_s}{R_s}$。一般实际电压源的内阻很小，所以实际电压源也不允许短路。

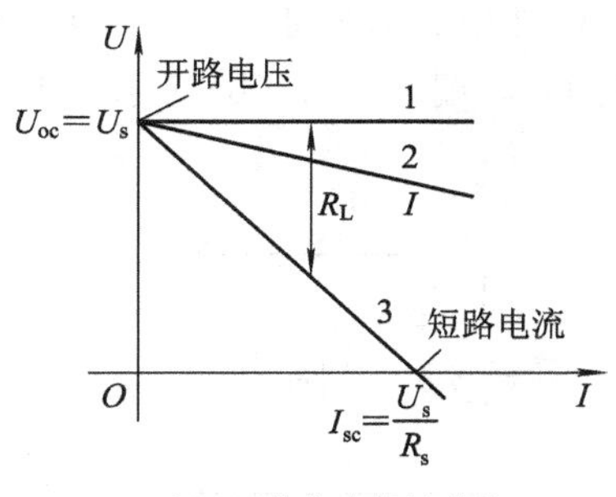

(a) 电压源的伏安特性曲线

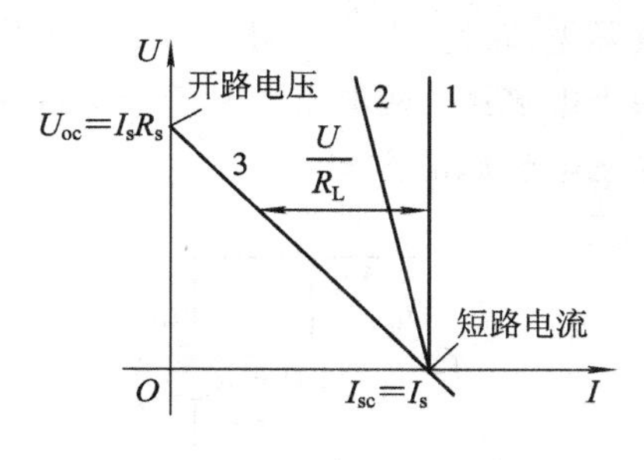

(b) 电流源的伏安特性曲线

图 2.1.23　两种实际电源的伏安特性曲线

实际的电流源模型如图 2.1.23(b)所示，I_s 为电源电压，R_s 为电源内阻，U 为端口电压，R_L 为负载电阻，I 为负载电流。其端口特性方程为

$$I=I_s-\frac{U}{R_s} \tag{2.1.14}$$

电流源的端口伏安特性曲线如图 2.1.23(b)所示，曲线的斜率即为内阻 R_s，R_s 越小，曲线越陡峭，当负载变化时，会引起负载电流变化较大；R_s 越大，曲线越平坦，当负载变化时，负载电流变化很小，所以内阻 R_s 越大，电流源带负载能力越强。理想情况下，$R_s=\infty$，即为理想电流源，其伏安特性如图 2.1.23(b)中直线 1 所示，与 U 轴平行(不管负载及电压如何变化，输出电流保持不变)。直线 2 所代表的电压源的内阻大于直线 3，从伏安特性曲线图上可以看出：电流源的带负载能力，直线 3<直线 2<直线 1。直线 3 与 U 轴的交点为 $I=0$(端口开路)时的电压，即开路电压 $U_{oc}=I_sR_s$；与 I 轴的交点为 $U=0$(端口短路)时的电流，即短路电流 $I_{sc}=I_s$。一般实际电流源的内阻很大，所以实际电流源也不允许开路。

小贴士

常见的手机等用电电器多为电压源供电，电流源装置通常需要特别制造，除实验室外，日常生活中电流源很少见到。

常见的使用过程中干电池或手机电池摸起来发烫，原因是电池除了给电器供电外，本身还会产生热量，提供恒定电压模型化为理想电压源，产生热量模型化为一个电阻，电池发热就是电压源的等效内阻上流过电流产生的热量。

两个实际电压源串联，如图 2.1.24(a)所示，由结论 2.1.1 可得，两理想电压源串联等效为一个电压源，两电阻串联等效为一个电阻，如图 2.1.24(b)所示。电压源串联等效时需要注意电压源的方向。

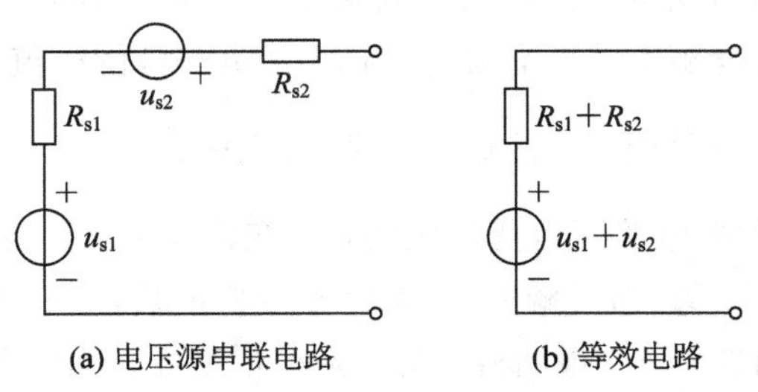

(a) 电压源串联电路　　(b) 等效电路

图 2.1.24　电压源串联等效

两个实际电流源并联，如图 2.1.25(a)所示，由结论 2.1.3 可得，其中两理想电流源并联等效为一个电流源，两电阻并联等效为一个电阻，如图 2.1.25(b)所示。电流源并联等效时需要注意电流源的方向。

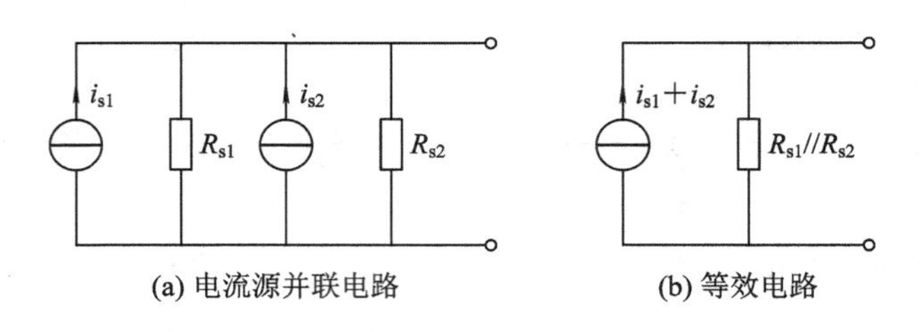

图 2.1.25 电流源并联等效

当两个实际电压源并联、两个实际电流源串联或者电压源和电流源串联或者并联时，无法直接进行电源的串并联合并，如图 2.1.26 所示。

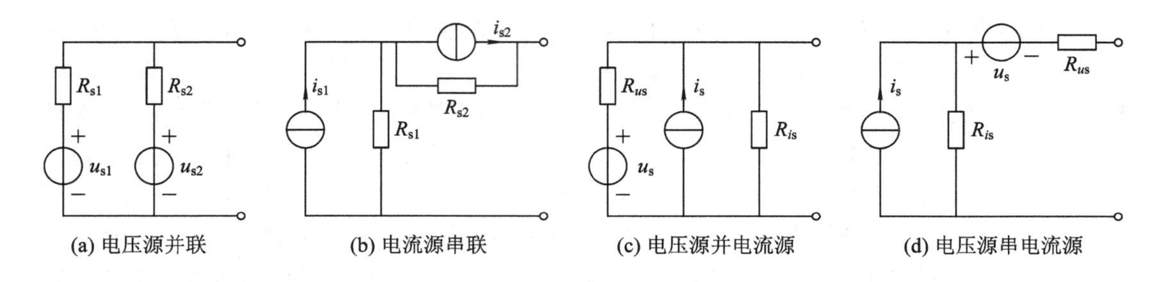

图 2.1.26 电源串并联电路

如果图 2.1.26 中各电路都能化为两电流源并联或两电压源串联电路，则电路就可以实现等效合并，这就需要把电压源模型等效为电流源模型，或者把电流源模型等效为电压源模型。电源的两种模型能够等效也要满足“等效原则”，即两种电源模型的端口特性相同，对比式(2.1.13)和(2.1.14)，如果两电源内阻相同，且

$$U_s = I_s R_s \tag{2.1.15}$$

则两电源模型的端口伏安特性完全相同，图 2.1.22 中两电源对外电路负载 R_L 来说是等效的。由此可以说对于外电路来说，实际电源的两种模型在满足等效的条件下可以相互转换，两种电源模型等效变换时需要注意：

(1) 结构上，电压源串联电阻变换为电流源并联电阻，如图 2.1.22(a)和(b)所示。

(2) 参考方向上，两电源取非关联参考方向，即电流源的电流由电压源正极方向流出。

(3) 数值上，两电源内阻相等，且 $U_s = I_s R_s$ 或 $I_s = \dfrac{U_s}{R_s}$。

这种等效变换仅仅对外电路而言是等效的，即变换前后外电路(图 2.1.26 中负载 R_L)的电压、电流及功率相同，即“对外等效”；而对于变换前后的内部电路(虚框内)是不等效的，即“对内不等效”。例如，当外电路开路时，两种模型端口电流都为零，即两个实际电源对外都不发出功率；在电压源模型中 R_s 的电流、消耗功率为零；而在电流源模型中 R_s 的

电流为电流源电流 I_s、消耗功率为 $I_s^2R_s$。

利用两种电源的等效变换就可以合并化简图 2.1.26 中各电路。下面以图 2.1.26(a)和(b)为例，讲解多个电源等效合并的过程：

(1) 判别两个电源的性质及连接方式。图 2.1.26(a)两个实际电压源(电压源串电阻看成一个整体)并联。

(2) 由结论 2.1.4 可知，两个理想电流源并联可以等效合并为一个电流源，所以需要把两个实际电压源转换为实际电流源。

(3) 电流源并联合并，电阻并联合并，如图 2.1.27(a)所示。

同样的方法，图 2.1.20(b)为两实际电流源串联，电压源串联才可以等效合并为一个电压源，故需要把两个实际电流源转换为实际电压源，然后电压源串联合并，电阻串联合并，如图 2.1.27(b)所示。

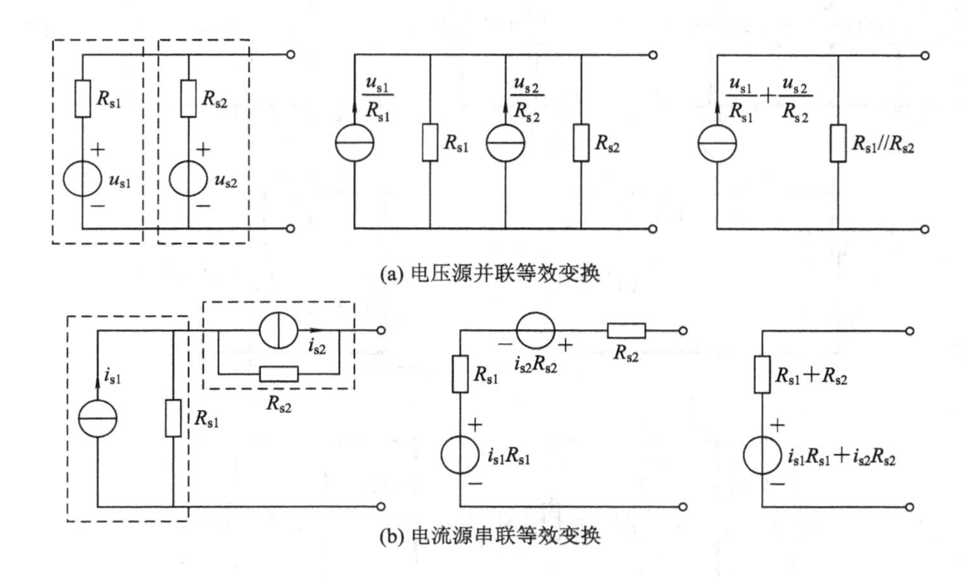

图 2.1.27　利用电源等效变换化简电路

【例 2.1.10】 求图 2.1.28(a)所示电路中电流 I。

解： 图(a)中三个实际电压源并联，所以需要将三个实际电压源转换为三个实际电流源，如图(b)所示；合并三个电流源和三个并联的电阻可得图(c)。

图(c)中两个电流源串联，转换为两个电压源串联，如图(d)所示，注意电流源方向及等效变换后电压源的方向，合并电压源和两个串联的电阻可得图(e)。

图(e)中实际电压源和电阻并联，将实际电压源转换为电流源并联电阻，如图(f)所示，两并联电阻可以合并为一个电阻，如图(g)所示。

图(g)为等效合并最简电路，可以用分流公式求得电流为

$$I=\frac{\frac{10}{3}}{\frac{10}{3}+10}\times 0.5=0.125\ \text{A}$$

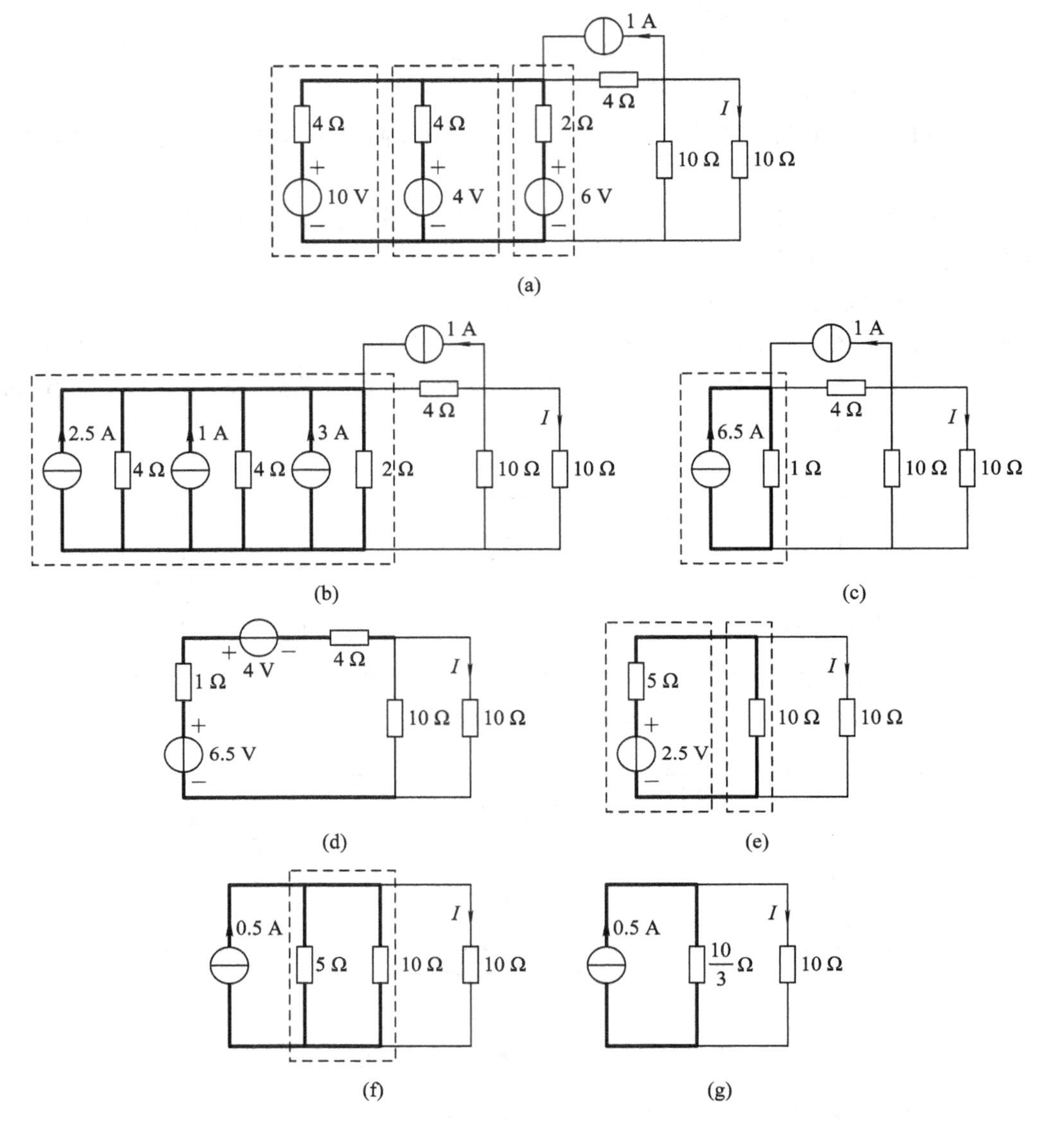

图 2.1.28 例 2.1.10 图

2.2 电阻电路的方程

在 2.1 节中利用等效变换的方法可以将复杂的电路结构等效变换为简单的电路再进行求解，而如果不改变电路的结构，选择电路中支路电压或电流作为未知量，根据电路的基尔霍夫定律(KCL/KVL)和元件的电压电流关系(VCR)建立未知量的独立方程组，求解方程组就可以得到电路中各支路的电压电流。对于线性电阻电路，由此建立的方程组为线性代数方组，如果电路结构复杂，可以借助计算机软件辅助求解方程组。根据未知量选择不同，电路的方程可以分为支路电流法和节点电压法。

2.2.1　支路电流法

以支路电流作为未知量列写电路方程，求解电路的方法称为支路电流法。如图 2.2.1 所示，电路中有三条支路，即 $b=3$，则需要列写 3 个独立的方程才可求解三个未知量。列写方程之前，先要选定各支路电流的参考方向，并在电路图中标注如图 2.2.1 所示，电路中有 2 个节点，所以可以列写 2 个 KCL 方程。对于节点①，有

$$I_1+I_2-I_3=0 \tag{2.2.1}$$

对于节点②，有

$$I_3-I_1-I_2=0 \tag{2.2.2}$$

式(2.2.1)两边同乘以 −1 就可以得到式(2.2.2)，即两个式子是非独立的方程。图 2.2.1 所示电路有 2 个节点，则只可以列写 2−1=1 个独立的 KCL 方程。一般地说，电路中有 n 个节点，就只可以列写 $n-1$ 个独立的 KCL 方程。

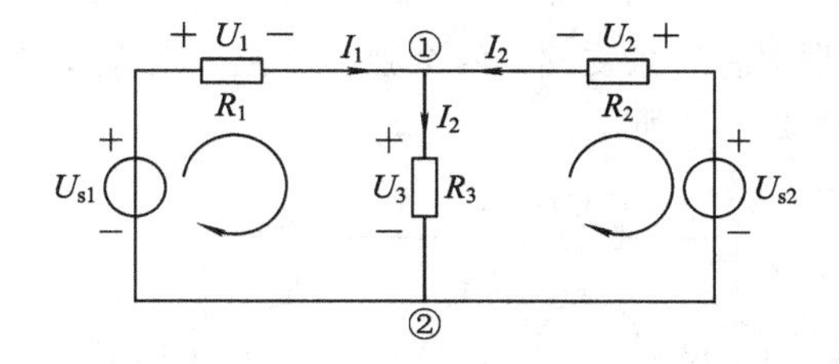

图 2.2.1　支路电流法

同样，如果对所有回路列写 KVL 方程，所得到的方程组也是不独立的。这里选择网孔作为独立回路，网孔是特殊的回路，只存在于平面电路中，是自然的孔，即网孔区域内不含有不属于网孔的支路。图 2.2.1 中含有两个网孔，规定网孔的巡回方向，电阻元件上的电压与电流取关联参考方向，可列写两个网孔的 KVL 方程：

$$\begin{cases}-U_{s1}+U_1+U_3=0\\-U_{s2}+U_2+U_3=0\end{cases} \tag{2.2.3}$$

易看出式(2.2.3)中两方程是独立的。支路电流法中的未知量为三个电流，所以需要用支路电流 I_1、I_2、I_3 来表示电压 U_1、U_2、U_3。将电阻上的 VCR 关系 $U_1=I_1R_1$、$U_2=I_2R_2$、$U_3=I_3R_3$ 代入式(2.2.3)，同时将 U_{s1}、U_{s2} 作为常数移到等式右边可得

$$\begin{cases}I_1R_1+I_3R_3=U_{s1}\\I_2R_2+I_3R_3=U_{s2}\end{cases} \tag{2.2.4}$$

将式(2.2.4)中 2 个 KVL 方程和式(2.2.1)的 KCL 方程联立，就组成了支路电流法的全部方程：

$$\begin{cases}I_1+I_2-I_3=0\\I_1R_1+I_3R_3=U_{s1}\\I_2R_2+I_3R_3=U_{s2}\end{cases} \tag{2.2.5}$$

对 n 个节点、b 条支路的电路应用支路电流法的一般步骤可总结为：

(1) 选定电路中 b 个支路电流未知量的参考方向。

(2) 在 n 个节点中任选 $n-1$ 个独立节点列写 KCL 方程。

(3) 选择 $b-(n-1)$ 个独立回路(网孔)，指定回路的绕行方向，列写 KVL 方程。

(4) 联立步骤(2)和步骤(3)的 b 个独立方程组成方程组，可求解 b 个支路电流未知量。

【例 2.2.1】 电在医学上被用来协助各科疾病的治疗，比如骨质疏松、骨关节炎、骨刺溶解以及骨折等，利用电流模拟人体内自然的电力以刺激骨骼的成长、加速骨骼的复原。电疗将电极嵌入骨骼，其电路模型如图 2.2.2 所示，其中骨骼裂缝用受控电压源模型表示，电极的阴极模型用 100 kΩ 的电阻表示，求 24 小时内释放到阴极的能量。

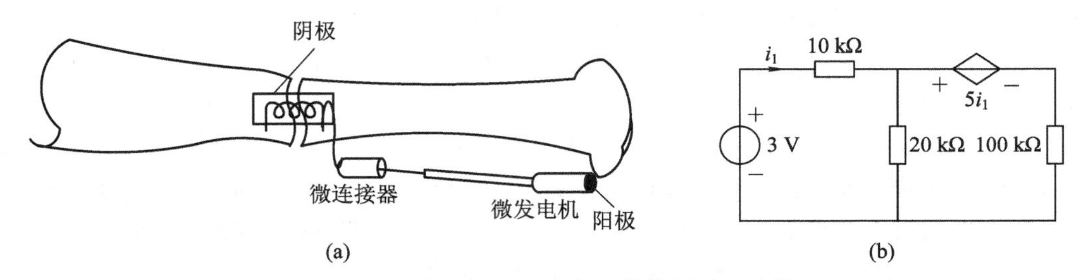

图 2.2.2　电疗法协助骨骼复原结构图及电路模型

解： 图 2.2.2(b)电路中有三条支路，两个独立回路。三条支路电流的参考方向及两个独立回路的绕行方向如图 2.2.3 所示。

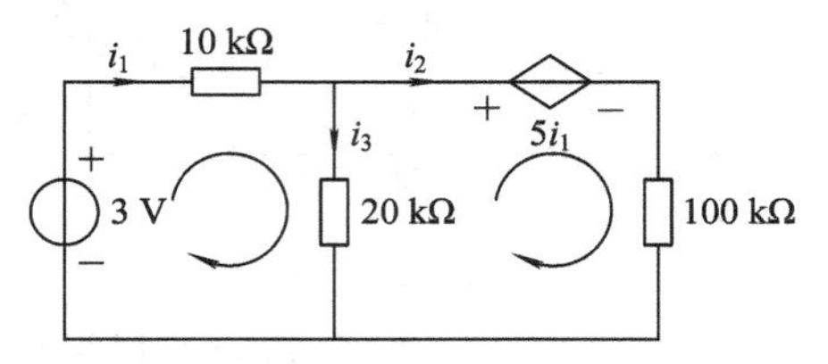

图 2.2.3　电流的参考方向及独立回路的绕行方向

列写 1 个 KCL 方程和 2 个 KVL 方程：

$$\begin{cases} i_1 = i_2 + i_3 \text{(KCL)} \\ -3 + 10\text{k}i_1 + 20\text{k}i_3 = 0 \ \text{(KVL)} \\ -20\text{k}i_3 + 5i_1 + 100\text{k}i_2 = 0 \ \text{(KVL)} \end{cases}$$

解方程可得

$$i_2 = \frac{3}{100}\ \text{mA}$$

故阴极等效电阻上的功率为

$$P = i_2^2 \times 100\ \text{k} = 18.595\ \mu\text{W}$$

24 小时内释放到阴极的能量为

$$W = Pt = 18.595\ \mu\text{W} \times 24 \times 3600\ \text{s} = 1.6\ \text{J}$$

注意，电路中有一个受控电压源，在列写方程时，把其当作独立电压源一样处理，只是电压的大小和其控制量有关。

【例 2.2.2】 求图 2.2.4 所示电路中电压 u。

解： (1) 图 2.2.4 电路中有三条支路，但是有一条含有电流源的支路，此条支路电流为电流源电流，是已知量，所以电路只有 2 个未知量，其参考方向如图 2.2.4 所示，列写 2 个方程即可求解电路。一个 KCL 方程：

$$i_1 = i_2 + 20\ \text{mA}$$

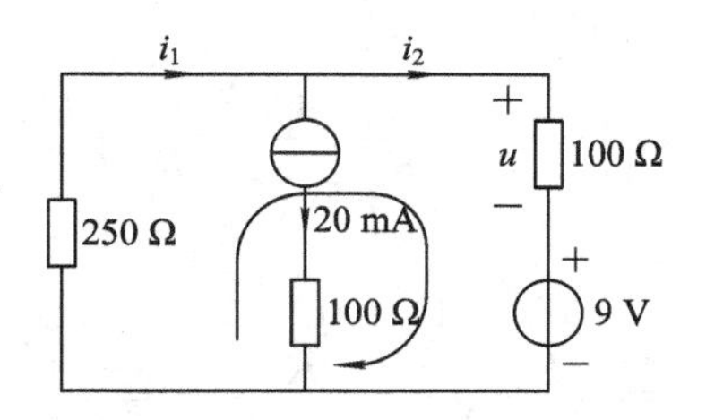

图 2.2.4　例 2.2.2 图

(2) 只需列写一个 KVL 方程即可求解，独立电流源两端的电压未知，所以在含有独立电流源的电路中，列写 KVL 方程时，要避开电流源所在的回路，如图 2.2.4 中。最外围回路不含电流源，其巡回方向如图中所示，列写 KVL 方程：

$$250i_1+100i_2+9=0$$

联立两方程，可求解 $i_2=-\frac{1}{25}$ A，故电压为

$$u=100i_2=-\frac{1}{25}\times100=-4\ \text{V}$$

2.2.2　节点电压法

图 2.2.5 所示电路中有 4 条支路、2 个节点，如果采用 2.1.1 节中的支路电流法，则需要列写 4 个方程。下面将针对此电路结构的特点讲解更简单的列方程方法，即节点电压法。在电路中任意选择一节点作为参考节点，其电位为零；剩余的节点为独立节点，这些节点与参考节点之间的电压称为节点电压，其参考方向指向参考节点。

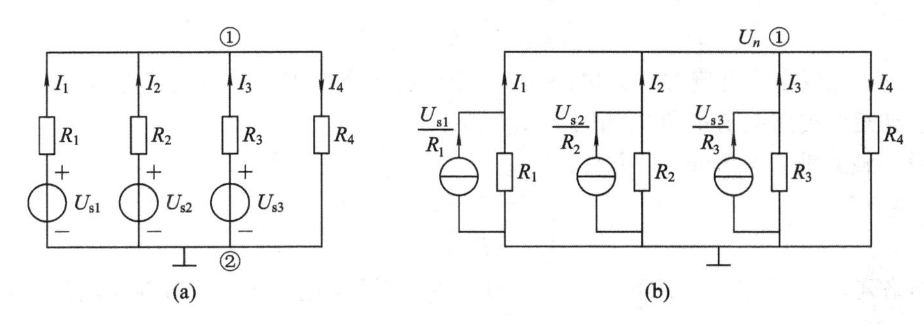

图 2.2.5　节点电压法

以节点电压作为未知量列写方程的方法称为节点电压法，图 2.2.5(a)所示电路中有两个节点，选择节点②作为参考节点，设节点①与②间的节点电压 U_n 为未知量，则只需要列写一个关于 U_n 的方程即可求解电路。将电压源串电阻支路转换为电流源并电阻支路，如图 2.2.5(b)所示，对节点①列写 KCL 方程：

$$I_1+I_2+I_3+I_4=0 \tag{2.2.6}$$

将式(2.2.6)中 4 个电流用未知量 U_n 表示，根据 KVL 可知节点①的电位为 U_n，电阻上的电流由高电位指向低电位，电压等于其两端点电位差，且为高电位减去低电位。图中每个电阻上的高电位为节点电压 U_n，低电位为参考节点的电位，即零电位，则每条支路的电流为

$$I_1=\frac{U_{s1}}{R_1}-\frac{U_n}{R_1},\ I_2=\frac{U_{s2}}{R_2}-\frac{U_n}{R_2},\ I_3=\frac{U_{s3}}{R_3}-\frac{U_n}{R_3},\ I_4=\frac{U_n}{R_4}$$

代入式(2.2.6)可得

$$\frac{U_{s1}}{R_1}-\frac{U_n}{R_1}+\frac{U_{s2}}{R_2}-\frac{U_n}{R_2}+\frac{U_{s3}}{R_3}-\frac{U_n}{R_3}+\frac{U_n}{R_4}=0 \tag{2.2.7}$$

整理后可得节点电压公式：

$$U_n=\frac{\dfrac{U_{s1}}{R_1}+\dfrac{U_{s2}}{R_2}+\dfrac{U_{s3}}{R_3}}{\dfrac{1}{R_1}+\dfrac{1}{R_2}+\dfrac{1}{R_3}+\dfrac{1}{R_4}}=\frac{\sum\dfrac{U_{si}}{R_i}}{\sum\dfrac{1}{R_i}} \tag{2.2.8}$$

式(2.2.8)中，分母为与节点①相连的所有电导之和，总取正；分母为与节点相连的所有电流源的代数和，电流源的方向流入节点时取正。

对 n 个节点的电路应用节点电压法的一般步骤可总结为：

(1) 指定参考节点，标注独立节点对参考节点的电压即节点电压；

(2) 对每个独立节点列写 KCL 方程；

(3) 用节点电压表示支路电流；

(4) 将(3)所得支路电流代入(2)，即可得电路的节点电压方程。

【例 2.2.3】 求图 2.2.6 所示电路的支路电流方程和节点电压方程。

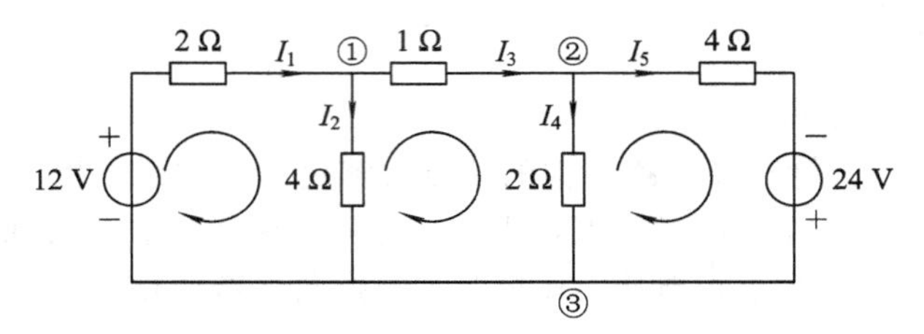

图 2.2.6 例 2.2.3 图

解：(1) 列写支路电流方程。电路有 3 个节点，5 条支路，所以支路电流方程包含 5 个方程，选定五个支路电流的方向如图 2.2.6 所示。

对两个独立节点列写 KCL 方程：

$$\begin{cases}I_1-I_2-I_3=0\\I_3-I_4-I_5=0\end{cases}$$

对三个网络列写 KVL 方程，网孔的巡回方向如图中所示，电阻上电压方向与电流方向关联：

$$\begin{cases}2I_1+4I_2-12=0\\-2I_4+4I_5-24=0\\-4I_2+I_3+2I_4=0\end{cases}$$

故图中所示的支路电流方程为

$$\begin{cases}I_1-I_2-I_3=0\\I_3-I_4-I_5=0\\2I_1+4I_2=12\\-2I_4+4I_5=24\\-4I_2+I_3+2I_4=0\end{cases}$$

(2) 列写节点电压方程。

电路有 3 个节点，选取一个参考点，则只有 2 个独立的节点，节点电压方程包含 2 个方程。选择节点③作为参考节点，节点①的节点电压设为 U_{n1}，节点②的节点电压设为 U_{n2}，每条支路电流参考方向如图 2.2.7 所示，列写两个节点的 KCL 方程：

$$\begin{cases} I_1-I_2-I_3=0 \\ I_3-I_4-I_5=0 \end{cases}$$

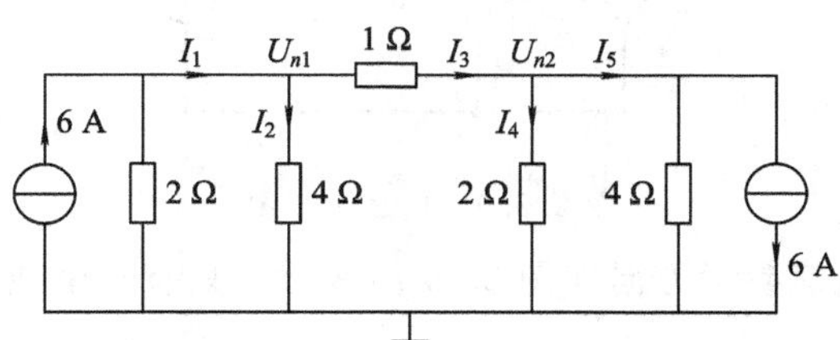

图 2.2.7　例 2.2.3 图

将电流用节点电压表示：

$$I_1=6-\frac{U_{n1}}{2},\ I_2=\frac{U_{n1}}{4},\ I_3=\frac{U_{n1}-U_{n2}}{1},\ I_4=\frac{U_{n2}}{4},\ I_5=\frac{U_{n2}}{4}-6$$

代入上述 KCL 方程并整理可得

$$\begin{cases} \left(\frac{1}{2}+\frac{1}{4}+1\right)U_{n1}-U_{n2}=6 \\ -U_{n1}+\left(\frac{1}{2}+\frac{1}{4}+1\right)U_{n2}=-6 \end{cases}$$

则电路的节点电压方程为

$$\begin{cases} \frac{7}{4}U_{n1}-U_{n2}=6 \\ -U_{n1}+\frac{7}{4}U_{n2}=-6 \end{cases}$$

针对图，节点电压法的方程数比支路电流法的方程数少，求解简单。

【例 2.2.4】　求图 2.2.8 所示电路中 A 点的电位。

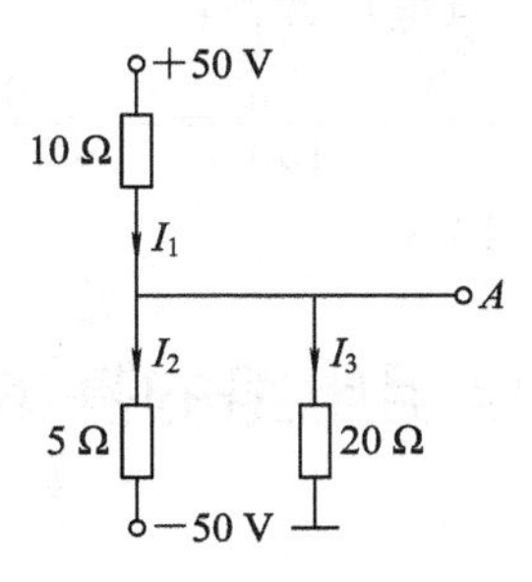

图 2.2.8　例 2.2.4 图

解：用节点电压法可以很简洁方便地求解图 2.2.8 所示电路中的电位，设 A 的电位为 V_A，每条支路电流参考方向如图中所示，则根据 KCL 方程可得节点电压方程为

$$\frac{50-V_A}{10}=\frac{V_A-(-50)}{5}+\frac{V_A}{20}$$

解方程可得 $V_A=-\frac{100}{7}$ V。

【例 2.2.5】 求图 2.2.9 所示电路中电压 u。

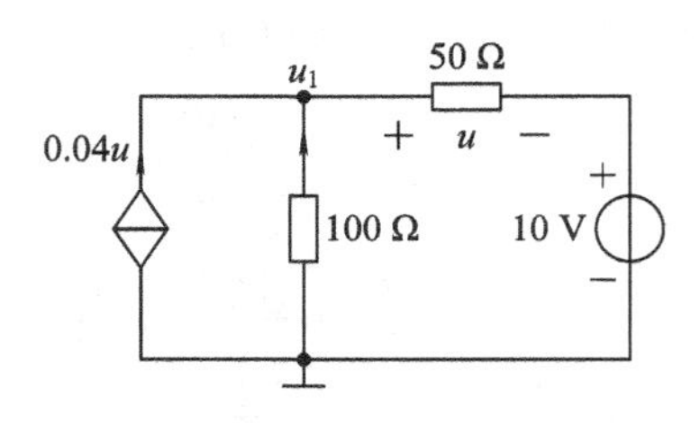

图 2.2.9 例 2.2.5 图

解：(1) 每条支路电流参考方向如图 2.2.10 所示，只有一个独立节点，设其节点电压为 u_1，其 KCL 方程为

$$i_1+i_2=i_3$$

(2) 各支路电流用节点电压表示。i_1 所在支路为受控电流源，列方程时，将其看作独立电流源，其电流值与控制量有关：$i_1=0.04u$。

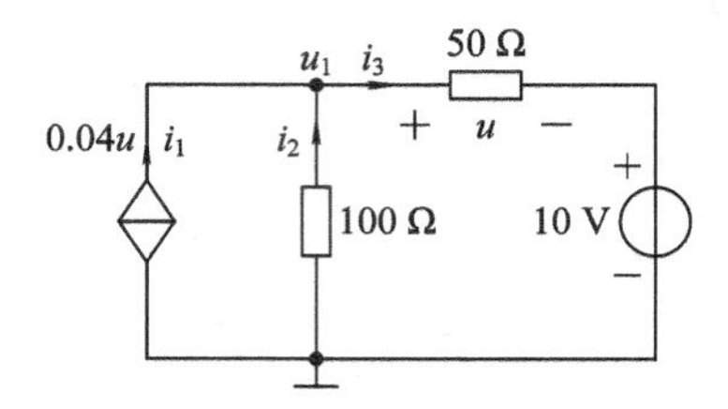

图 2.2.10 例 2.2.5 图

根据欧姆定律，有

$$i_2=\frac{0-u_1}{100}$$

$$i_3=\frac{u_1-10}{50}$$

将各支路电流代入 KCL 方程可得节点电压方程：

$$0.04u+\frac{0-u_1}{100}=\frac{u_1-10}{50}$$

又有 $u=u_1-10$，所以可以解得 $u=10$ V。

2.3 电阻电路的基本定理

2.3.1 叠加定理

叠加定理是线性电路的一个重要的基本性质，是构成其他网络理论的基础，它说明了在线性电路中各个电源作用的独立性。它还可以证明即将介绍的戴维南定理和诺顿定理。

下面以图 2.3.1(a)所示电路为例来引出叠加定理，电路中有两个电源——恒流源 I_s 与电压源 E，它们共同作用在电阻 R 上，产生电流 I。这个电流可以列写 KVL 方程求出：

$$IR+(I-I_s)R_c-E=0$$

解方程可得

$$I=\frac{R_c}{R+R_c}I_s+\frac{1}{R+R_c}E=I'+I''$$

根据结果分析，构成响应电流的第一部分 $I'=\frac{R_c}{R+R_c}I_s$，这个分量是独立电流源 I_s的一次函数，跟独立电压源 E 没有函数关系，其实质是将独立电压源置零后，电流源 I_s单独作用时在 R 上时产生的响应，如图 2.3.1(b)所示；构成响应电流的第二部分 $I''=\frac{1}{R+R_c}E$，是将独立电流源置零后，电压源 E 单独作用时在 R 上产生的响应，如图 2.3.1(c)所示。可见，电阻 R 上产生的电流 I 是两个独立电源分别单独作用时在 R 上产生的电流的代数和。对其他支路的电流或电压也有同样的结论。这就是叠加定理。

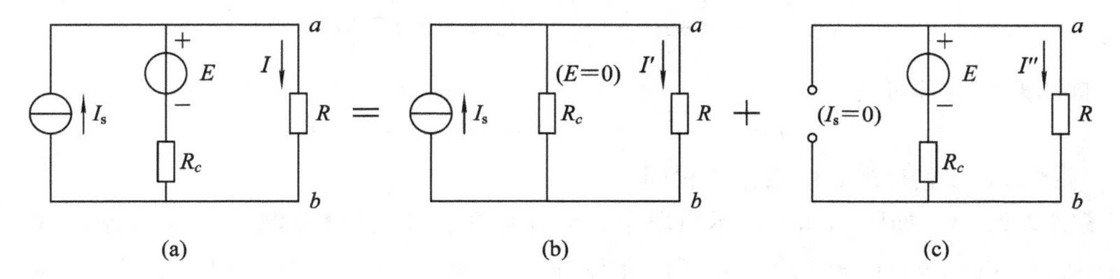

图 2.3.1　叠加定理

因此，叠加定理的内容可陈述为：在多个电源共同作用的线性电路中，任一支路中的电压和电流等于各个电源分别单独作用时在该支路中产生的电压和电流的代数和。

当某一电源单独作用时，其他电源“不作用”，即其他电源取零值。恒压源取零值可把恒压源两端视为“短路”(如图 2.3.1(b))所示，恒流源取零值时可将恒流源视为“开路”(如图 2.3.1(c))所示。但应注意，电压源、电流源的内电阻均应保留。

当分别求出各个电源单独作用的“分量”后，求“总量”时即是求各分量的代数和。当分电压或分电流与总电压或总电流方向一致时取正值，方向相反时取负值。在图 2.3.1(a)中，两电源共同作用时，电流的假定正方向从 a 指向 b，而在图(b)、(c)中分电流 I'和 I''的假定正方向也是从 a 指向 b，与 I 的方向相同。所以求代数和时 $I = I' + I''$。假若 I''的假定正方向是从 b 指向 a，则叠加时求代数和就应该是 $I = I'-I''$。

叠加定理只适用于线性电路。从数学上看，叠加定理就是线性方程的可加性。在前一节讲到的支路电流法和节点电压法得出的都是线性代数方程，因此支路电流或电压都可以用叠加定理来求解。但功率的计算就不能用叠加定理。以图 2.3.1(a)中电阻 R 上产生的功率为例，显然有

$$P=I^2R=(I'+I'')^2R\neq(I')^2R+(I'')^2R$$

这是因为电流与功率不成正比，它们之间并非是线性关系。

【例 2.3.1】　用叠加原理计算例 2.2.2 中的电压 u。

解：根据叠加定理，例 2.2.2 中图 2.2.3 所示电路的电压 u 可以看成是由图 2.3.2(a)的 u'和图 2.3.2(b)的 u''两个支路电压的叠加。

当理想电流源单独工作时，可将理想电压源短接，如图 2.3.2(a)所示，应用两个并联电阻的分流公式，可以计算出

$$u'=-\frac{250}{100+250}\times20\times10^{-3}\times100\approx-1.43\text{ V}$$

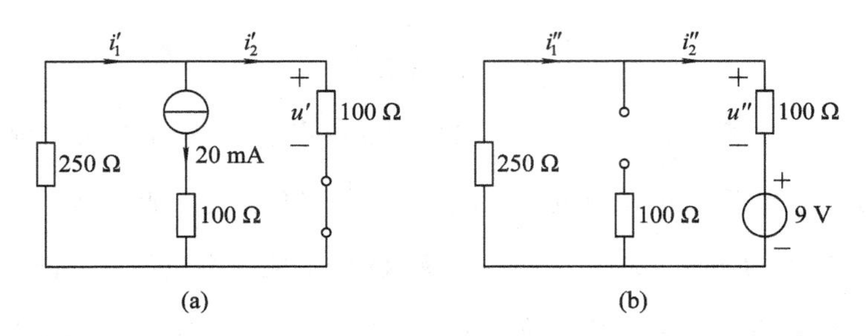

图 2.3.2　例 2.3.1 图

当理想电压源单独工作时，可将理想电流源开路，如图 2.3.2(b)所示，可以计算出

$$u''=-\frac{9}{100+250}\times 100\approx -2.57\ \text{V}$$

根据叠加定理可得

$$u=u'+u''=-1.43-2.57=-4\ \text{V}$$

与例 2.2.2 相比较，结果完全相同。

【例 2.3.2】 如图 2.3.3 所示电路中，N 为无源电路，当电流源 i_{s1} 和电压源 u_{s1} 反向时(u_{s2} 不变)，电压 u_{ab} 是原来的 0.3 倍；当 i_{s1} 和 u_{s2} 反向时(u_{s1} 不变)，电压 u_{ab} 是原来的 0.2 倍。当 i_{s1} 反向(u_{s1}，u_{s2} 均不变)时，电压 u_{ab} 应为原来的几倍？

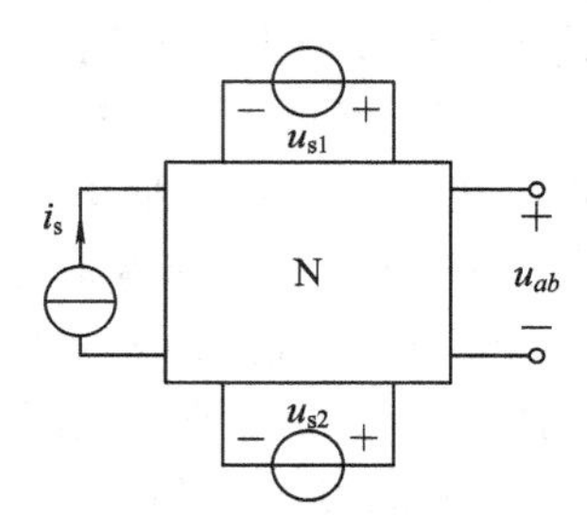

图 2.3.3　例 2.3.2 图

解： 根据叠加定理，设响应：

$$u_{ab}=K_1 i_{s1}+K_2 u_{s1}+K_3 u_{s2} \quad ①$$

式中，K_1、K_2、K_3 为未知的比例常数，将已知条件代入式①，得

$$0.3u_{ab}=-K_1 i_{s1}-K_2 u_{s1}+K_3 u_{s2} \quad ②$$

$$0.2u_{ab}=-K_1 i_{s1}+K_2 u_{s1}-K_3 u_{s2} \quad ③$$

$$xu_{ab}=-K_1 i_{s1}+K_2 u_{s1}+K_3 u_{s2} \quad ④$$

将式①、②、③相加，得

$$1.5u_{ab}=-K_1 i_{s1}+K_2 u_{s1}+K_3 u_{s2} \quad ⑤$$

显然式⑤等号右边的式子恰等于式④等号右边的式子。因此得所求倍数为

$$x=1.5$$

注：本题实际给出了应用叠加定理研究一个线性电路激励与响应关系的实验方法。

从上面的例题可以看出，在线性电路中，单个独立电源在支路上产生的响应(电流或电压)总是和该激励成正比例。当我们将某一独立电源增加或减少若干倍时，该电源单独作用时产生的响应分量也增加或减少相同的倍数。这就是齐性定理。比如一线性电路：激励增大 5 倍，则该线性电路中的任意一个器件上的响应也会增大 5 倍。

【例 2.3.3】 试求图 2.3.4 所示梯形电路中各支路的电流、节点电压和输出端电压 u_o。其中电源电压 $u_s=10$ V。

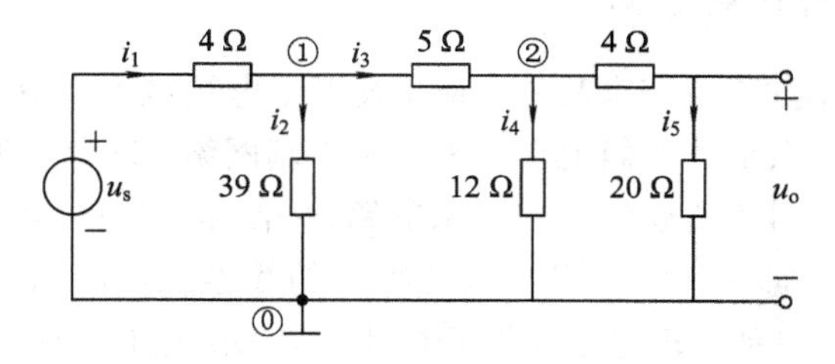

图 2.3.4　例 2.3.3 图

解： 由齐性定理可知，当电路中只有一个独立源时，其任意支路的响应与该独立源成正比。假设响应：$i_5'=1$ A，则可计算出各支路电压电流分别为

$$u_o'=i_5'\times 20=1\times 20=20\text{ V}$$

$$u_{n2}'=i_5'\times(4+20)=1\times 24=24\text{ V}$$

$$i_4'=\frac{u_{n2}'}{12}=\frac{24}{12}=2\text{ A}$$

$$i_3'=i_4'+i_5'=2+1=3\text{ A}$$

$$u_{n1}'=i_3'\times 5+u_{n2}'=3\times 5+24=39\text{ V}$$

$$i_1'=i_2'+i_3'=\frac{39}{39}+3=4\text{ A}$$

$$u_s'=i_1'\times 4+u_{n1}'=4\times 4+39=55\text{ V}$$

即当激励 $u_s=u_s'=55$ V 时，各电压、电流如以上计算出的数值。实际上题目中给定的 $u_s=10$ V，相当于将以上激励 u_s'缩小了$\frac{10}{55}$倍，即 $K=\frac{10}{55}=\frac{2}{11}$，根据齐性定理电路中各支路的电流和节点电压应同时缩小$\frac{2}{11}$倍，有

$$i_1=Ki_1'=\frac{2}{11}\times 4=\frac{8}{11}=0.727\text{ A}$$

$$i_2=Ki_2'=\frac{2}{11}\times 1=\frac{2}{11}\text{ A}$$

$$i_3=Ki_3'=\frac{2}{11}\times 3=\frac{6}{11}\text{ A}$$

$$i_4=Ki_4'=\frac{2}{11}\times 2=\frac{4}{11}\text{ A}$$

$$i_5=Ki_5'=\frac{2}{11}\times 1=\frac{2}{11}\text{ A}$$

$$u_{n1}=Ku_{n1}'=\frac{2}{11}\times 39=\frac{78}{11}\text{ V}$$

$$u_{n2}=Ku_{n2}'=\frac{2}{11}\times 24=\frac{48}{11}\text{ V}$$

$$u_o=Ku_o'=\frac{2}{11}\times 20=\frac{40}{11}\text{ V}$$

注：本题的计算采用“倒退法”，即先从梯形电路最远离电源的一端开始，对电压或电流设一便于计算的值，倒退算至激励处，最后再按齐性定理予以修正。

2.3.2 戴维南定理及诺顿定理

在一个有源网络中，如果只需求某一支路的电压、电流或者功率，则可以把该支路从网络中分离出来，网络的剩余部分我们把它称为有源二端网络。这个有源二端网络不论它的电路是简单的还是复杂的，对于所要计算的这条支路而言，都相当于是一个电源，因为它对这条支路供给电能。因此任何一个由电阻和电源组成的线性二端网络均可以用一个电源来等效，而电源有两种模型，一种是理想电压源和内阻的串联(电压源)；另一种是理想电流源和内阻的并联(电流源)。如果等效成电压源就是戴维南定理，等效成电流源就是诺顿定理。

1. 戴维南定理

任何一个线性有源二端网络，对于外电路而言都可以用一个等效电压源来替代(如图2.3.5所示)。这个等效电压源的电动势E等于有源二端网络输出端开路时的输出电压U_0；电源的内电阻R_0等于二端网络内部所有独立电源置零后得到的无源网络a、b之间的等效电阻。这就是戴维南定理。

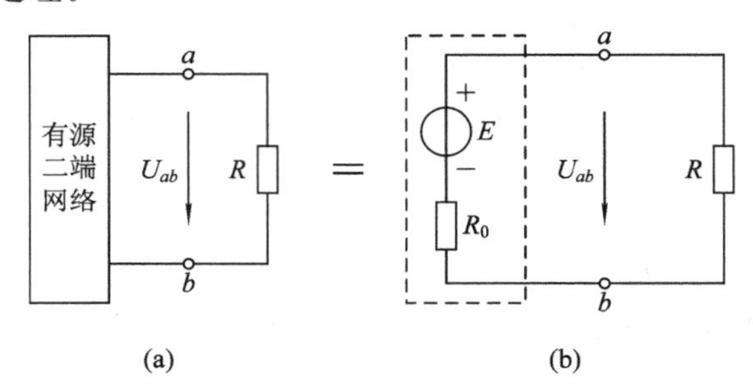

图 2.3.5 戴维南定理

戴维南定理可以用前面学习过的叠加定理来证明。如图2.3.6(a)所示线性有源二端网络，其端口电流为i，可用一个电流值为i的恒流源替代，如图2.3.6(b)所示。根据叠加定理a、b两点之间的电压等于A中的电源单独作用时(如图2.3.6(c)所示)所产生的响应u'，即开路电压，再加上电流源i单独作用时所产生的响应u''，即

$$u=u'+u''=u_o-R_{eq}i$$

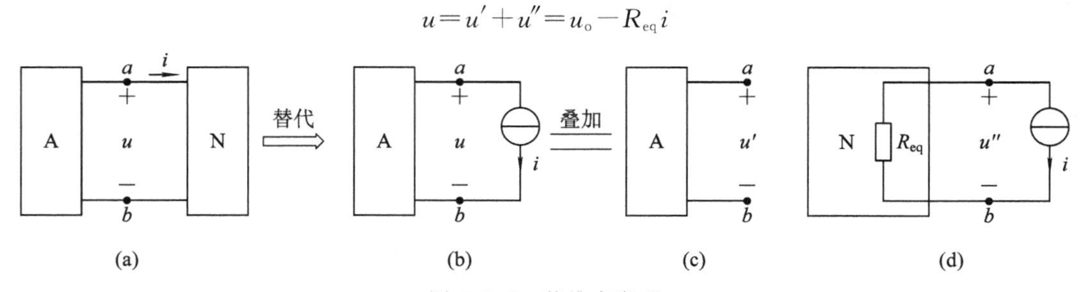

图 2.3.6 戴维南定理

由此，可证明线性有源二端网络可以等效为一个电压源，其电动势E等于有源二端网络输出端开路时的输出电压U_0；电源的内电阻R_0等于二端网络内部所有独立电源置零后得到的无源网络a、b之间的等效电阻。等效电压源的内电阻R_0，在电子电路中常称为“输出电阻”。

采用戴维南定理求解的一般步骤：

(1) 断开所求响应的支路，求有源二端网络的开路电压 u_o。

(2) 求等效电阻 R_{eq}：将内部独立电源置零，得到对应无源网络并求其等效电阻 R_{eq}。求取方法：

① 当网络内部不含有受控源时可采用电阻串并联和△－Y 互换的方法计算等效电阻。

② 开路电压短路电流法：计算有源二端网络的开路电压 u_o、短路电流 i_{sc}，则 $R_{eq}=u_{oc}/i_{sc}$。

(3) 画出有源网络的戴维南等效电路，求解相应的响应。

【例 2.3.4】 如图 2.3.7(a)所示电路中，已知 $E_1=140$ V，$E_2=90$ V，$R_1=200$ Ω，$R_2=50$ Ω，$R_3=60$ Ω。求流过 R_3的电流 I_3。

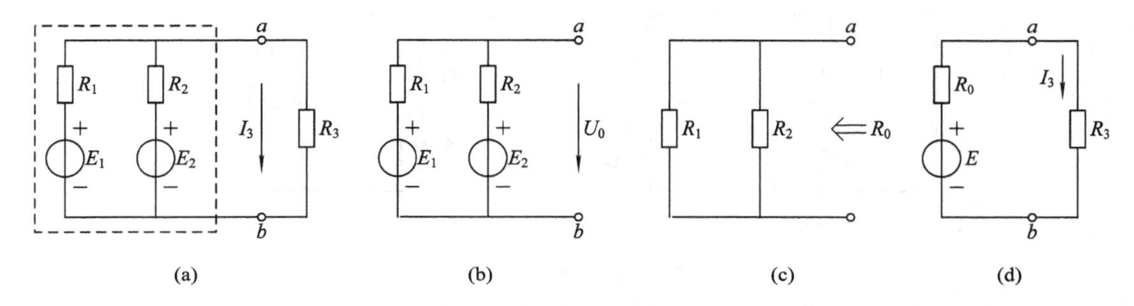

图 2.3.7

解：根据戴维南定理，将电路中除电阻 R_3以外的其余部分以及虚线框内部分看成有源二端网络，这个网络可以简化为一个等效电压源。

先求等效电压源的电动势 E，即求有源二端网络的开路电压。为此应该先把 R_3从电路中断开，如图 2.3.7(b)所示，求出图中的 U_0，即开路电压：

$$U_0=\frac{R_2}{R_1+R_2}\cdot(E_1-E_2)+E_2=100\text{ V}$$

接着求等效电压源的内电阻 R_0。求等效内阻有两种求解方法。

解法一：将图 2.3.7(b)所示二端网络中电源置零，即恒压源短路，恒流源开路。这样便得到一个无源二端网络，如图 2.3.7(c)所示，求出二端网络输出瑞的等效电阻 R_{ab}，即 R_0。求等效电阻可以用前面介绍的串联、并联、混联的方法：

$$R_0=R_{ab}=R_1/\!/R_2=\frac{200\times50}{200+50}=40\ \Omega$$

解法二：求出图 2.3.7(b)所示二端网络中 ab 端的短路电流 I_s(把 a、b 端短路)，再用之前求得的开路电压 U_0除以短路电流 I_s即求得 R_0。

$$I_s=\frac{E_1}{R_1}+\frac{E_2}{R_2}=2.5\text{ A}$$

$$R_0=\frac{U_0}{I_s}=\frac{100}{2.5}=40\ \Omega$$

最后，绘出戴维南等效电路，如图 2.3.7(d)所示，绘制戴维南等效电路时，要注意 E 的极性，应与第一步中 U_0的正方向相符合。故图 2.3.7(d)中 E 的极性是使 a 点为“＋”，b 点为“－”。根据等效电路求出 I_3：

$$I_3=\frac{E}{R_0+R_3}=\frac{100}{40+60}=1\text{ A}$$

需要注意的是，以上的变换只是对 R_3 支路来说是等效的，对虚线框内被变换部分的电路本身并不等效，故不能用图 2.3.7(d)电路来计算 R_1 或 R_2 支路的电流。

【例 2.3.5】 如图 2.3.8(a)所示桥式电路中，试用戴维南定理计算电阻 R_L 上的电流 I_L。

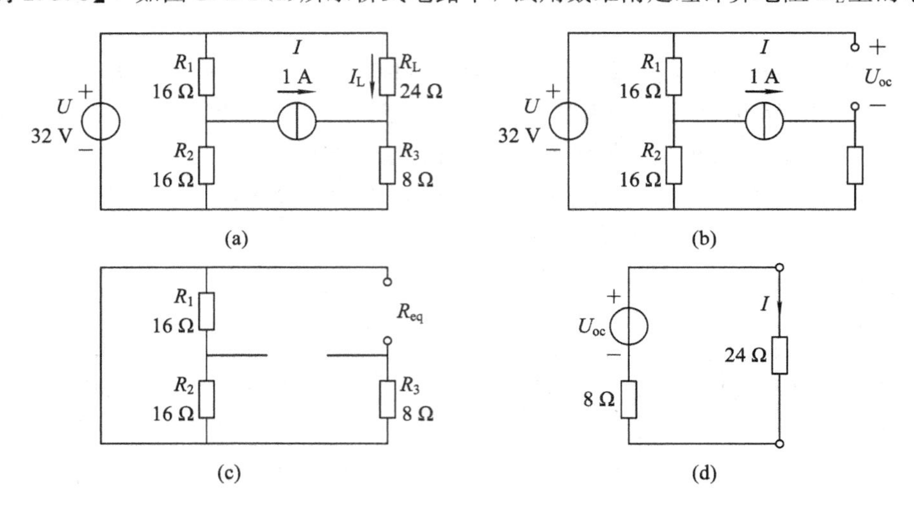

图 2.3.8　例 2.3.5 图

解：(1) 先将被求支路断开，如图 2.3.8(b)所示，求开路电压 U_{oc}：

$$U_{oc}=32-1\times 8=24\ \text{V}$$

(2) 将图 2.3.8(b)电源置零，如图 2.3.8(c)所示，求等效电阻 R_{eq}：

$$R_{eq}=R_3=8\ \Omega$$

(3) 画出等效电路，如图 2.3.8(d)所示，求解电流 I_L：

$$I_L=\frac{24}{8+24}=0.75\ \text{A}$$

2. 诺顿定理

一个有源二端网络可以通过戴维南定理用一个电压源来等效，也可以应用诺顿定理用电流源来等效。

诺顿定理：任何一个线性有源二端网络，对于外电路来说，可以用一个等效电流源来代替，这个等效电流源的恒流源 I_s 等于有源二端网络输出端短路时的输出电流，内电阻 R_0 等于有源二端网络内部所有独立电源置零时在网络输出端的等效电阻，如图 2.3.9 所示。

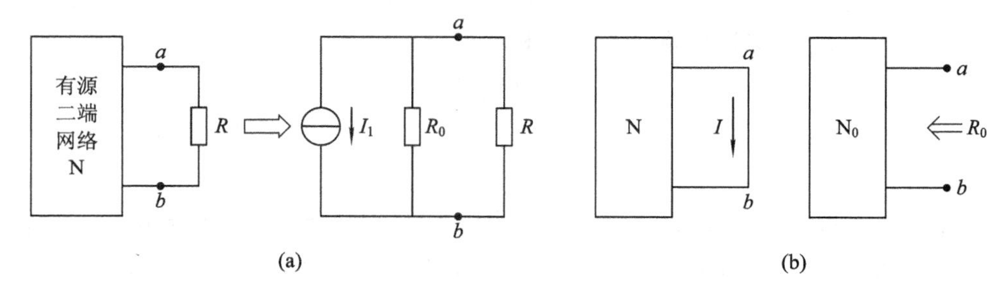

图 2.3.9　诺顿定理电路

【例 2.3.6】 用诺顿定理计算例 2.3.3 中的支路电流 I_3。

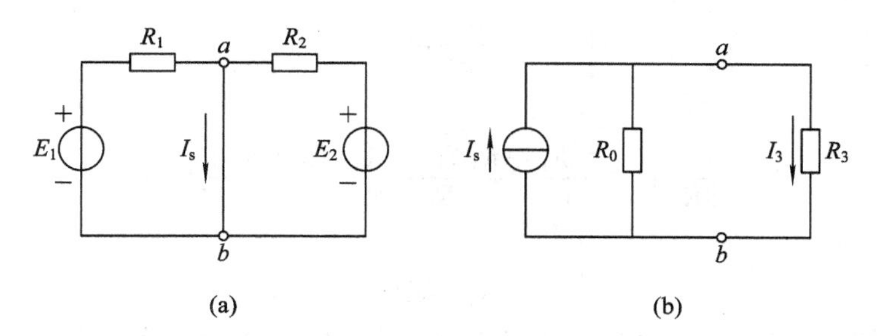

图 2.3.10　例 2.3.6 图

解：将图 2.3.7(a)中的有源二端网络断开之后，再将 a、b 端短接，即可得到图 2.3.10(a)，求出短路电流即等效电源的电流 I_s：

$$I_s=\frac{E_1}{R_1}+\frac{E_2}{R_2}=2.5\ \text{A}$$

等效电源的内阻 R_0 同例 2.3.3 一样，可由图 2.3.7(c)求得：

$$R_0=R_{ab}=R_1 /\!/ R_2=\frac{200\times50}{200+50}=40\ \Omega$$

根据求得的结果画出对应的诺顿等效电路，如图 2.3.10(b)所示，则

$$I_3=\frac{R_0}{R_0+R_3}\times I_s=\frac{40}{40+60}\times2.5=1\ \text{A}$$

其结果和例 2.3.3 一样。

2.4　最大功率传输定理

在电子线路的设计中，常常会遇到电阻负载如何从电路中获得最大功率的问题。现在我们将除电阻负载外的电路看成一个有源二端网络，根据上一节所学的戴维南定理，可以得到如图 2.4.1 所示的等效电路。

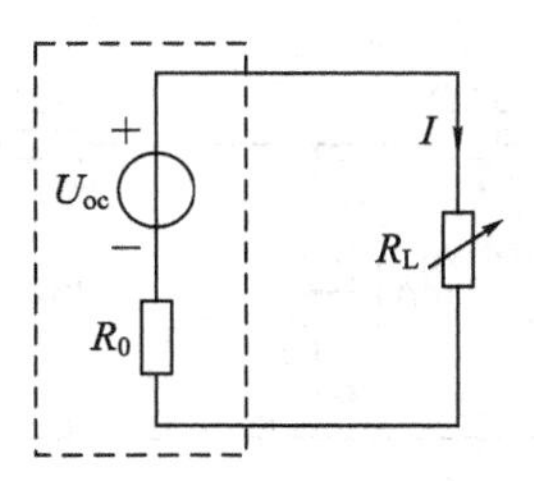

图 2.4.1　等效电路

由电路可计算出电路电流：

$$I=\frac{U_{oc}}{R_0+R_L} \tag{2.4.1}$$

则电源传输给负载 R_L 的功率为

$$P=I^2R_L=\left(\frac{U_{oc}}{R_0+R_L}\right)^2R_L$$

要计算最大传输功率，则要找到 P 的极值点，令

$$\frac{\mathrm{d}P}{\mathrm{d}R_{\mathrm{L}}}=0$$

即

$$\frac{\mathrm{d}P}{\mathrm{d}R_{\mathrm{L}}}=U_{\mathrm{oc}}^{2}\frac{(R_{0}+R_{\mathrm{L}})^{2}-2R_{\mathrm{L}}(R_{0}+R_{\mathrm{L}})}{(R_{0}+R_{\mathrm{L}})^{4}}=0$$

解上式得

$$R_{\mathrm{L}}=R_{0} \tag{2.4.2}$$

由上式可知，当 $R_{\mathrm{L}}=R_{0}$时功率有极大值。此时的电路状态称为最大功率匹配。所以在有源二端网络不变的条件下，负载获得最大功率的条件是，负载电阻 R_{L}等于网络等效电源内阻 R_{0}。

将式(2.4.2)代入式(2.4.1)就可以得到有源二端网络传输给负载的最大功率，其值为

$$P_{\max}=\frac{U_{\mathrm{oc}}^{2}}{4R_{0}} \tag{2.4.3}$$

这里应该注意不要错误地把最大功率传输定理理解为负载功率最大，而是指戴维南等效电源内阻 R_{0}等于 R_{L}。如果 R_{L}固定而 R_{0} 可变的话，在 u_{oc}一定的前提下，应使 R_{0} 等于零，R_{L}上才会获得最大功率。

小贴士

当调整负载使电路达到最大功率匹配状态时，电源端的输出功率只有一半被负载利用，其余的都被内阻消耗掉了，即电源的传输效率仅达到50%。因此在电力传输系统中，电路一般不工作在最大功率匹配状态，以避免造成能源的过度浪费。而在控制、通信等系统中，通常要求信号功率尽可能大(信号强)，宁肯牺牲电源传输效率来换取大的传输功率。

【例 2.4.1】 电路如图 2.4.2 所示。试求：

(1) R 为何值时获得最大功率；

(2) R 获得的最大功率。

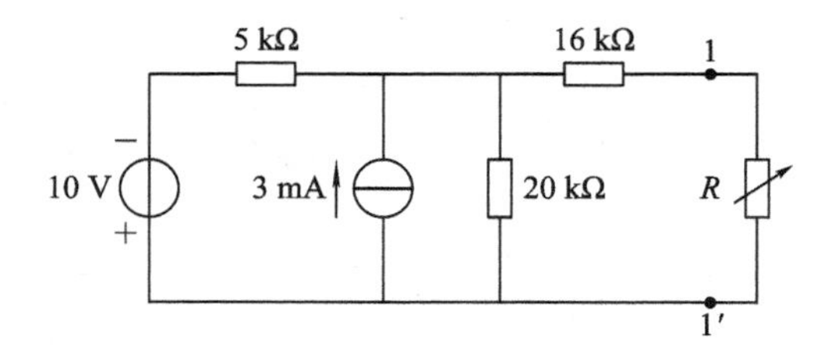

图 2.4.2 例 2.4.1 图

解：将负载开路后，电路如图 2.4.3(a)所示，可求出 $u_{\mathrm{oc}}=4$ V。将独立电源置零后，电路如图 2.4.3(b)所示，可求出其等效电阻 $R_{\mathrm{eq}}=20$ kΩ。当 $R=R_{\mathrm{eq}}=20$ kΩ 时，可获得最大功率。

(2) 由式(2.4.3)求得 R 获得的最大功率：

$$P_{\max}=\frac{U_{\mathrm{oc}}^{2}}{4R_{\mathrm{eq}}}=0.2\ \mathrm{mW}$$

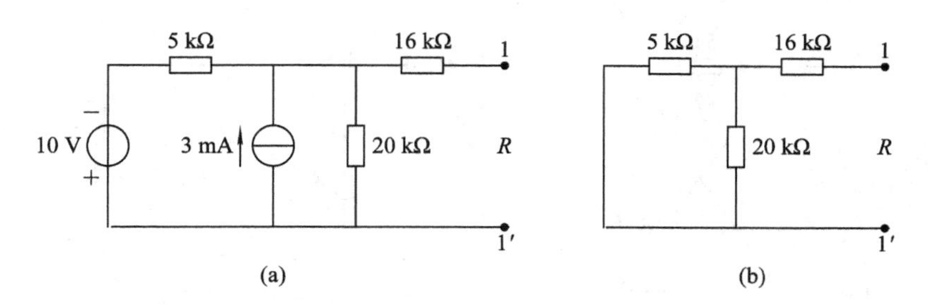

图 2.4.3　例 2.4.1 解图

练习与思考

1. 选择题

1.1　一个实际直流电压源，其开路电压 $U_{oc}=24$ V，短路电流 $I_{sc}=30$ A，则当外接 1.2 Ω 电阻时，其电流为(　　)。

A. 12 A　　B. 20 A　　C. 10 A　　D. 15 A

1.2　如题 1.2 图所示电路，$R_1=2.6$ Ω，$R_2=5.5$ Ω，当开关 S_1 闭合、S_2 断开时，电流表读数为 2 A，S_2 闭合、S_1 断开时，电流表读数为 1 A，电源的电压 U_s 和内阻 R_s 分别为(　　)。

A. $U_s=5$，$R_s=0.5$　　B. $U_s=3$，$R_s=0.3$

C. $U_s=5$，$R_s=0.3$　　D. $U_s=5.8$，$R_s=0.3$

1.3　如题 1.3 图所示电路，ab 端口的输入电阻为(　　)。

A. 4.5 Ω　　B. 1.5 Ω　　C. 9Ω　　D. 3 Ω

1.4　如题 1.4 图所示电路，ab 端口输入电阻为(　　)。

A. 40 kΩ　　B. 15 kΩ　　C. 30 kΩ　　D. 50 kΩ

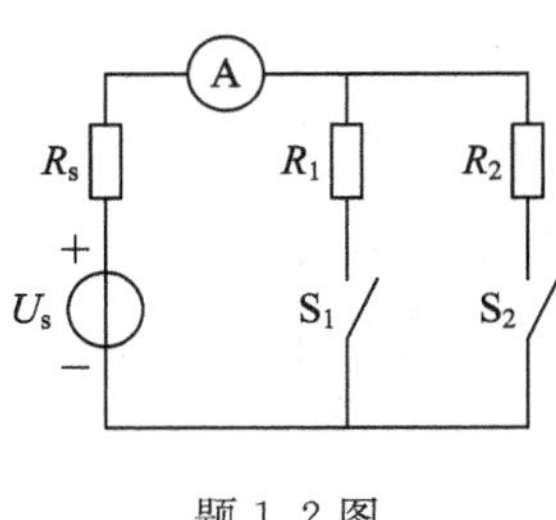

题 1.2 图

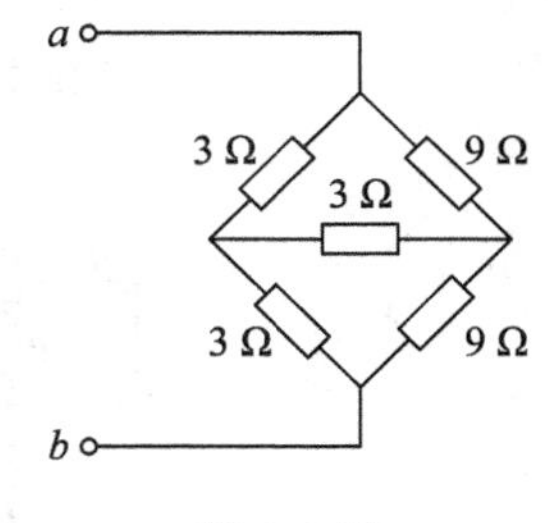

题 1.3 图

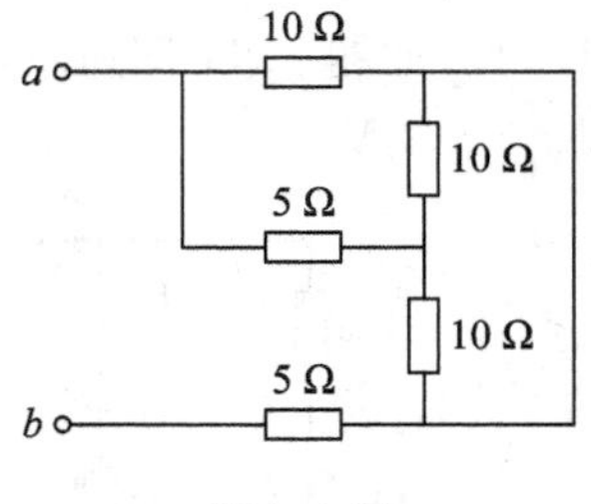

题 1.4 图

1.5　如题 1.5 图所示电路，ab 端口输入电阻为(　　)。

A. $2R$　　B. R　　C. $\frac{2}{3}R$　　D. $\frac{3}{2}R$

1.6　如题 1.6 图所示电路，ab 端口输入电阻为(　　)。

A. 4 Ω　　B. 8 Ω　　C. 3 Ω　　D. 5 Ω

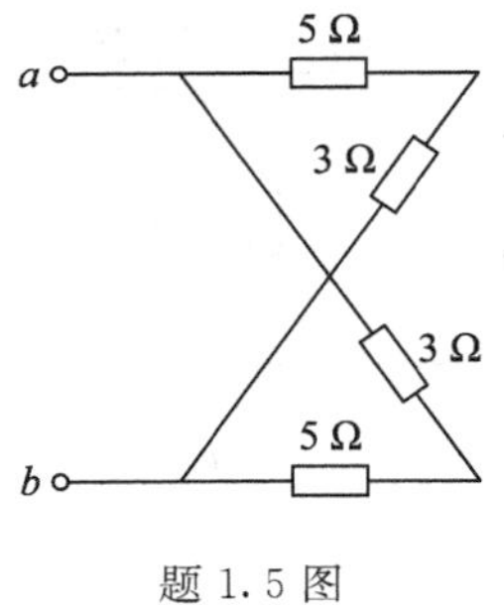

题 1.5 图

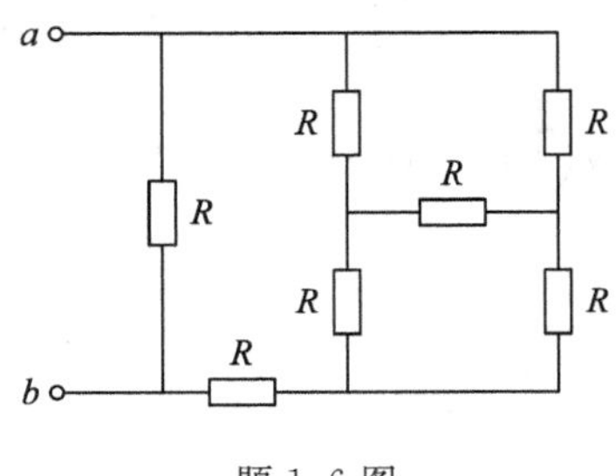

题 1.6 图

1.7 如题 1.7 图所示电路，ab 端开路，与理想电压源并联的电阻 R(　　)。

A. 对端口电流有影响　　B. 对端口电压有影响

C. 对电压源上的电流有影响　　D. 对端口的电压和电流均有影响

1.8 如题 1.8 图所示电路中，电压 U 为(　　)。

A. 1 V　　B. 2 V　　C. 4 V　　D. −1 V

1.9 如题 1.9 图所示电路，电压 U 为(　　)。

A. 1 V　　B. 2 V　　C. 4 V　　D. −1 V

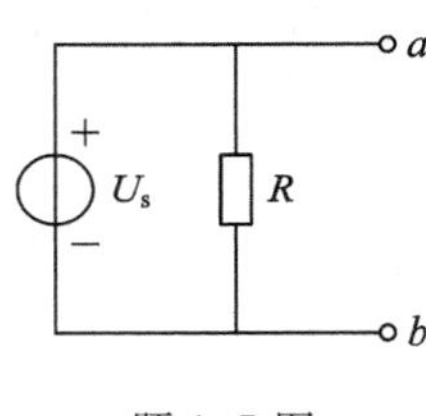

题 1.7 图

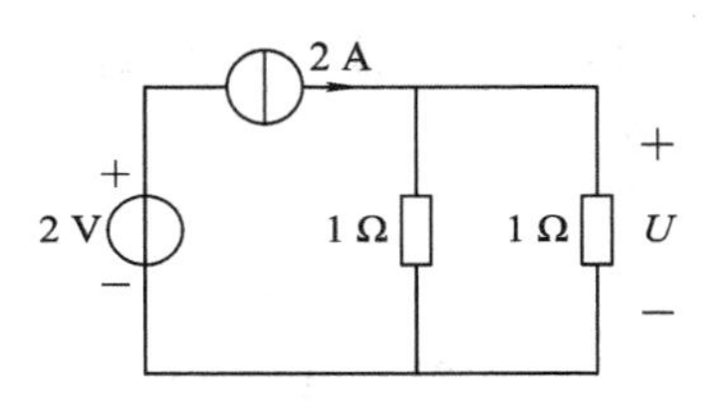

题 1.8 图

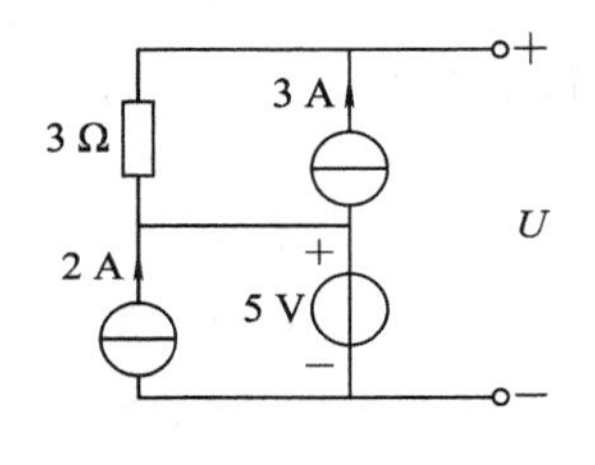

题 1.9 图

1.10 如题 1.10 图所示电路，负载 R 取(　　)时，其电流 I 为 1 A。

A. 1 Ω　　B. 2 Ω　　C. 4 Ω　　D. 3 Ω

1.11 如题 1.11 图所示电路，3 A 电流源上的电压为(　　)。

A. −12 V　　B. 7 V　　C. −4 V　　D. 10 V

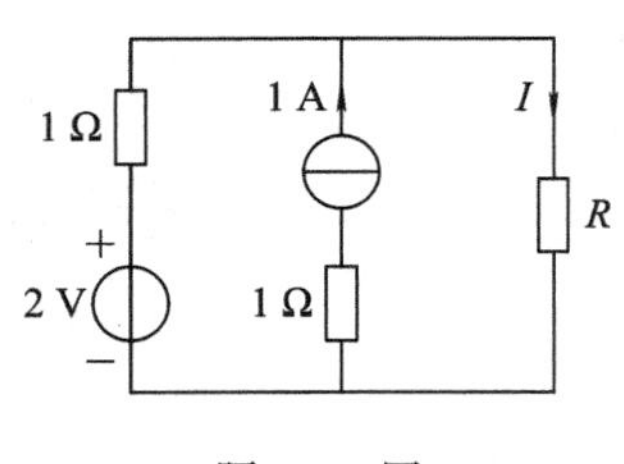

题 1.10 图

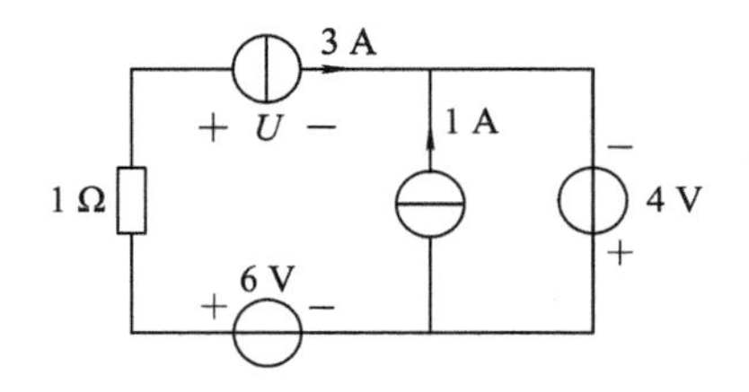

题 1.11 图

1.12 如题 1.12 图所示电路中 N 为线性有源网络，当 $U_s=-10$ V 时，电流 $I=2$ A，当 $U_s=-20$ V 时，电流 $I=6$ A，则当 $U_s=10$ V 时，I 为(　　)。

A. −10 A　　B. −6 A　　C. 8 A　　D. −8 A

1.13 如题 1.13 图所示电路中，电压 U 为(　　)。

A. −12 V　　B. 14 V　　C. 6 V　　D. 10 V

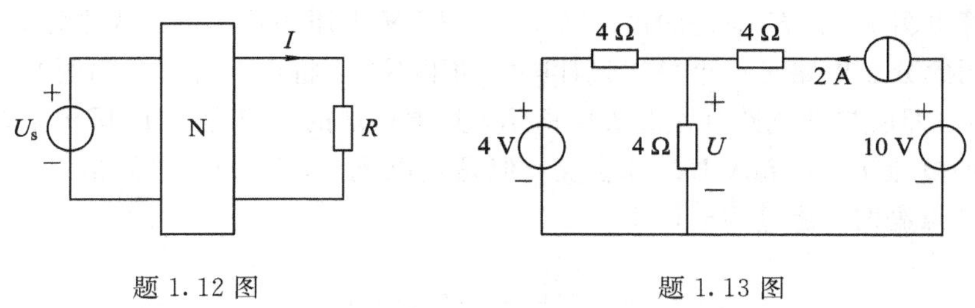

题 1.12 图　　　　题 1.13 图

2. 计算题

2.1　求如题 2.1 图所示电路中 AB 间的电压。

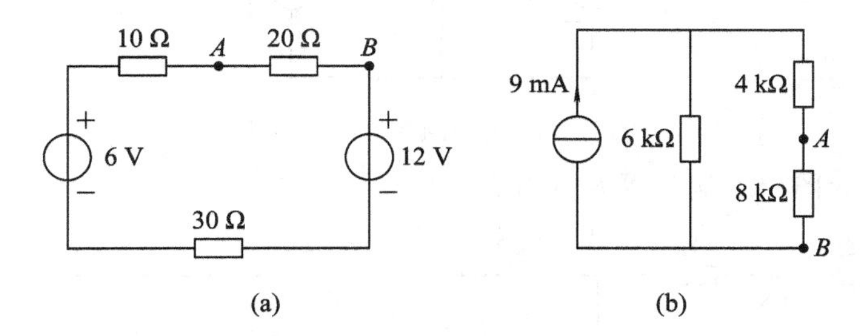

题 2.1 图

2.2　如题 2.2 图所示为一个典型的汽车音响的示意图，主要由一个音频放大器和两个扬声器(喇叭)组成，音频放大器为一个输出电流为 400 mA 的电流源，每个扬声器的等效电阻为 4 Ω，求每个扬声器吸收的功率。

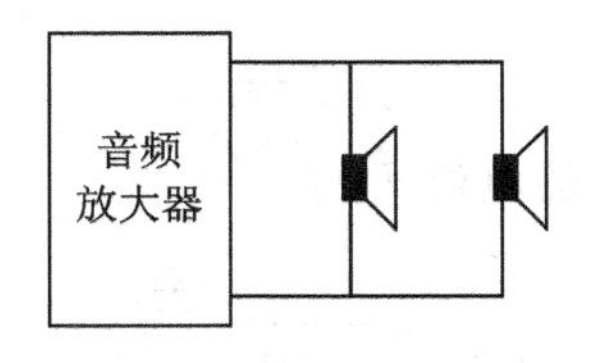

题 2.2 图

2.3　现有一台电子仪器，其供电电源为 15 V，需要增加一个数字显示器，需要 5 V 电源，数字显示器的说明书中要求其电源电压必须在 4.8 V 至 5.4 V 之间才能正常工作，显示器待机时的电流为 100 mA，显示信息要求电流为 300 mA。很不幸的是，项目执行已超出预算，故必须使用现有的 15 V 电源，某同学设计如题 2.3 图所示电路获得数字显示器所需要的 5 V 电源：

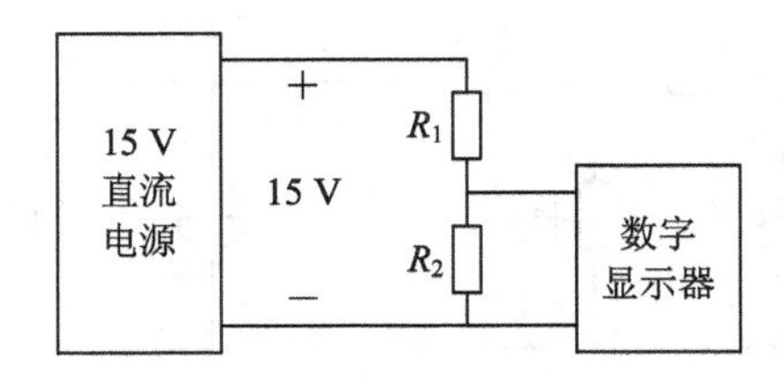

题 2.3 图

(1) 试选择电阻 R_1 和 R_2 使得无论显示器的需求电流为多大，其工作电压都在 4.8 V 至 5.4 V 之间；

(2) 计算电阻 R_1 和 R_2 消耗的最大功率，及 15 V 电压源输出的最大电流；

(3) 使用此分压电路是一个最优设计吗？如果不是，将会出现哪些问题？

2.4 某一照明接线电路如题 2.4 图所示，其中灯泡的电阻为 2 Ω，限流电阻为 100 Ω，当流过灯泡的电流 $I \geqslant 50$ mA 时灯才会亮，但是当电流 $I > 75$ mA 时灯泡就会被烧坏。求电路中当灯泡点亮时，流过的电流 I。

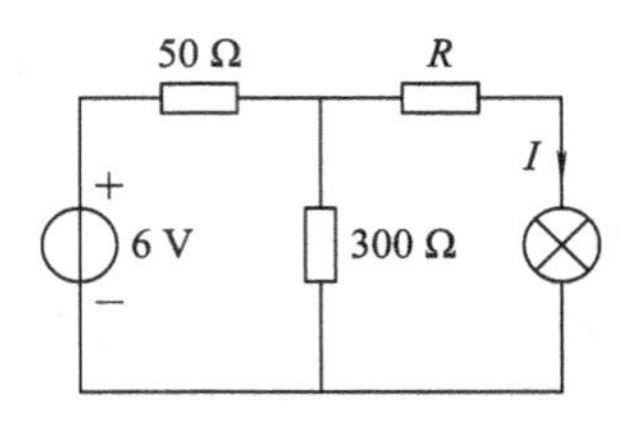

题 2.4 图

2.5 求题 2.5 图所示端口等效电阻 R_{AB}。

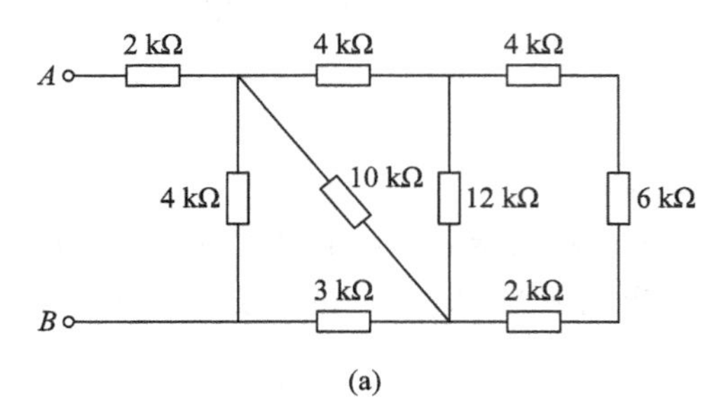

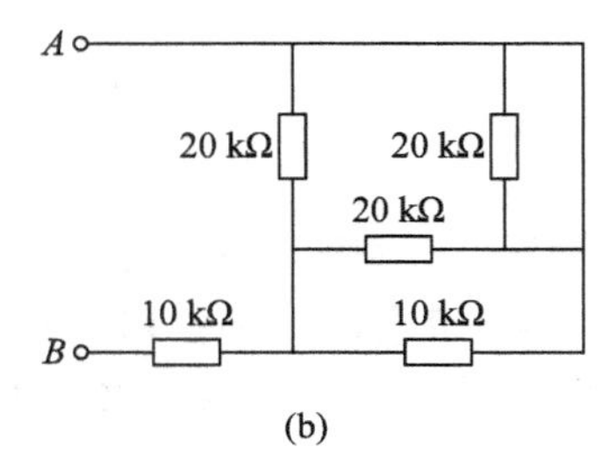

题 2.5 图

2.6 求题 2.6 图所示电路中的电流 I。

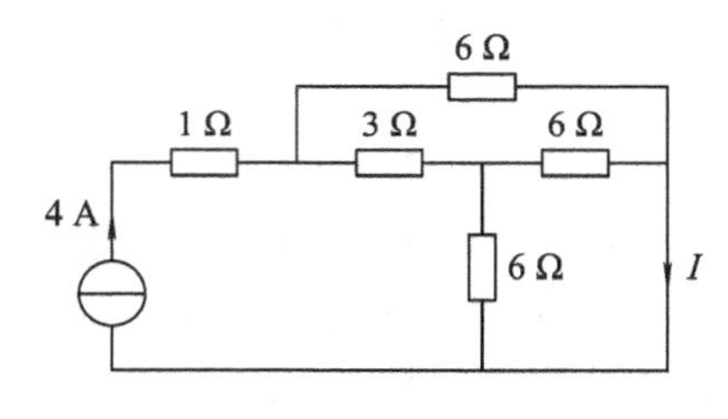

题 2.6 图

2.7 电路如题 2.7 图所示，应用电源等效变换法求电路中的电压 u。

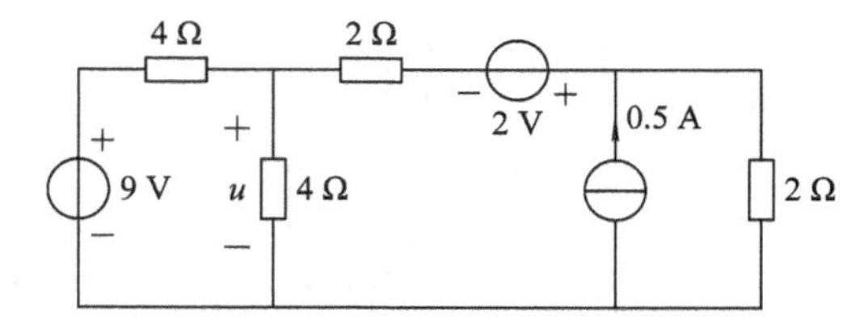

题 2.7 图

2.8 电路如题 2.8 图所示，利用电源的等效变换法求图中的电压 U_{ab}。

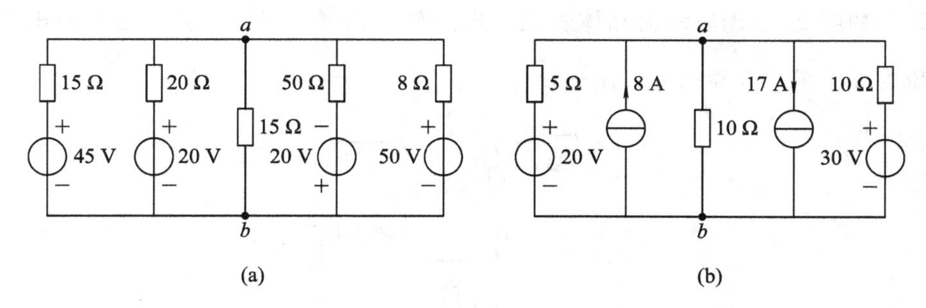

题 2.8 图

2.9　列写如题 2.9 图所示的支路电流方程，求解电路中的电压 u。

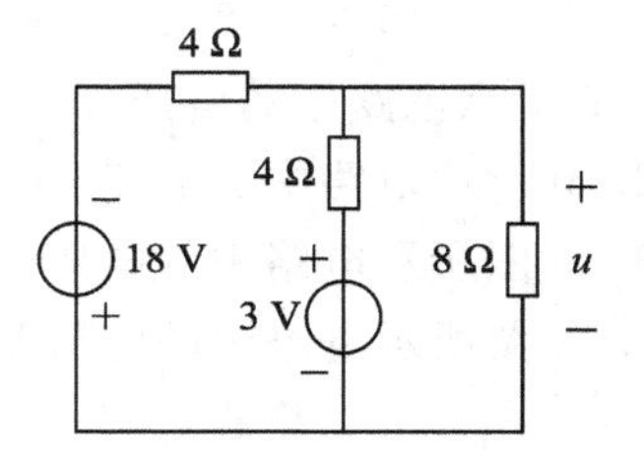

题 2.9 图

2.10　列写如题 2.10 图所示电路的支路电流方程，求解电路中的电流 i。

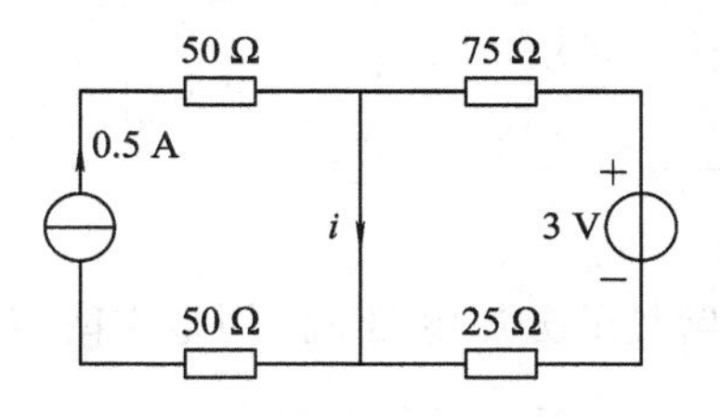

题 2.10 图

2.11　列写如题 2.11 图所示电路的支路电流方程，求解电路中的电压 u。

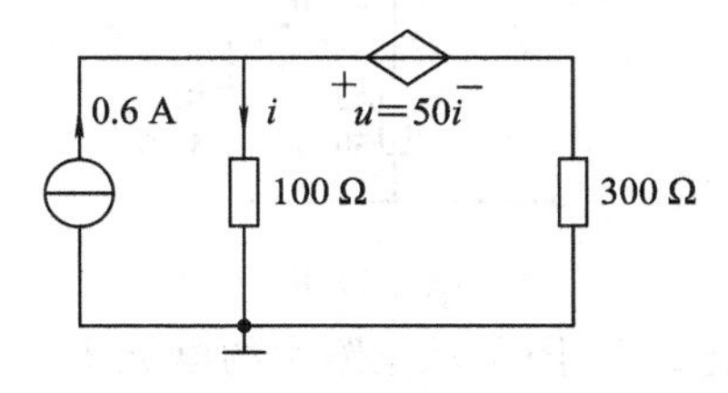

题 2.11 图

2.12　列写题 2.12 图所示电路的节点电压方程，求解电路中的电压 u。

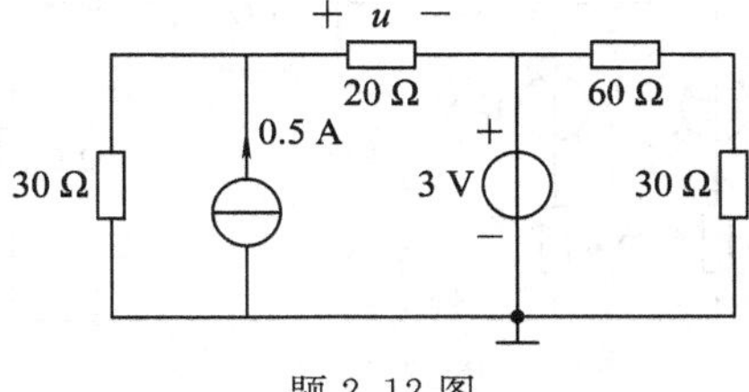

题 2.12 图

2.13　如题 2.13 图所示为晶体管放大电路的小信号模型，其输入信号是电压源 u_s，输出电压为 u_0，求放大器的电压比$\frac{u_0}{u_s}$。

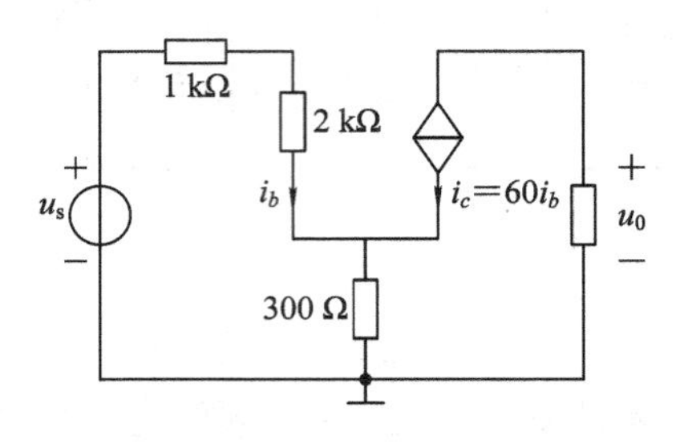

题 2.13 图

2.14　用叠加定理计算题 2.9 所示电路中的电压 u。

2.15　用叠加定理计算题 2.10 所示电路中的电流 i。

2.16　用叠加定理计算题 2.16 图所示电路中的电压 u_2。

2.17　用叠加定理计算题 2.17 图所示电路中的电压 U。

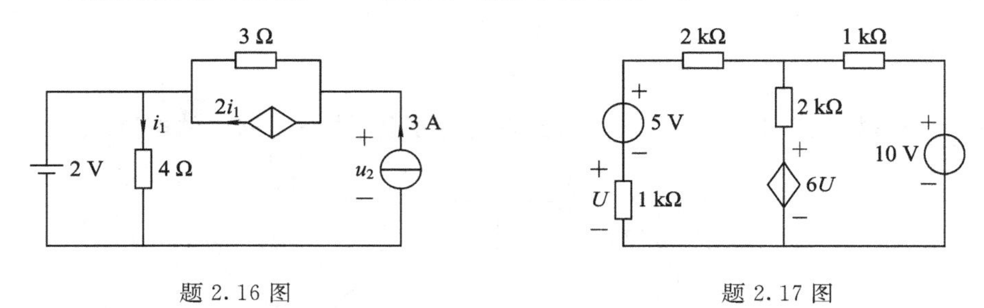

题 2.16 图　　题 2.17 图

2.18　题 2.18 图所示是常见的分压电路，试用戴维南定理求负载电流 I_L。

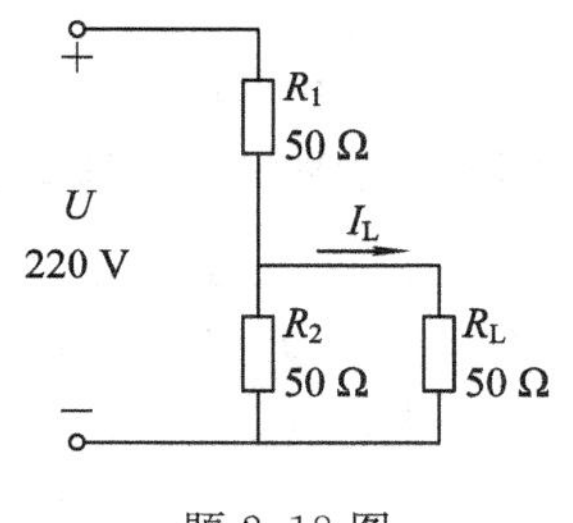

题 2.18 图

2.19　用戴维南定理求题 2.19 图所示电路中的电流 I。

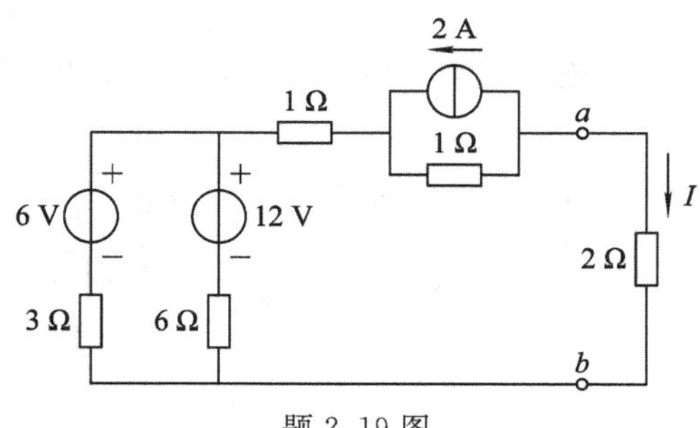

题 2.19 图

2.20　求题 2.20 图所示电路的戴维南等效电路。

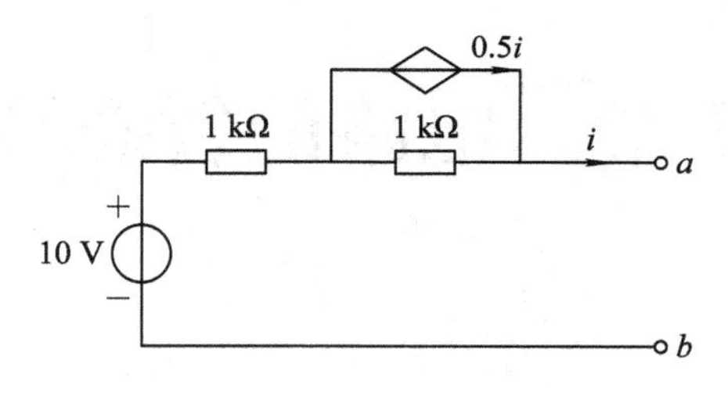

题 2.20 图

2.21　在题 2.21 图所示电路中，可变电阻 R 为多大时，获得最大功率？并求出最大功率值。

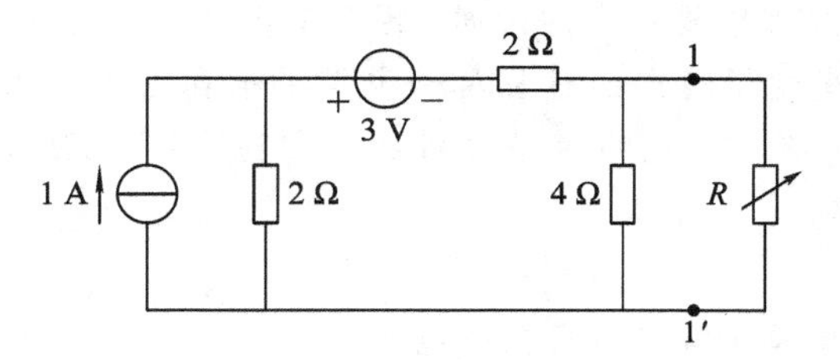

题 2.21 图

2.22　在题 2.22 图所示电路中，当电阻 R_L 为何值时可从电路中获得最大功率，并求出最大功率 P_{max}。

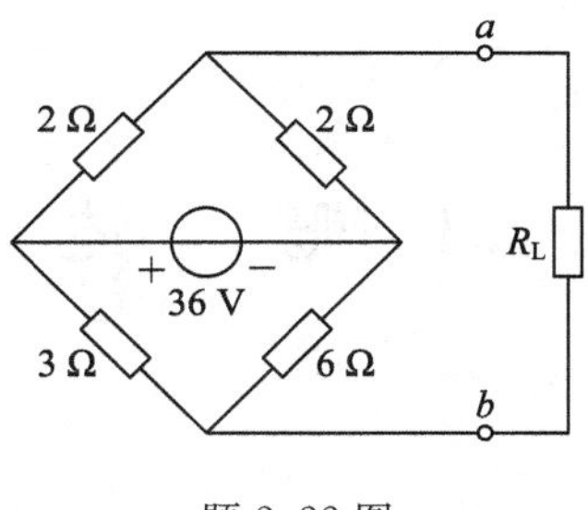

题 2.22 图

第3章　电路的暂态分析

【导读】

前面讨论的电路中，当电路的结构、元件参数及激励一定时，电路的工作状态也就一定，且电流和电压为某一稳定的值，此时电路所处的工作状态就称为稳定状态，简称为稳态。含有电容或者电感这一类动态元件的电路称为动态电路，这种电路在换路后，由于储能元件能量的积累和释放都需要一定的时间，因此需要经过一定时间后才能达到一个新稳态。分析电路从旧稳态变到新稳态的过程称为电路的暂态分析。本章主要讨论换路定则，电路初始值确定方法，一阶 *RC* 电路暂态分析的经典法，*RC*，*RL* 电路暂态分析的三要素法，微分电路与积分电路。

【基本要求】

- 理解换路概念，掌握换路定则及应用范围。
- 了解 *RC* 电路充、放电过程。
- 掌握一阶线性直流电路暂态分析的一般求解方法。
- 掌握一阶电路三要素法。
- 熟悉积分与微分电路。
- 了解 *RL* 电路的瞬变过程。

3.1　概　　述

3.1.1　激励和响应

电路从电源(包括信号源)输入的信号称为激励，有时也称为输入。电路在外部激励的作用下，或者在内部储能的作用下所产生的电压和电流统称为响应，有时也称为输出。

3.1.2　暂态及其产生原因

电容元件、电感元件由于具有储能特性和动态电特性，通常称为储能元件或动态元件，具有储能元件的电路又称为动态电路。动态电路换路需要经历一个变化过程才能达到新的稳定状态，这个变化过程在工程上称为过渡过程，通常由于电路中的过渡过程所需时间极为短暂，故亦称之为暂态过程，简称暂态。

一切产生暂态过程的系统都和能量有着密切的联系，因此电路暂态产生的内因是电路内部含有电容、电感或者互感等储能元件。暂态产生的外因是换路，所谓换路，是指电路状态发生改变，具体包括支路接入或断开、电路参数改变等，例如电路与电源接通、断开。

3.1.3　暂态分析的意义

所谓暂态分析，就是要分析在激励源作用下，或者在电路内部储能的作用下，电路中各部分的电压和电流随时间变化的规律，所以暂态分析也称为时域分析。大多数情况下，电路中的暂态过程只有几毫秒、几微秒甚至更短，但对暂态过程的分析却十分重要。一方面，我们要充分利用电路的暂态过程来实现振荡信号的产生、信号波形的改善和变换、电子继电器的延时动作等；另一方面，又要防止电路在暂态过程中可能产生的比稳态时大得多的电压或电流(即所谓的过电压或过电流)。过电压可能会击穿电气设备的绝缘，从而影响到设备的安全运行；过电流可能会产生过大的机械力或引起电气设备和器件的局部过热，从而使其遭受机械损坏或热损坏，甚至产生人身安全事故。所以，进行暂态分析就是要充分利用电路的暂态特性从技术上满足电气线路和电气装置的性能要求，同时又要尽量防止暂态过程中的过电压或过电流现象对电气线路和电气设备所产生的危害。

3.1.4　换路定则

通常假设换路是在 $t=0$ 时刻进行的，由于换路持续时间为毫秒或微秒级别，是在瞬间完成，规定换路前瞬间用 $t=0_-$ 表示，换路后瞬间用 $t=0_+$ 表示，对应的值为初始值。电路在换路时能量发生变化，但由于能量的储存和释放都需要一定的时间来完成，因此换路瞬间能量不能跃变。根据功率的定义：

$$p=\frac{\Delta W}{\Delta t}$$

当 $\Delta t\to 0$，$p\to\infty$，这在理论上是不存在的。

电容元件存储的电场能量为$\frac{1}{2}Cu_C^2$，由于能量的积累是需要一个时间过程的，因此电容元件能量不能跃变，即电容电压不跃变；电感元件存储的磁场能量为$\frac{1}{2}Li_L^2$，由于电感元件能量不能跃变，即电感电流不跃变，但是这种不跃变是有条件的。

在任意时刻 t 时，对于线性电容元件的电荷、电压与电流的关系可以表示为

$$i_C(t)=\frac{\mathrm{d}q}{\mathrm{d}t}=\frac{\mathrm{d}Cu_C(t)}{\mathrm{d}t}=C\,\frac{\mathrm{d}u_C(t)}{\mathrm{d}t} \tag{3.1.1}$$

$$u_C(t)=\frac{1}{C}\int_{-\infty}^{t}i_C(\xi)\mathrm{d}\xi=\frac{1}{C}\int_{-\infty}^{t_0}i_C(\xi)\mathrm{d}\xi+\frac{1}{C}\int_{t_0}^{t}i_C(\xi)\mathrm{d}\xi=u_C(t_0)+\frac{1}{C}\int_{t_0}^{t}i_C(\xi)\mathrm{d}\xi \tag{3.1.2}$$

式(3.1.2)中，令 $t_0=0_-$，$t=0_+$，则得

$$u_C(0_+)=u_C(0_-)+\frac{1}{C}\int_{0_-}^{0_+}i_C\mathrm{d}t \tag{3.1.3}$$

从式(3.1.3)可以看出，在 0_- 到 0_+ 的换路瞬间，当电容元件上的电流 i 为有限值时，公式中积分项将为零，此时电容上的电压就不能跃变，即

$$u_C(0_+)=u_C(0_-) \tag{3.1.4}$$

对于一个在 $t=0_-$ 时刻储存有电荷，电压为 $u_C(0_-)=U_0$ 的电容，有 $u_C(0_+)=u_C(0_-)=U_0$，根据替代定理，电容元件在换路瞬间可以用一个电压值为 U_0 的电压源替代，

电压源方向与求解 U_0 值时电容元件的参考方向一致。同理，对于一个 $t=0_-$ 时刻没有电荷，电压为 $u_C(0_-)=0$ 的电容，有 $u_C(0_+)=u_C(0_-)=0$，电容元件在换路瞬间相当于短路。

在任意时刻 t 时，对于线性电感元件的磁通链、电压与电流的关系可以表示为

$$u_L(t)=\frac{\mathrm{d}\psi}{\mathrm{d}t}=L\,\frac{\mathrm{d}i_L(t)}{\mathrm{d}t} \tag{3.1.5}$$

$$i_L(t)=\frac{1}{L}\int_{-\infty}^{t}u_L\mathrm{d}\xi=\frac{1}{L}\int_{-\infty}^{t_0}u_L\mathrm{d}\xi+\frac{1}{L}\int_{t_0}^{t}u_L\mathrm{d}\xi=i_L(t_0)+\frac{1}{L}\int_{t_0}^{t}u_L\mathrm{d}\xi \tag{3.1.6}$$

式(3.1.6)中，令 $t_0=0_-$，$t=0_+$，则得

$$i_L(0_+)=i_L(0_-)+\frac{1}{L}\int_{0_-}^{0_+}u_L\mathrm{d}t \tag{3.1.7}$$

从式(3.1.7)可以看出，在 0_- 到 0_+ 的换路瞬间，当电感元件上的电压 u 为有限值时，公式中积分项将为零，此时电感元件上的电流就不能跃变，即

$$i_L(0_+)=i_L(0_-) \tag{3.1.8}$$

对于一个在 $t=0_-$ 时刻有磁通，电流为 $i_L(0_-)=I_0$ 的电感，有 $i_L(0_+)=i_L(0_-)=I_0$，根据替代定理，电感元件在换路瞬间可以用一个电流值为 I_0 的电流源替代，电流源方向与求解 I_0 值时电感元件的参考方向一致。同理，对于一个 $t=0_-$ 时刻没有磁通，电流为 $i_L(0_-)=0$ 的电感，有 $i_L(0_+)=i_L(0_-)=0$，电感元件在换路瞬间相当于断路。

综上所述，换路定则可以表述为

(1) 换路前后，若电容电流保持为有限值，则电容电压换路前后保持不变，即

$$u_C(0_+)=u_C(0_-)$$

(2) 换路前后，若电感电压保持为有限值，则电感电流换路前后保持不变，即

$$i_L(0_+)=i_L(0_-)$$

特别指出，本章仅讨论换路前后电容电流和电感电压为有限值的情况，因此电容电压和电感电流在换路前后都不发生跃变。

小贴士

换路定则的成立是有条件的，即换路前后电容电流和电感电压为有限值，否则不成立！

3.1.5　暂态过程初始值与稳态值的确定

换路定则仅适用于换路瞬间，可以根据它来确定 $t=0_+$ 时电路中电压和电流之值，即暂态过程的初始值。需要指出的是，由于电阻元件是耗能元件，不储存能量，其电压、电流可以突变。另外由电容、电感元件之间的电压、电流关系式可知，电容电流和电感电压在换路前后也是可以突变的，因此 $t=0_+$ 时非独立初始条件的求解，需要以 $u_C(0_+)$、$i_L(0_+)$ 为条件，在换路后的等效电路即 0_+ 时刻等效电路中，根据元件 VCR、KCL 和 KVL 求解得出。

换路后电路达到新的稳态后($t\to\infty$)的电流与电压的值，即为暂态过程的稳态值。在直流稳态电路中，电容元件视为开路，电感元件视为短路。

【例 3.1.1】　如图 3.1.1(a)所示电路中，$t<0$ 时电路已处于稳态，在 $t=0$ 时断开开关 S。试求：

(1) 开关S闭合瞬间的初始值 $u_L(0_+)$、$i_L(0_+)$、$u_C(0_+)$、$i_C(0_+)$；

(2) 电路达到新的稳态时的稳态值 $i_L(\infty)$、$u_C(\infty)$。

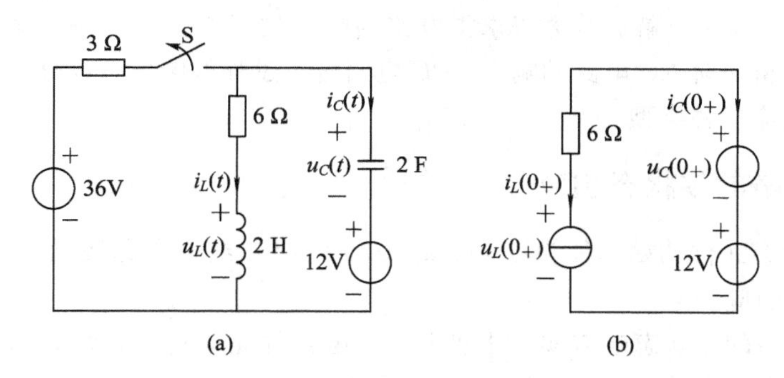

图 3.1.1　例 3.1.1 图

解：由于换路前电路已处于稳态，根据 $t=0_-$ 时刻的电路状态计算 $u_C(0_-)$、$i_L(0_-)$。由于S打开前，电路中的电压和电流已经恒定不变，故有

$$\left(\frac{\mathrm{d}u_C(t)}{\mathrm{d}t}\right)_0=0$$

$$\left(\frac{\mathrm{d}i_L(t)}{\mathrm{d}t}\right)_0=0$$

所以电容电流和电感电压均为零，即此时的电容相当于开路，电感相当于短路：

$$i_L(0_-)=\frac{36}{9}=4\ \mathrm{A}$$

$$u_C(0_-)=4\times6-12=12\ \mathrm{V}$$

根据换路定则，有

$$i_L(0_+)=i_L(0_-)=4\ \mathrm{A}$$

$$u_C(0_+)=u_C(0_-)=12\ \mathrm{V}$$

为了求得 $t=0_+$ 时刻的其他初始值，把电容元件用电压源替代，电感元件用电流源替代，得到 $t=0_+$ 时刻的等效电路如图 3.1.1(b)所示。可以求出 $i_C(0_+)=-4\ \mathrm{A}$，$u_L(0_+)=0\ \mathrm{V}$。

由上述例题总结出初始值求解步骤为：

(1) 由换路前电路(稳定状态)求 $u_C(0_-)$和 $i_L(0_-)$。

(2) 由换路定则得 $u_C(0_+)$、$i_L(0_+)$。

(3) 画 0_+ 时刻等效电路：

①换路后的电路；

②电容、电感分别用电压源、电流源代替(取 0_+ 时刻的值，方向与原参考方向一致)。

(4) 由 0_+ 时刻等效电路求其他变量 0_+ 时刻的值。

3.2　一阶 *RC* 电路的响应

一般情况下，当电路中仅含有一个动态元件时，动态元件以外的线性电阻电路可以根据戴维南定理或诺顿定理用电源模型进行等效变换。对于这样的电路，利用欧姆定律和基尔霍夫定律所建立的电路方程为一阶线性常微分方程，相应的电路称为一阶电路。(注：如果原电路有多个电感或电容，则它们必须互相连接，这样才可能由一个等效元件代替。)在给定激励情况下，通过求解微分方程求得电路的响应的暂态分析方法，就是经典法，本节将利用经典法分析一阶 RC 电路的响应。RC 电路暂态过程的响应可以分为零状态响应、零输入响应和全响应三种类型。

3.2.1 *RC* 电路的零状态响应

在换路前电容元件初始储能为零，即 $u_C(0_-)=0$，单纯由电源激励所产生的电路的响应，称为零状态响应。

分析 RC 电路的零状态响应实际上就是 RC 电路的充电过程，如图 3.2.1 所示 RC 串联电路，在零状态响应中，$u_C(0_-)=0$，由换路定则有 $u_C(0_+)=u_C(0_-)$，在 $t=0$ 时刻将开关 S 闭合，换路后电压源 U_s 经电阻 R 给电容充电。根据 KVL，有

$$u_R+u_C=U_s \tag{3.2.1}$$

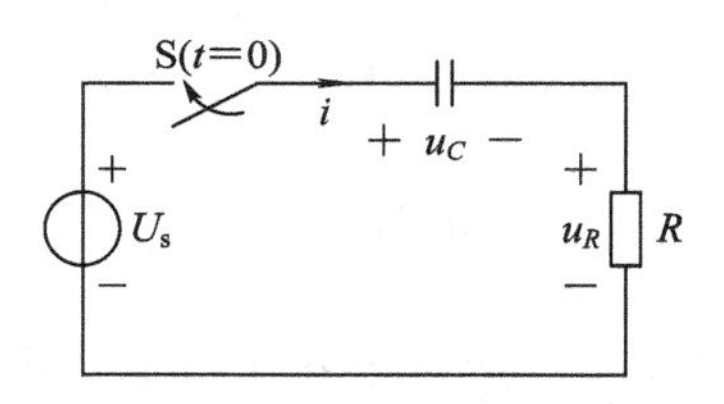

图 3.2.1 *RC* 电路的充电过程

根据欧姆定律，将 $u_R=Ri$，$i=C\dfrac{du_C}{dt}$代入式(3.2.1)，得到一阶 RC 电路零状态响应的微分方程：

$$RC\frac{du_C}{dt}+u_C=U_s \tag{3.2.2}$$

该一阶 RC 电路零状态响应的微分方程的解由非齐次方程的特解 u'_C和对应的齐次方程的通解 u''_C两个分量组成，即

$$u_C=u'_C+u''_C \tag{3.2.3}$$

求得换路后电容电压稳态值即为特解：

$$u'_C=u_C(\infty)=U_s \tag{3.2.4}$$

整理齐次方程的标准形式$\dfrac{du_C}{dt}+\dfrac{1}{RC}u_C=0$，令其通解为 $u''_C=Ae^{pt}$，代入上式后有

$$(RCp+1)Ae^{pt}=0 \tag{3.2.5}$$

相应的特征方程为

$$RCp+1=0 \tag{3.2.6}$$

特征根为

$$p=-\frac{1}{RC}=-\frac{1}{\tau} \tag{3.2.7}$$

其中，$\tau=RC$，具有时间的量纲，称为一阶 RC 电路的时间常数，当电阻单位取欧姆，电容单位取法拉时，时间常数的单位为秒。

代入特征根得 $u_C''=Ae^{-\frac{t}{\tau}}$，因此

$$u_C=U_s+Ae^{-\frac{t}{\tau}} \tag{3.2.8}$$

代入初始值 $u_C(0_+)=0$，可求得积分常数 $A=-U_s$，从而

$$u_C=U_s-U_s e^{-\frac{t}{\tau}}=U_s(1-e^{-\frac{t}{\tau}}) \tag{3.2.9}$$

这就是充电过程中电容电压 u_C 的表达式。电路中的电流为

$$i=i_C=C\frac{du_C}{dt}=\frac{U_s}{R}e^{-\frac{t}{\tau}} \tag{3.2.10}$$

电阻电压为

$$u_R=U_s e^{-\frac{t}{\tau}} \tag{3.2.11}$$

电路中各变量的响应曲线如图 3.2.2 所示。

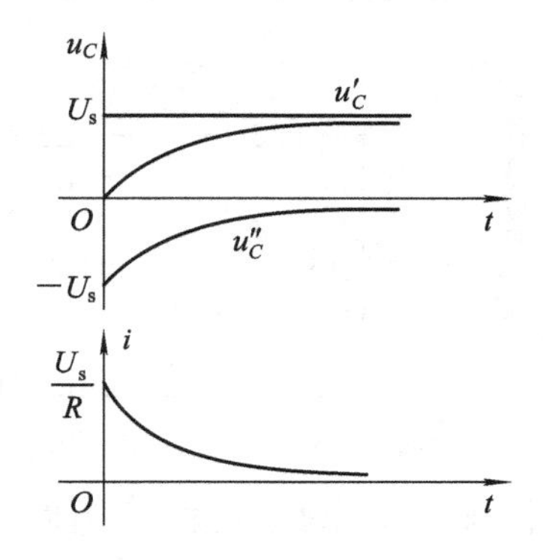

图 3.2.2　响应曲线

从以上表达式可以看出，RC 电路中电压 u_C、u_R 及电流 i 都是按照同样的指数规律衰减的，它们衰减的快慢取决于指数函数中的时间常数 τ 的大小。时间常数 τ 仅取决于电路结构与元件参数，因此同一电路中的不同响应，具有相同的时间常数。

3.2.2　*RC* 电路的零输入响应

一阶暂态电路换路后电路中无外施电源激励，输入信号为零，仅由动态元件初始储能所产生的响应，称为暂态电路的零输入响应。

分析 RC 电路的零输入响应实际上就是 RC 电路的放电过程，如图 3.2.3 所示 RC 串联电路，开关 S 闭合前，电容 C 已充电，初始电压为 U_0，在零输入响应中，由于换路后电路中无外施电源，电容储存的能量将通过电阻释放出来。开关闭合后，即 $t\geqslant 0$ 时，根据 KVL 可得

$$u_R+u_C=0 \tag{3.2.12}$$

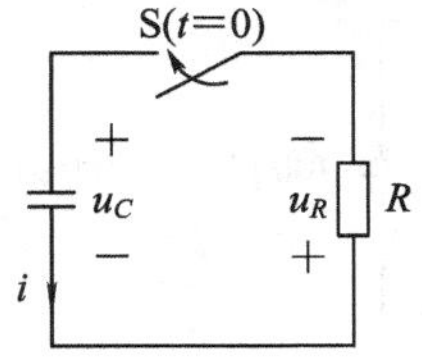

图 3.2.3　RC 电路的放电过程

将 $u_R=Ri$，$i=C\dfrac{\mathrm{d}u_C}{\mathrm{d}t}$代入式(3.2.12)，得到一阶 RC 电路零输入响应的微分方程：

$$RC\frac{\mathrm{d}u_C}{\mathrm{d}t}+u_C=0 \tag{3.2.13}$$

这是一阶齐次微分方程，令其通解为 $u_C=A\mathrm{e}^{pt}$。将初始值 U_0 代入通解，求得积分常数 $A=U_0$，这样，求得满足初始值的微分方程的解为

$$u_C=U_0\mathrm{e}^{-\frac{t}{\tau}} \tag{3.2.14}$$

【例 3.2.1】 医生常用心律调整器来维持心脏的规则跳动，以治疗心律不齐疾病，其仪器及电路模型如图 3.2.4 所示，其中导线电阻 r 很小可以忽略，心脏可以用 $R_L=1\ \mathrm{k\Omega}$ 的电阻负载来等效，电路中开关 SA 和 SB 分别在 $t=t_0$ 和 $t_1=t_0+10$ ms 进行切换，且其切换频率为 $f=1$ Hz，求 $t_0\leqslant t\leqslant 1$ s 时间范围内的 $u(t)$。

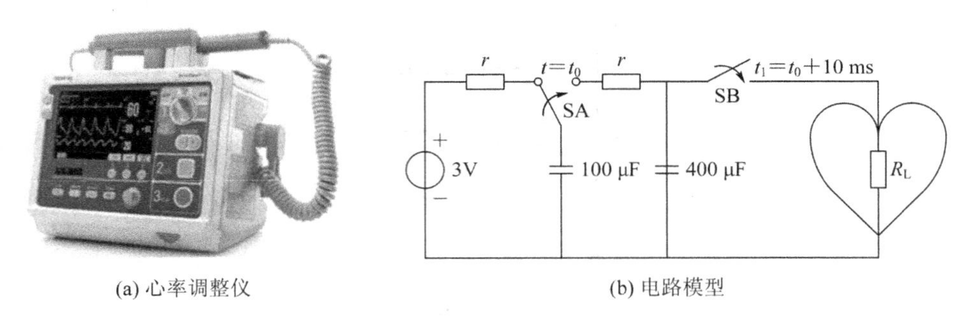

(a) 心率调整仪　　(b) 电路模型

图 3.2.4　心率调整仪及其电路模型

解：在 $t=0_-$ 时刻，假设电路已经达到稳态，100 μF 电容上电压为 3 V，其存储的电荷量为

$$q(0_-)=100\times10^{-6}\times3=300\times10^{-6}\ \mathrm{C}$$

在 $0<t<10$ ms 范围内，SA 导通，由于导线电阻 r 很小，所以电路立刻($t=0^+$)达到新的稳态。如图 3.2.5(a)所示，与 100 μF 电容并联的 400 μF 电容上的电压，满足能量守恒：

$$q(0_+)=(100\ \mu\mathrm{F})u(0_+)+(400\ \mu\mathrm{F})u(0_+)$$

$$u(0_+)=\frac{q(0_+)}{100\times10^{-6}+400\times10^{-6}}=\frac{q(0_-)}{500\times10^{-6}}=\frac{300\times10^{-6}}{500\times10^{-6}}=0.6\ \mathrm{V}$$

10 ms$<t<$1 s 时间范围内，等效电容为 100 μF+400 μF=500 μF，向心脏负载电阻放电，其等效电路如图 3.2.5(b)所示，电路为零输入响应，$t_0\leqslant t\leqslant 1$ s 时间范围内的 $u(t)$为

$$\begin{aligned}u(t)&=u(0_+)\mathrm{e}^{\frac{-(t-0.01)}{R_L C}}\\&=0.6\mathrm{e}^{\frac{-(t-0.01)}{10^3\times5\times10^{-4}}}\\&=0.6\mathrm{e}^{-2(t-0.01)}\ \mathrm{V}\end{aligned}$$

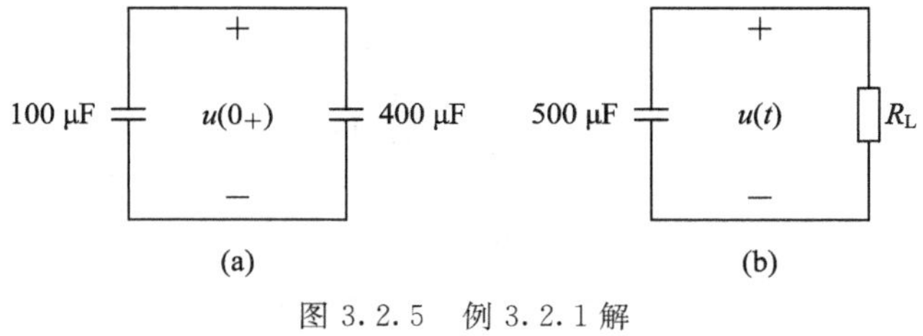

100 μF　+　$u(0_+)$　−　400 μF　　500 μF　+　$u(t)$　−　R_L

(a)　　(b)

图 3.2.5　例 3.2.1 解

3.2.3　*RC* 电路的全响应

一阶暂态电路动态元件初始储能不为零，设电容初始电压为 $u_C(0_+)=U_0\neq0$，图 3.2.1 所示电路为已经充电的电容，经过电阻接到直流电压源 U_s，同时受到外施电源激励作用所产生的响应，称为暂态电路的全响应，也就是零输入响应与零状态响应的叠加。

在零状态响应电路中，电源激励电压为 U_s，$t\geqslant0$ 时电路的微分方程与式(3.2.2)相同，由此得出全响应的通解为

$$u_C=U_s+A\mathrm{e}^{-\frac{t}{\tau}} \tag{3.2.15}$$

由于初始值 $u_C(0_+)\neq0$，全响应通解的积分常数与零状态响应不同。在 $t=0_+$ 时，$A=U_0-U_s$，所以

$$u_C=U_s+(U_0-U_s)\mathrm{e}^{-\frac{t}{\tau}} \tag{3.2.16}$$

由式(3.2.16)可以看出，u_C 可以分解为两个部分，即

全响应 ＝ 强制分量(稳态解)＋自由分量(暂态解)

其各分量响应曲线如图 3.2.6 所示，这种分解方式物理过程清晰，便于理解。

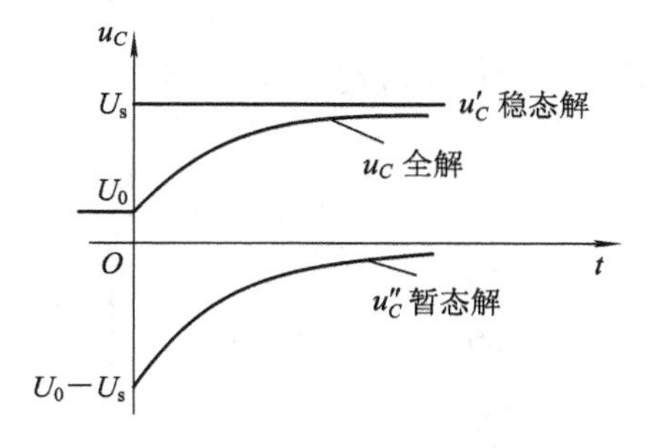

图 3.2.6　各分量响应曲线

将式(3.2.16)进行等效变换得出

$$u_C=U_s(1-\mathrm{e}^{-\frac{t}{\tau}})+U_0\mathrm{e}^{-\frac{t}{\tau}} \tag{3.2.17}$$

式(3.2.17)右边第一项为零状态响应通解；第二项为零输入响应通解，即

全响应＝零状态响应＋零输入响应

其各分量响应曲线如图 3.2.7 所示。

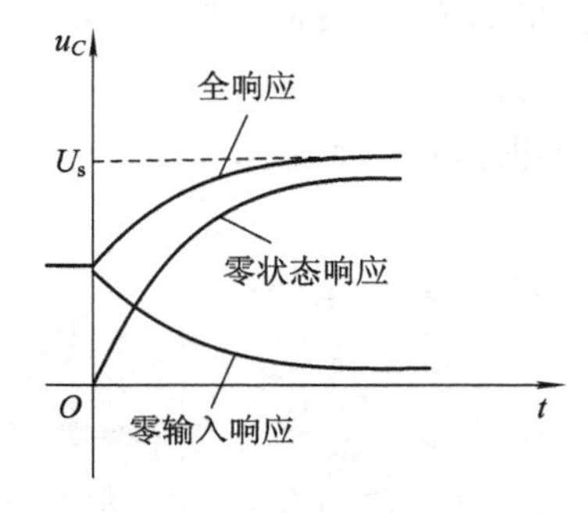

图 3.2.7　各分量全响应曲线

因此可以利用第2章学习的叠加定理来进行电路暂态全响应的分析，把电容元件看做电压值为U_0的电压源。U_0单独作用时得到零状态响应，激励电源U_s单独作用时得到零输入响应，两者叠加即为全响应。

采用经典法对复杂RC电路暂态过程进行分析，可以利用戴维南定理，将除电容以外的含源二端网络，用电压源模型进行等效替代变为简单RC串联电路进行分析。

3.3 一阶线性电路暂态分析的三要素法

无论是直流还是交流电路，都存在暂态过程，本章只讨论直流电路的暂态过程。正弦交流电路的暂态过程可以采用相量法，分析方法与直流电路类似。前面利用经典法对RC暂态过程的三种响应状态进行了分析，可知一阶电路暂态过程响应的数学模型是一阶微分方程：

$$a\frac{\mathrm{d}f}{\mathrm{d}t}+bf=c \tag{3.3.1}$$

其解答一般形式为

$$f(t)=f(\infty)+Ae^{-\frac{t}{\tau}} \tag{3.3.2}$$

当$t=0_+$时，

$$f(0_+)=f(\infty)+A \tag{3.3.3}$$

则

$$A=f(0_+)-f(\infty) \tag{3.3.4}$$

代入式（3.3.2）可得

$$f(t)=f(\infty)+[f(0_+)-f(\infty)]e^{-\frac{t}{\tau}} \tag{3.3.5}$$

这就是分析一阶线性电路暂态过程分析的一般公式，只要求得$f(0_+)$、$f(\infty)$和时间常数τ这三个“要素”，就可以根据上式直接写出直流激励下一阶电路暂态过程的全响应，这种方法称为三要素法。由于零输入响应和零状态响应可以看成是全响应的特例，同样可以用三要素法进行求解。

三要素法计算步骤：

（1）初始值$f(0_+)$的计算。根据换路前的电路求解$u_C(0_-)$及$i_L(0_-)$，确定$u_C(0_+)$、$i_L(0_+)$以及其他初始值。

（2）稳态值$f(\infty)$的计算。根据换路后的电路，当$t\to\infty$进入稳态时，计算$f(\infty)$，此时电容做开路处理，电感做短路处理。

（3）时间常数τ的计算。$\tau=R_0C$或$\tau=L/R_0$。

小贴士

电阻的标准单位是欧姆(Ω)，电容的标准单位是法拉(F)，电感的标准单位是亨利(H)。其中，F和H都是很大的单位，常用较小的单位pF(10^{-12}F)、μF(10^{-6}F)、mF(10^{-3}F)；μH(10^{-6}H)、mH(10^{-3}H)表示，在计算时间常数时请注意换算成标准单位，时间常数的单位才是秒哦！

3.3.1　时间常数的物理意义

时间常数 τ 反映暂态过程持续的时间，具有如下物理意义：

(1) τ 的大小反映了电路过渡过程的持续时间，决定了电路暂态过程变化的快慢。τ 越大暂态过程所需要的时间越长，τ 越小暂态过程所需要的时间越短。从理论上讲，电路需要经过 $t=\infty$ 的时间结束暂态过程，电路达到稳态。对于零状态响应，当 $t=\tau$ 时，$u_C(\tau)=U_s(1-e^{-1})=0.632U_s$。上式说明，在一阶线性 RC 电路零状态响应中，当 $t=\tau$ 时，电容充电至稳态值的 63.2%。以此类推，对不同时间常数，$u_C(t)$ 的大小如表 3.3.1 所示。时间常数 τ 越大，u_C 衰减越慢，电容充电时间越长。

表 3.3.1　不同时间常数

t/s	1τ	2τ	3τ	4τ	5τ
$u_C(t)(\%U_s)$	63.2%	86.5%	95.02%	98.17%	99.33%

对于零输入响应，当 $t=\tau$ 时，$u_C(\tau)=u_C(0_+)e^{-1}=0.368u_C(0_+)$。该式说明，在一阶线性 RC 电路零输入响应中，当 $t=\tau$ 时，电容上电压放电至初始值的 36.8%。与零状态响应类似，$t=2\tau$ 时，电容放电至稳态值的 13.53%；$t=3\tau$ 时，电容放电至稳态值的 4.97%；$t=5\tau$ 时，电容放电至稳态值的 0.67%。理论上经过无穷大的时间电容放电结束，电压衰减为零，电容放电结束。但工程实际中一般认为换路后，经过 $3\tau\sim5\tau$ 时间过渡过程结束，电路已达稳定状态。

(2) τ 的计算。前面介绍的简单 RC 串联电路中，只有一个电阻元件，时间常数 $\tau=RC$ 很容易计算，那么对于含有多个电阻，而且连接方式复杂的 RC 电路，可以利用戴维南定理，求出换路后除去电容元件的等效电阻即为时间常数 τ 计算公式中的电阻 R_0。

3.3.2　三要素法应用举例

【例 3.3.1】　电路如图 3.3.1(a)所示，开关闭合前电路已处于稳定状态，$t=0$ 时闭合开关，求 $t>0$ 时的电容电压 $u_C(t)$。

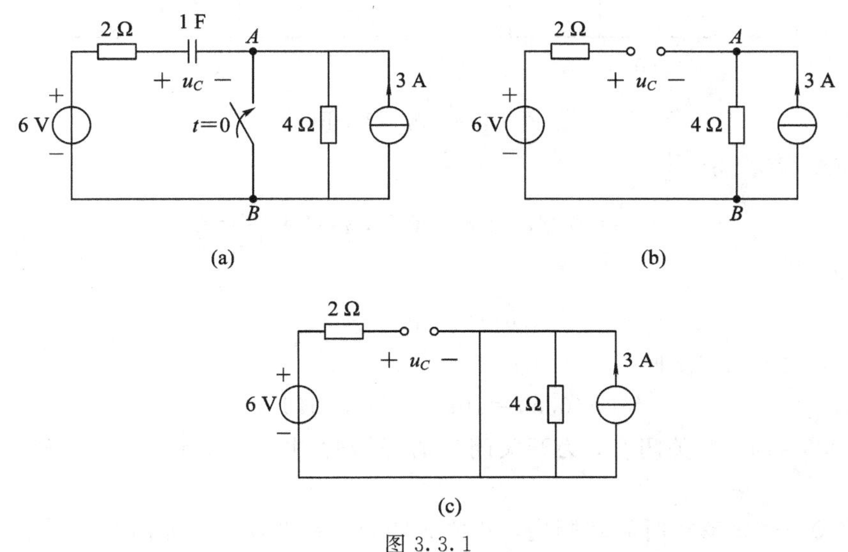

图 3.3.1

解：求 $u_C(0_-)$的电路如图 3.3.1(b)所示。

(1) 由题意，开关闭合前电路已达稳定状态，电容元件断路，以 B 点为参考点，$u_C(0_-)=6-V_A=6-12=-6$ V，根据换路定则有：$u_C(0_+)=u_C(0_-)=-6$ V。

(2) 换路后，电流源模型被短路，如图 3.3.1(c)所示。电路达到稳态，电容元件断路，$u_C(\infty)=6$ V。

(3) 在换路后的电路中求等效电阻 $R=2\ \Omega$，时间常数 $\tau=RC=2$ s。

(4) $u_C(t)=6-12e^{-0.5t}$ V。

【例 3.3.2】 自然界中昆虫移动方式非常复杂，远超过微型机构装置，于是科学家们借助昆虫的神经系统，按人的指令作出反应，人工发出电信号刺激昆虫的“机械感觉神经元”，形成昆虫动作的运行机制。图 3.3.2 所示电路为模拟人造昆虫神经系统内的神经元，其输入信号 u_s 是一系列的脉冲，用来模拟神经键，开关在 $t=0$ s 时打开，在 $t=0.5$ s 时闭合，易产生一个脉冲。若电路的初始电压 $u(0_-)=10$ V，求 $0<t<2$ s 范围内的电压 $u(t)$。

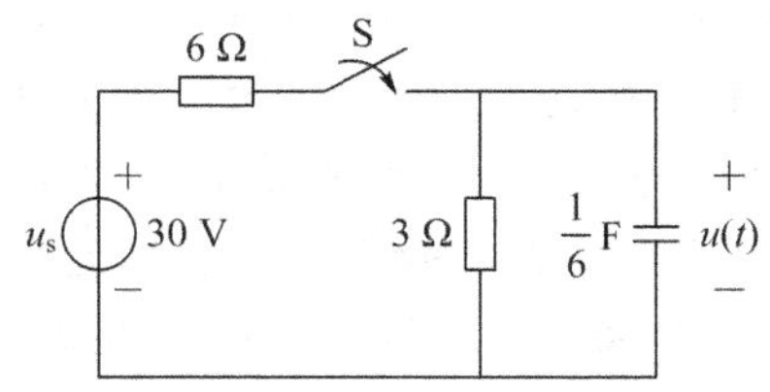

图 3.3.2 人造昆虫及其神经元电路模型

解：开关断开前一时刻，即在 $t=0_-$ 时，$u(0_-)=10$ V。

开关在 $0<t<0.5$ s 时间范围内，开关 S 断开，其等效电路如图 3.3.3(a)所示。

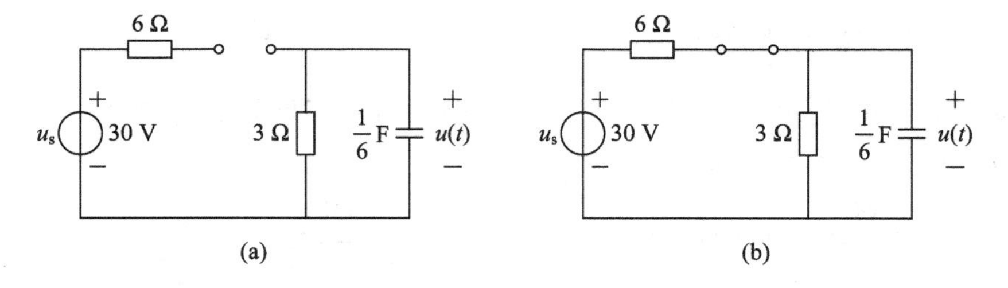

图 3.3.3 例 3.3.2 图

利用三要素法，有

$$u(0)=10\ \text{V},\ u(\infty)=0\ \text{V},\ \tau=3\times\frac{1}{6}=\frac{1}{2}\ \text{s}$$

由此可得

$$u(t)=10e^{-2t}\ \text{V}$$

特殊地，在 $t=0.5$ s 时，

$$u(0.5)=10e^{-2(0.5)}=3.679\ \text{V}$$

在 $t=0.5$ s 时，开关闭合，为开关闭合的开始时刻，开关闭合前一时刻 $u(0.5_-)=3.679$ V。

开关在 $0.5<t<2$ s 时间范围内，开关 S 闭合，其等效电路如图 3.3.3(b)所示，$t=$

0.5 s可看作开关动作的初始时刻，即 $t'=t-0.5=0$ s。

利用三要素法，$0.5<t<2$ s 时间范围内的 $u(t)$ 为

$$u(0.5)=3.679\ \text{V}$$

$$u(\infty)=10\ \text{V}$$

$$R_{\text{eq}}=6/\!/3=2\ \Omega$$

$$\tau=2\times\frac{1}{6}=\frac{1}{3}\ \text{s}$$

$$\begin{aligned}u(t)&=10+(3.679-10)\text{e}^{-3(t-0.5)}\\&=10-6.321\text{e}^{-3(t-0.5)}\ \text{V}\end{aligned}$$

3.4　一阶线性 *RL* 电路的暂态分析

电机、继电器、电磁铁等电磁元件都可以等效为 *RL* 串联电路，上述电磁器件在换路时也会产生暂态过程。对于只含有一个电感、一个电阻的简单一阶 *RL* 电路，暂态过程与 *RC* 电路的暂态过程一样，可以分为零状态响应、零输入响应和全响应。

3.4.1　*RL* 电路的零状态响应

图 3.4.1 所示电路中，开关 S 闭合前电感中电流为零。根据换路定则，开关闭合后 $i_L(0_+)=i_L(0_-)=0$，对于电路的响应为零状态响应，电路的 KCL 方程为

$$i_L+i_R=I_s \tag{3.4.1}$$

将 $u_L=L\dfrac{\text{d}i_L}{\text{d}t}$代入式(3.4.1)得

$$\frac{L}{R}\frac{\text{d}i_L}{\text{d}t}+i_L=I_s \tag{3.4.2}$$

该方程为一阶常系数非齐次线性微分方程，电流 i_L 的通解为

$$i_L=i_L'+i_L''=i_L'+A\text{e}^{-\frac{R}{L}t} \tag{3.4.3}$$

令 $\tau=L/R$ 为时间常数。特解 $i_L'=I_s=i_L(\infty)$，积分常数 $A=-i_L(0_+)=-I_s$，所以

$$i_L=I_s(1-\text{e}^{-\frac{t}{\tau}})=i_L(\infty)(1-\text{e}^{-\frac{t}{\tau}}) \tag{3.4.4}$$

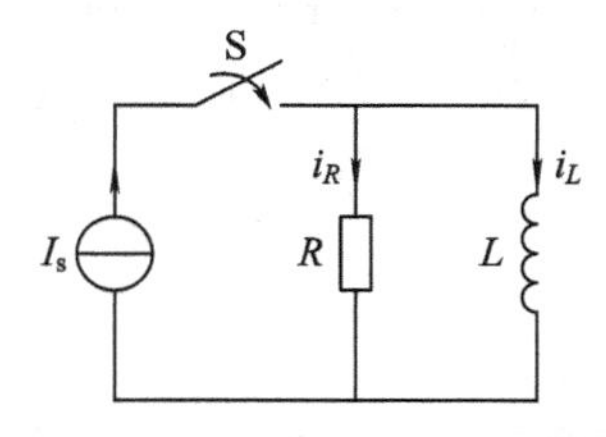

图 3.4.1　零状态响应电路

该电路中，$i_L(0_+)=0$，$i_L(\infty)=I_s$，时间常数 $\tau=L/R$，代入三要素公式，得到的解与微分方程的解一致。类似在进行 *RL* 电路暂态分析时，零输入响应和全响应的解都是一阶线性微分方程，它们的解都可以用三要素公式写出，在此不再赘述。

【例 3.4.1】　电磁式继电器一般由铁芯、线圈、衔铁、触点簧片等组成，其示意图如图

3.4.2(a)所示，常用来打开或关闭开关，以控制另外一个电路。线圈两端加上一定的电压u_s，线圈中就会流过一定的电流，通电导线产生磁场，衔铁就会在电磁力吸引的作用下克服返回弹簧的拉力吸向铁芯，从而带动衔铁的动触点与静触点(常开触点)吸合，开关SB闭合；当线圈断电后，电磁的吸力也随之消失，衔铁就会在弹簧的反作用力下返回，开关SB断开。其等效电路图如图3.4.2(b)所示，SA和SB闭合的时间间隔t_d称为继电器关闭延时时间，R和L分别是线圈的等效电阻和电感，其中$u_s=12$ V，$R=150\ \Omega$，$L=30$mH，开关闭合所需要的电流为50 mA，试计算继电器延时时间t_d。

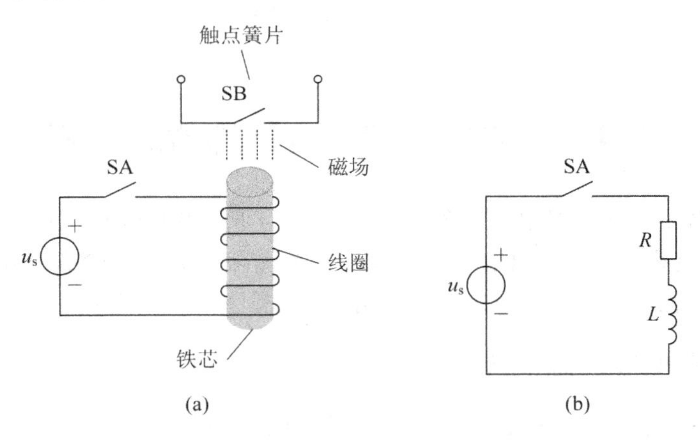

图 3.4.2　例 3.4.1 图

解：当SA闭合后，线圈电路激活，u_s向线圈充电，线圈中电流逐渐增加，并产生磁场，当电感电流$i_L=50$ mA时，磁场力足够吸引铁芯，从而带动衔铁的动触点，从而闭合另一个电路中的开关SB。对图3.4.2(b)，利用三要素法求解电感电流$i_L(t)$：

$$i_L(0_+)=0$$

$$i_L(\infty)=\frac{12\ \text{V}}{150\ \Omega}=80\ \text{mA}$$

$$\tau=\frac{L}{R}=\frac{30\times10^{-3}\ \text{H}}{150\ \Omega}=0.2\ \text{ms}$$

所以

$$i_L(t)=80(1-e^{-\frac{t}{\tau}})\text{mA}$$

当$i_L(t_d)=50$ mA时，$80(1-e^{-t_d/\tau})=50$，可求得

$$e^{-\frac{t_d}{\tau}}=1-\frac{5}{8}=\frac{3}{8}$$

所以

$$t_d=\tau\ln\frac{8}{3}=0.2\ln\frac{8}{3}=0.1962\ \text{ms}$$

【例3.4.2】 汽车的汽油引擎需要点火系统在最恰当的时机点燃燃油，以便膨胀气体做功最大。点火系统主要由火花塞、线圈和分电器等部分组成，如图3.43(a)所示。其中，火花塞主要由一对由空气隔开的电极组成，通过在电极之间产生4～10万伏的大电压穿过气隙，产生火花，从而点燃燃料，电极间产生大电压的简化电路如图3.4.3(b)所示。电路由12 V车载电池供电，在开关动作瞬间，电感两端电流在很短时间内发生变化，从而在电

感两端产生大电压。假设线圈的电阻$R=4\ \Omega$，电感$L=6\ \text{mH}$，试求当开关闭合时，最终流经线圈的电流、线圈中存储的能量以及开关突然打开时的气隙电压(假设开关断开时间为$1\ \mu\text{s}$)。

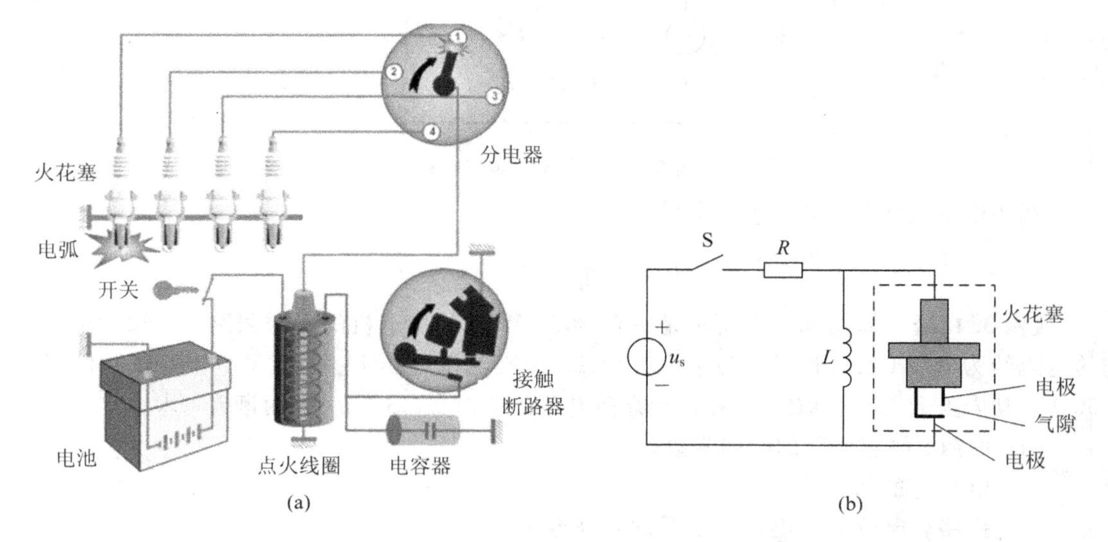

图 3.4.3　例 3.4.2 题

解：开关闭合后，稳态时，流经电感的电流为稳定值，是一个常数，所以$\frac{\mathrm{d}i_L}{\mathrm{d}t}=0$，即电感两端的电压也是气隙电压$u_L=0$，由图 3.4.3(b)可知

$$i_L=\frac{u_s}{R}=\frac{12}{4}=3\ \text{A}$$

线圈上存储的能量为

$$W=\frac{1}{2}Li_L{}^2=\frac{1}{2}\times 6\times 10^{-3}\times 3^2=27\ \text{mJ}$$

当开关S突然打开时，电感两端电压为

$$u_L=L\ \frac{\Delta i_L}{\Delta t}=6\times 10^{-3}\times\frac{3}{1\times 10^{-6}}=18\ \text{kV}$$

此大电压将会在气隙上产生电弧或火花，火花持续直至线圈上储能释放完毕。

3.4.2　*RL* 电路的零输入响应

如图 3.4.4 所示电路电路已达稳态，$t=0$时刻，开关由左侧拨到右侧，则换路前电感元件电流$i_L(0_-)=I_s\neq 0$，换路后电路中没有外施激励电源，仅由动态元件初始储能所产生的响应，称为暂态电路的零输入响应。

稳态时，电感视为短路，电路中无外施激励，$i_L(\infty)=0\ \text{A}$。

由换路后电路计算时间常数$\tau=L/R$，根据三要素法得电感电流为

$$i_L=i_L(\infty)+[i_L(0_+)-i_L(\infty)]\mathrm{e}^{-\frac{t}{\tau}}=I_s\mathrm{e}^{-\frac{t}{\tau}}$$

电阻R上的电压响应，也可以根据三要素法求解，这里根据 KVL 求得

$$u_R=-Ri_L=-RI_s\mathrm{e}^{-\frac{t}{\tau}}$$

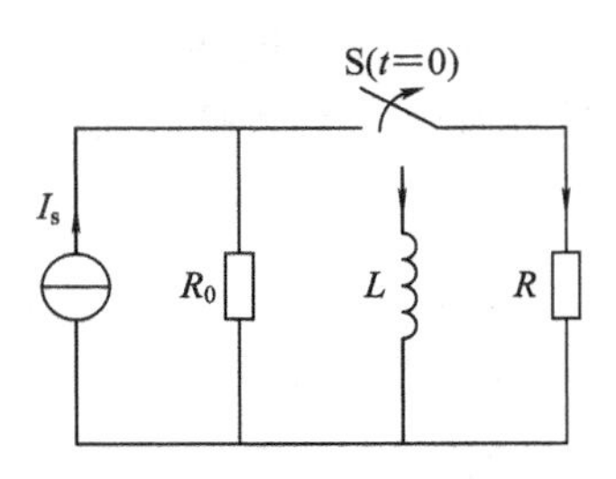

图 3.4.4 零输入响应电路

利用电感电压与电流关系，求得

$$u_L=L\frac{\mathrm{d}i_L}{\mathrm{d}t}=-RI_s\mathrm{e}^{-\frac{t}{\tau}}$$

【例 3.4.3】 如图 3.4.5 所示是一台 300 kW 汽轮发电机的励磁回路。已知励磁绕组的电阻约为 $R=1\ \Omega$，电感约为 $L=0.4$ H，直流电源电压 $U_s=36$ V，电压表的量程为 50 V，其内阻 R_V为 20 kΩ。开关 S 断开前电路已达稳态，S 在 $t=0$ 时断开。求：

(1) 电阻、电感回路的时间常数；

(2) 电流 i_L的初始值；

(3) 换路后电流 i_L和电压表承受的最高电压。

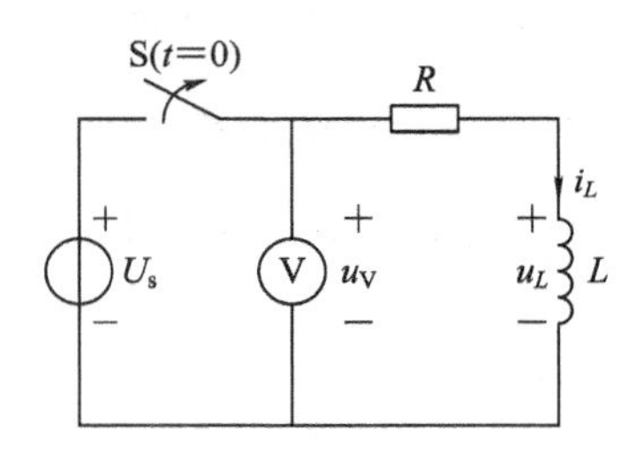

图 3.4.5 例 3.4.3 题

解：(1) 时间常数为

$$\tau=\frac{L}{R+R_V}=\frac{0.4}{1+20\times10^3}\ \mathrm{s}=199\ \mu\mathrm{s}$$

(2) 开关断开前，$i_L(0_-)=\frac{U}{R}=\frac{36}{1}=36$ A，根据换路定则，有

$$i_L(0_+)=i_L(0_-)=36\ \mathrm{A}$$

(3) 该电路属于零输入响应，换路后电感电流为

$$i_L=i_L(0_+)\mathrm{e}^{-\frac{t}{\tau}}$$

可得

$$i_L=36\mathrm{e}^{-\frac{t}{\tau}}=36\mathrm{e}^{-50\,002.5t}\ \mathrm{A}$$

电压表处的电压为

$$u_V=-R_Vi=-20\times10^3\times36\mathrm{e}^{-50\,002.5t}\ \mathrm{V}=-72\mathrm{e}^{-50\,002.5t}\ \mathrm{kV}$$

电压表承受的最高电压为

$$U_V(0_+)=-72\ \mathrm{kV}$$

可见，此时电压表承受了很高的电压，其绝对值远超过电压表的量程，而且初始瞬间

电流也很大，可能损坏电压表，绕组的绝缘也可能被击穿。因此切断电感电流时必须考虑磁场能量的释放。可以事先取下电压表。考虑到切断电源时电感电流磁能的释放，可并入一个适当阻值的电阻，使磁能经过一定时间释放完毕。如果磁能较大，而又必须在短时间内完成电流的切换，则必须考虑如何解决因此而出现的电弧问题。可在感性负载两端反向并联一续流二极管，为换路时的电流提供通道。电路如图 3.4.6 所示。

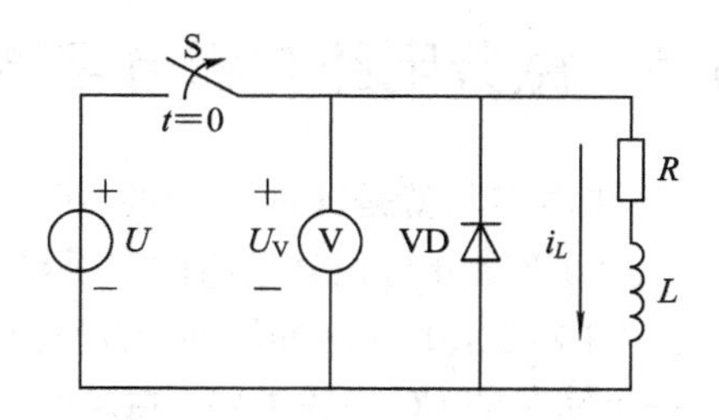

图 3.4.6　例 3.4.3 题解

3.4.3　*RL* 电路的全响应

与 RC 电路类似，RL 电路的全响应，等于零状态响应和零输入响应的叠加。可得直流激励下 RL 电路全响应表达式如下：

$$i_L(t)=i_L(\infty)+[i_L(0_+)-i_L(\infty)]e^{-\frac{t}{\tau}}$$

【例 3.4.4】　如图 3.4.7 所示电路中，开关闭合前已处于稳定状态，$t=0$ 时闭合开关，求 $t>0$ 的电感电流 $i_L(t)$。

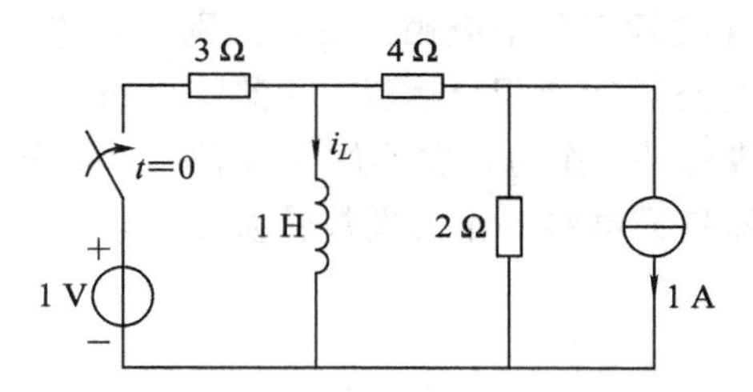

图 3.4.7　例 3.4.4 题

解：(1) 由题意知开关闭合前电路已达稳定状态，电感元件短路，电感元件所在支路分流为

$$i_L(0_-)=-\frac{2}{2+4}\times 1=-\frac{1}{3}\ \text{A}$$

根据换路定则有

$$i_L(0_-)=i_L(0_+)=-\frac{1}{3}\ \text{A}$$

(2) 换路后，达到稳态电感元件短路，有

$$i_L(\infty)=\frac{1}{3}-\frac{2}{6}=0\ \text{A}$$

(3) 在换路后的电路中求等效电阻：

$$R=\frac{3\times 6}{3+2+4}=2\ \Omega$$

时间常数为

$$\tau=\frac{L}{R}=0.5\ \mathrm{s}$$

(4)
$$i_L(t)=-\frac{1}{3}\mathrm{e}^{-2t}\ \mathrm{A}$$

3.5 微分电路与积分电路

微分电路与积分电路的电路结构实际就是前面讨论的 RC 充放电电路，分析方法与 RC 充放电电路类似，区别仅在于，作用于微分与积分电路的激励源是如图 3.5.1 所示的矩形脉冲电压 u_{i}，t_{p} 为脉冲宽度，U 为脉冲幅度，T 为脉冲周期。微积分电路对电路元件参数和输入信号的周期有着特定的要求。一个简单的 RC 串联电路，在矩形脉冲的重复激励下，通过改变电路元件参数，调整电路时间常数，选取不同元件作为输出端，来构成输出电压波形和输入电压波形之间的特定(微分或积分)关系，从而产生不同的波形，达到波形变换的目的。

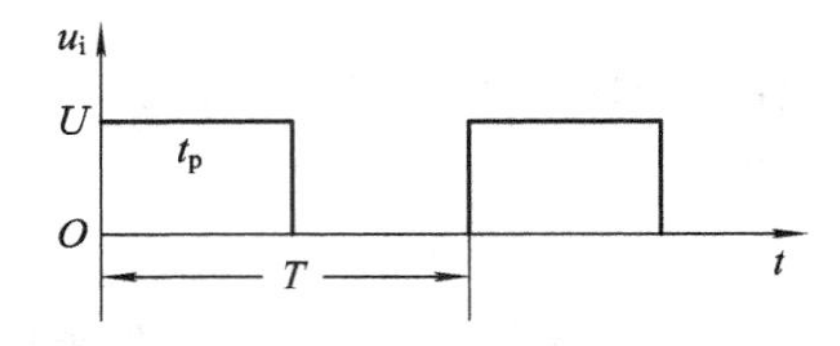

图 3.5.1 方波信号

微分电路与积分电路在实际工程中应用广泛，特别是在电子电路中，例如，在模拟电子电路中可以利用微积分电路进行微积分运算；在数字电路中经常应用微分电路进行波形变换，将矩形脉冲变换为尖脉冲，作为触发器的触发信号。积分电路可以将矩形脉冲变换为锯齿波，可以用作示波器扫描电路或作为模数转换器等。

3.5.1 微分电路

如图 3.5.2 所示 RC 串联电路中，电容元件初始未储能($u_C(0_+)=0$)，输入电压 $u_{\mathrm{i}}(t)$ 是占空比为 50%的方波，从电阻两端输出电压，即 $u_{\mathrm{o}}(t)=u_R(t)$。在输入信号 $u_{\mathrm{i}}(t)$的一个周期内，电容经历一次充电和一次放电，输出电压 $u_{\mathrm{o}}(t)$波形与电路时间常数及输入信号的脉宽有关，下面进行详细分析。

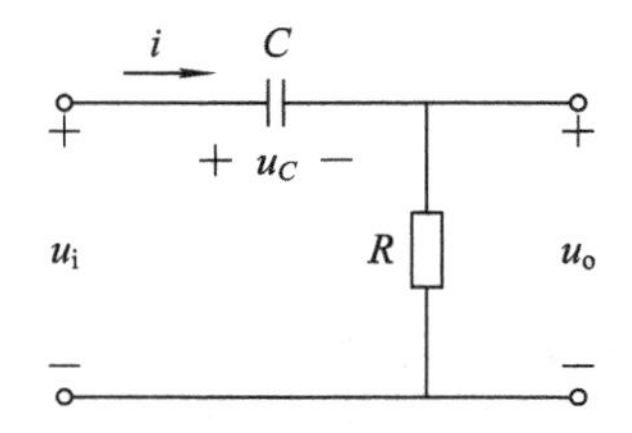

图 3.5.2 RC 微分电路

在 $t=0$ 时，$u_{\mathrm{i}}(t)$从零突然上升到 U，开始对电容元件充电。根据换路定则，电容两端电压不能跃变，在这一瞬间电容元件相当于短路，所以 $u_{\mathrm{o}}(t)=U$。假设电路时间常数 $\tau=RC\ll T/2=t_{\mathrm{p}}$，相对于 t_{p}而言，电容元件充电很快，$u_C(t)$很快增长到 U，电阻上电压降为零，使输出电压 $u_o(t)=0$，这样电阻两端就输出一个正向尖脉冲。

在 $t=t_1$ 时，$u_i(t)$ 突然下降为零，也是由于电容电压不能跃变，所以在这一瞬间，$u_o(t)=-u_C(t)=-U$，极性正好相反。接下来电容元件经过电阻元件很快放电，$u_C(t)$ 很快衰减为零。此时由于输入电压为零，相当于短路，因此输出端电阻电压也很快衰减为零，这样就输出一个负尖脉冲。因为在充、放电结束之后，没有电流在电阻回路中流动，因此输入周期性矩形脉冲，在输入电压变换期间，才在电阻上出现短暂的尖脉冲电压，波形如图 3.5.3 所示。

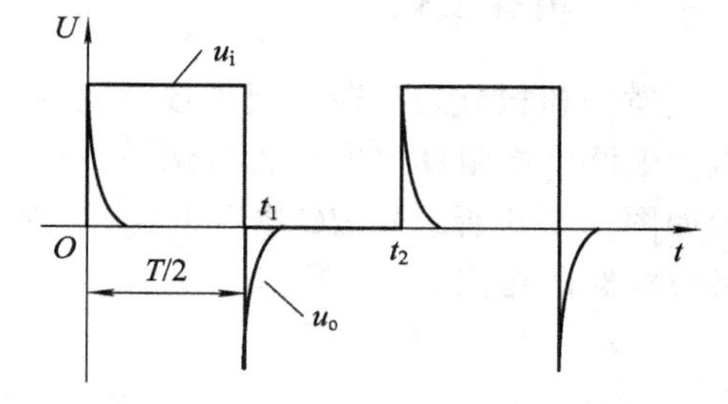

图 3.5.3　微分电路输出波形

比较输入和输出波形，可看到在 $u_i(t)$ 上升跃变部分，输出电压 $u_o(t)=U$，此时正值最大；在 $u_i(t)$ 的平直部分，$u_o(t)\approx 0$；在 $u_i(t)$ 的下降部分，$u_o(t)=-U$，此时负值最大，除去电容充电和放电这段极短的时间外，可以认为电容上的电压接近输入电压，即

$$u_i=u_C+u_R\approx u_C$$

此时输出电压为

$$u_o=iR\approx RC\frac{\mathrm{d}u_C}{\mathrm{d}t}$$

上式说明了输出电压与输入电压在 $\tau\ll T/2$ 条件下存在近似微分关系，这种情况下的 RC 电路称为微分电路，这种输出尖脉冲反映了输入矩形脉冲的跃变部分，是对矩形脉冲微分的结果。图 3.5.4 给出了不同时间常数时输出 u_o 的波形。

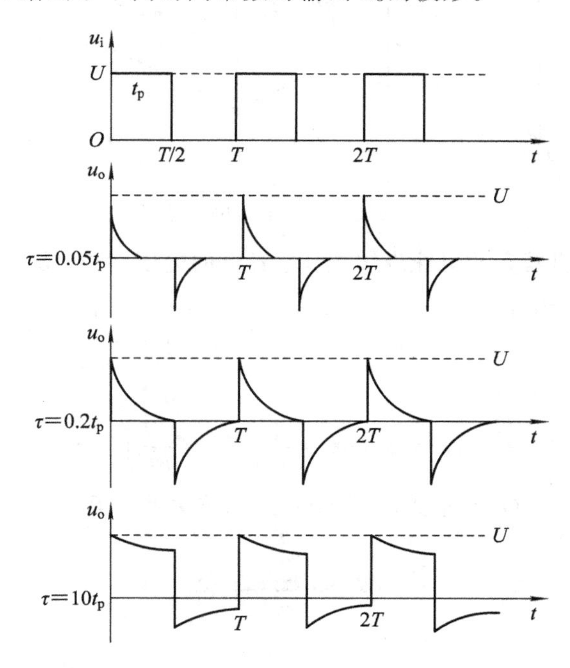

图 3.5.4　不同时间常数 τ 对应的输出波形

由图 3.5.4 可以看出，当电路时间常数越大时，输出脉冲越平缓，时间常数越小，输出脉冲越陡峭。综上，RC 微分电路必须满足：① $\tau\ll T/2$（一般 $\tau<0.1T$）；② 从电阻两端输出。

3.5.2 积分电路

微分和积分是互逆的两种数学运算，微分电路和积分电路也是互逆的，将图 3.5.2 的微分电路中电阻和电容位置对调一下，从电容两端输出电压，即 $u_o(t)=u_C(t)$，则电路变为如图 3.5.5 所示的 RC 串联电路，电容元件初始未储能($u_C(0_+)=0$)，输入电压 $u_i(t)$与微分电路的相同。

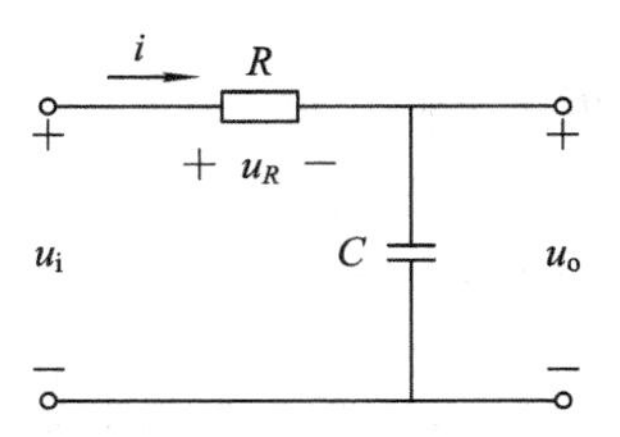

图 3.5.5 RC 积分电路

当满足条件①$\tau \gg T/2$；②从电容两端输出时：在输入矩形脉冲由零变到 U 时，电容器充电，由于 $\tau \gg T/2$，电容器充电速度缓慢，电容上的电压在整个脉冲持续时间内缓慢增长，还未达到稳态值 U，输入脉冲又由 U 跃变到零，电容器经电阻 R 缓慢放电，电容器上的电压缓慢减小。这样电容两端就输出一个锯齿波信号，$u_o(t)$波形如图 3.5.6 所示。

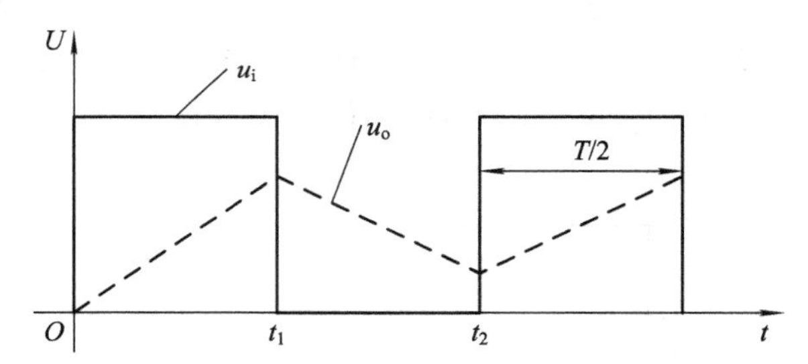

图 3.5.6 积分电路输出波形

由于 $\tau \gg T/2$，电容器充放电速度缓慢，电容上的电压很小，从而使电阻两端电压衰减很慢，近似与输入电压相等，即

$$u_i = u_C + u_R \approx u_R = iR$$

此时输出电压为

$$u_o(t) = u_C(t) = \frac{1}{C}\int i\mathrm{d}t = \frac{1}{RC}\int u_i \mathrm{d}t$$

上式说明输出电压 $u_o(t)$与输入电压 $u_i(t)$成积分关系，所以该电路称为积分电路。

练习与思考

1. 选择题

1.1 在动态电路中的换路瞬间，下列说法正确的是(　　)。

A. 电感上的电流不能突变　　　　B. 电感电压不能突变

C. 电感所储存的磁场能必然突变　　D. 电容所储存的电场能必然突变

1.2　在如题 1.2 图所示的一阶动态电路中，在计算图中的电量的暂态过程时，其说法正确的是(　　)。

A. i_1 不能突变，i_C 可以突变　　B. u_C 不能突变，i_C 可以突变

C. $u_C(t)$和 $i_C(t)$的时间常数 τ 相同　　D. $i_1(t)$和 $u_C(t)$的时间常数 τ 不同

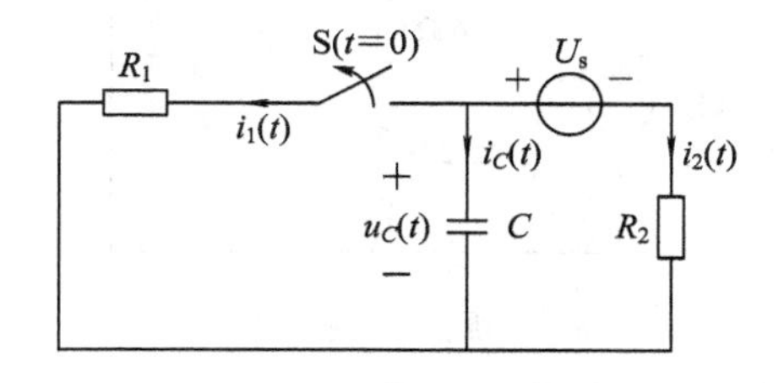

题 1.2 图

1.3　在如题 1.3 图所示的一阶动态电路中，开关打开前电路已达到稳态，$t=0$ 时开关 S 打开，$i(0_+)$等于(　　)。

A. −2 A　　B. 2.5 A　　C. 2 A　　D. 3 A

1.4　在如题 1.4 图所示的电路中，开关打开前电路已达到稳态，$t=0$ 时开关 S 打开，则 $u_C(0_+)$等于(　　)。

A. −12 V　　B. 14 V　　C. 6 V　　D. 10 V

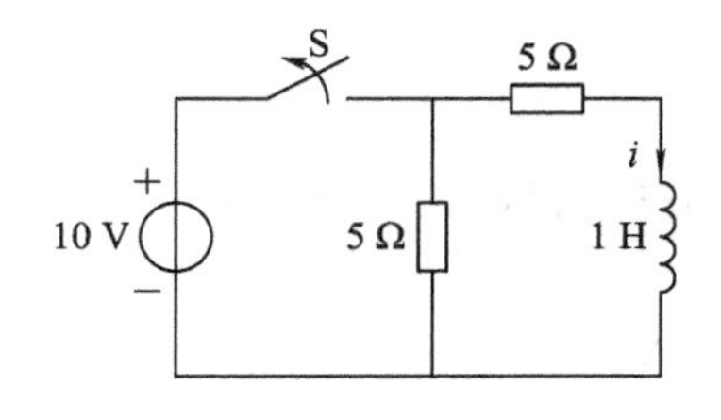

题 1.3 图

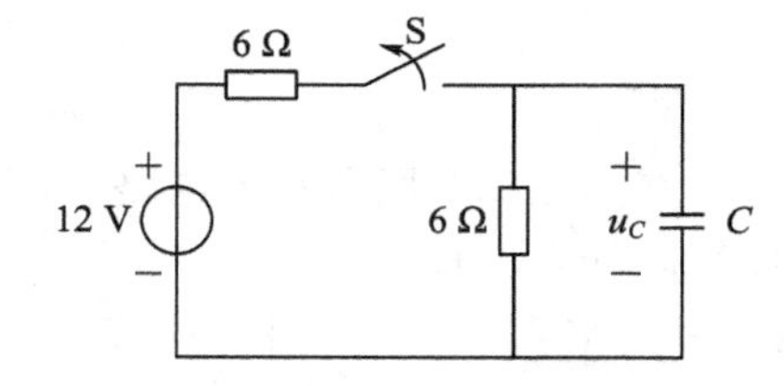

题 1.4 图

1.5　在如题 1.5 图所示的电路中，开关闭合前电路已达到稳态，$t=0$ 时开关 S 闭合，$i_L(0_+)$等于(　　)。

A. 2 A　　B. −2 A　　C. 8 A　　D. −8 A

1.6　在如题 1.6 图所示的电路中，开关闭合前电路已达到稳态，$t=0$ 时开关 S 闭合，$u_C(0_+)$等于(　　)。

A. 6 A　　B. −6 A　　C. 8 A　　D. −8 A

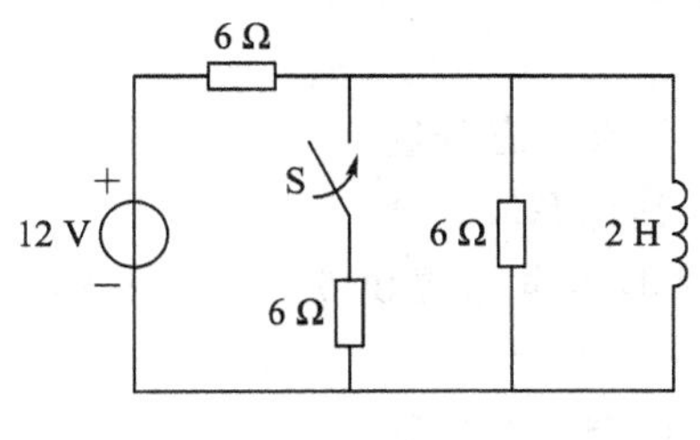

题 1.5 图

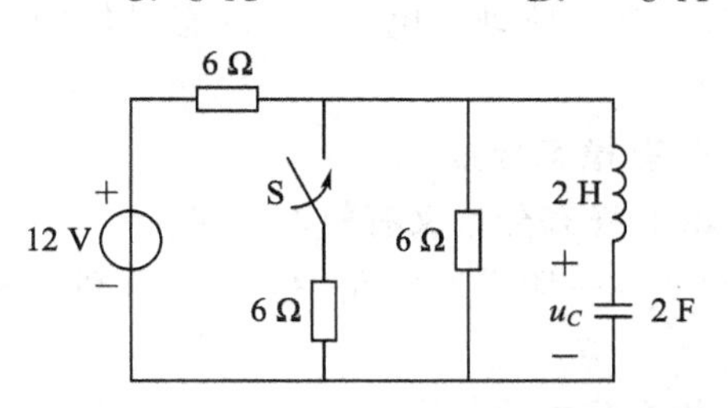

题 1.6 图

1.7 在如题 1.7 图所示的电路中，开关闭合前电路已达到稳态，$t=0$ 时开关 S 闭合，$i(0_+)$为(　　)。

A. -1 A　　B. $-2/3$ A　　C. $1/3$ A　　D. $-1/3$ A

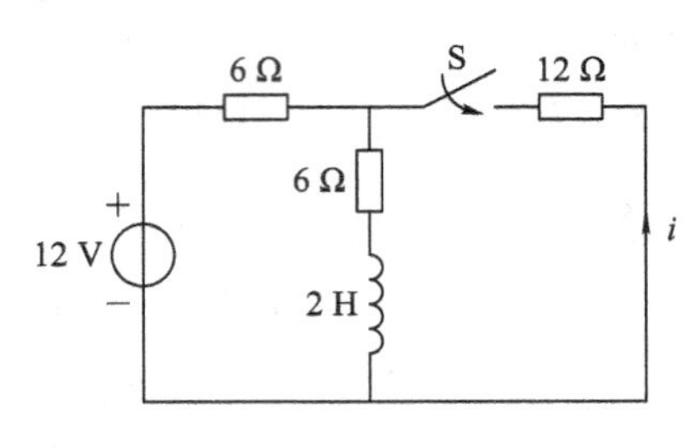

题 1.7 图

1.8 如题 1.8 图所示的一阶动态电路中，$t=0$ 时开关断开，则 8 Ω 电阻初始电流 $i(0_+)$为(　　)。

A. 2 A　　B. -2 A　　C. -4 A　　D. 4 A

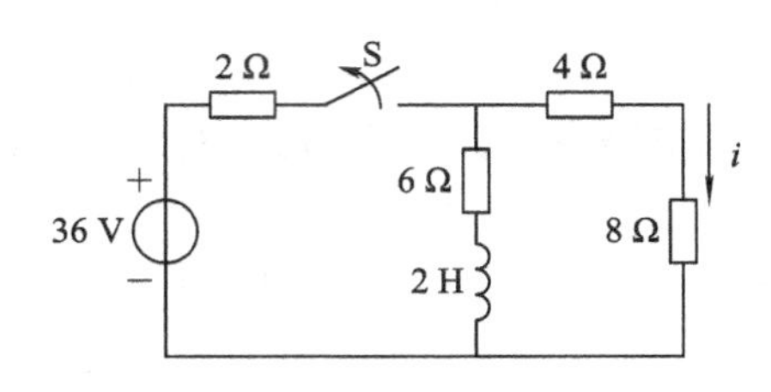

题 1.8 图

1.9 在如题 1.9 图所示的电路中，开关打开前电路已达到稳态，$t=0$ 时开关 S 打开，则 $u(0_+)$等于(　　)。

A. -12 V　　B. 14 V　　C. 6 V　　D. 10 V

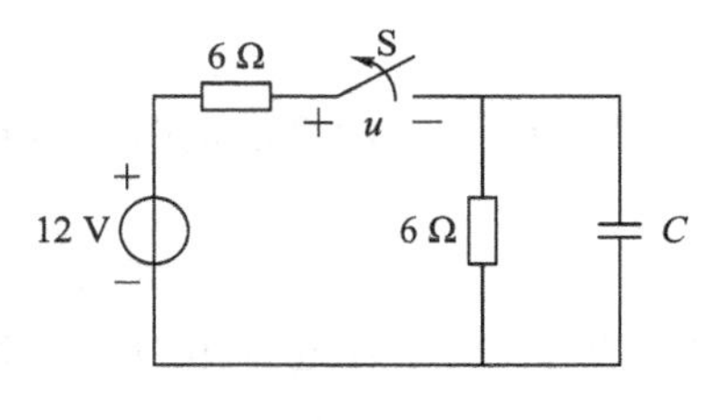

题 1.9 图

1.10 在一阶动态电路中，动态元件的初始储能为 0，电源提供激励，其零状态响应中(　　)。

A. 仅有稳态分量　　B. 仅有暂态分量

C. 既有稳态分量又有暂态分量　　D. 其稳态值为 0

1.11 在一阶动态电路中，动态元件的初始储能为电路提供激励，其零输入响应中(　　)。

A. 仅有稳态分量　　B. 仅有暂态分量

C. 既有稳态分量又有暂态分量　　D. 其稳态分量为动态元件的初始储能

1.12 在动态电路中，关于时间常数 τ 说法正确的是(　　)。

A. τ的值越大，说明电路过渡过程的越快

B. 在RC电路中，τ与电容C成正比

C. 在RL电路中，τ与电容L成正比

D. 工程上从$t=0$开始，τ时间后达稳态

2. 计算题

2.1 题2.1图所示电路中开关S在$t=0_+$时打开，求$i_C(0_+)$。

2.2 如题2.2图所示，求$t=0$时闭合开关S后的$u_L(0_+)$。

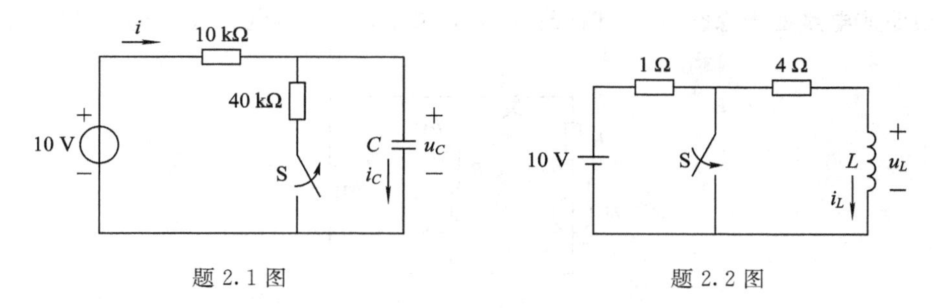

题2.1图　　题2.2图

2.3 求题2.3图电路换路后$i_C(0_+)$，$u_L(0_+)$的表达式。

2.4 已知题2.4图所示电路中，$t=0$时合开关，求换路后的$u_C(t)$。

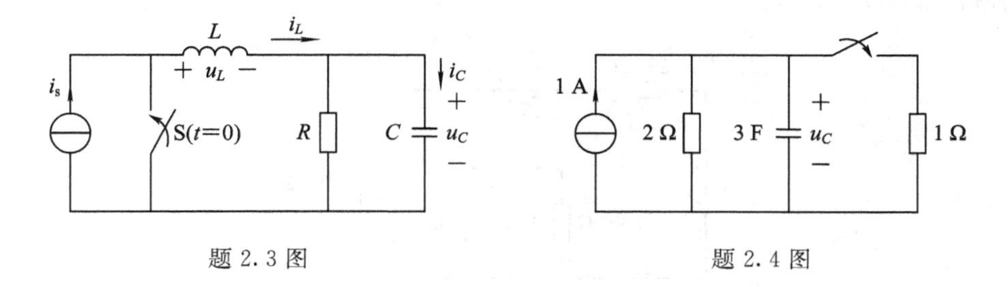

题2.3图　　题2.4图

2.5 在如题2.5图所示的电路中，开关打开以前已达稳态，$u_s=12$ V，$R_1=R_2=R_3=1$ kΩ，$t=0$时开关打开，求$u_C(t)$。

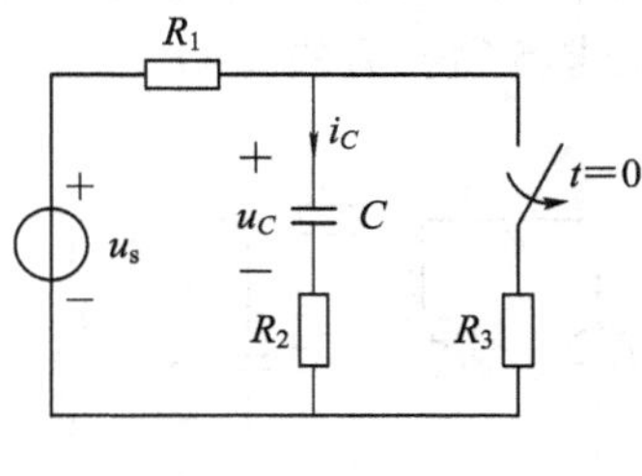

题2.5图

2.6 在如题2.6图所示的电路中，$E=10$ V，$R_1=R_2=10$ kΩ，$C=200$ pF。开关原在位置1，处于稳态；在$t=0$时，S切换到位置2，求电容元件两端电压$u_C(t)$、$i_C(t)$。

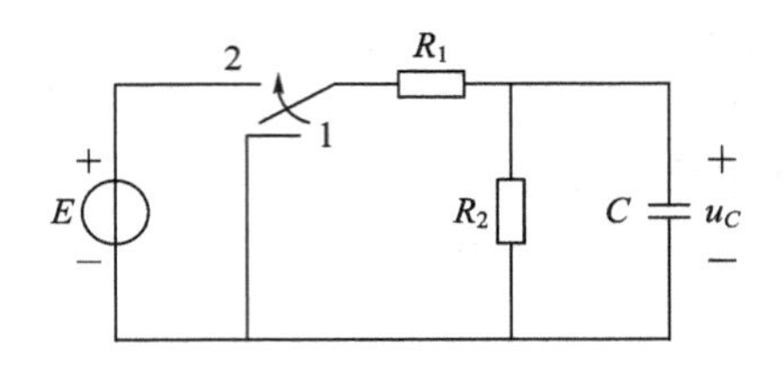

题 2.6 图

2.7　在如题 2.7 图所示的电路中，已知 $U_s=12$ V，$R_1=R_2=2$ kΩ，$R_3=3$ kΩ，$C=1$ μF，换路前电路处于稳态，$t=0$ 时开关闭合，求开关闭合后电容电压 $u_C(t)$和电流 $i_C(t)$。

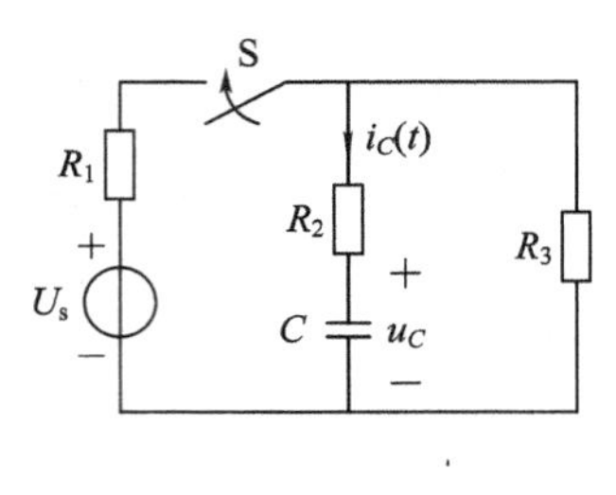

题 2.7 图

2.8　在如题 2.8 图所示的电路中，开关 S 在位置 1 已久，$t=0$ 时开关合向位置 2，求换路后响应 $u_C(t)$和 $i(t)$。

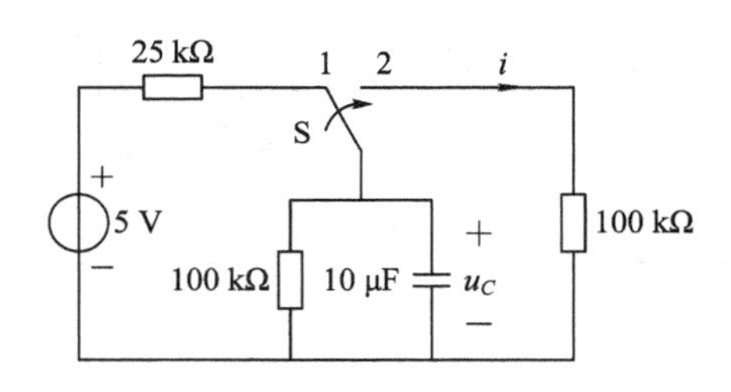

题 2.8 图

2.9　在如题 2.9 图所示的电路中，电路原已稳定，$R_1=6$ Ω，$R_2=3$ Ω，$C=0.5$ F，$I_s=2$ A，$t=0$ 时将开关 S 闭合。求 S 闭合后的 $u_C(t)$。

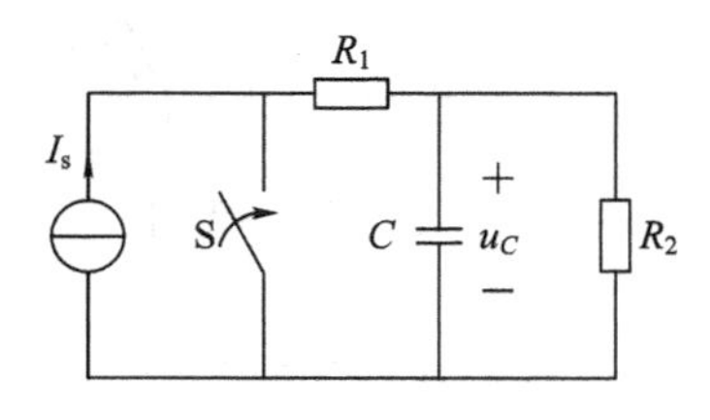

题 2.9 图

2.10　电路如题 2.10 图所示，换路前已处于稳态，试求换路后($t\geqslant0$)的 u_C。

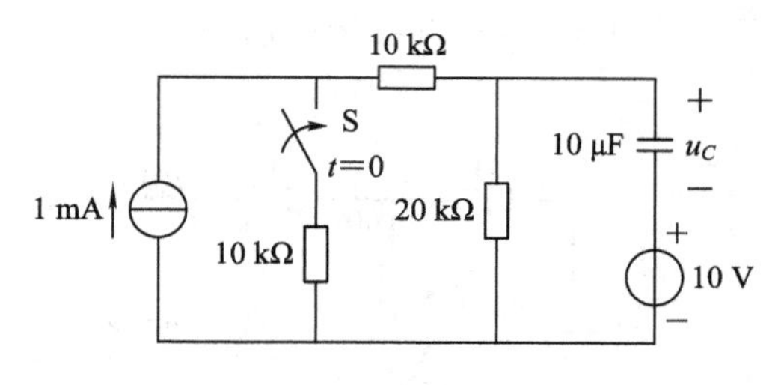

题 2.10 图

2.11　在如题 2.11 图所示的电路中，已知 $U_s=24$ V，$I_s=2$ A，$R_0=2$ Ω，$R_s=6$ Ω，$C=2$ μF，开关 S 在 $t=0$ 时合上，求电容两端电压 $u_C(t)$。

2.12　如题 2.12 图所示的电路，开关闭合前已处于稳定状态，$t=0$时闭合开关，求 $t>0$时的电容电压 $u_C(t)$。

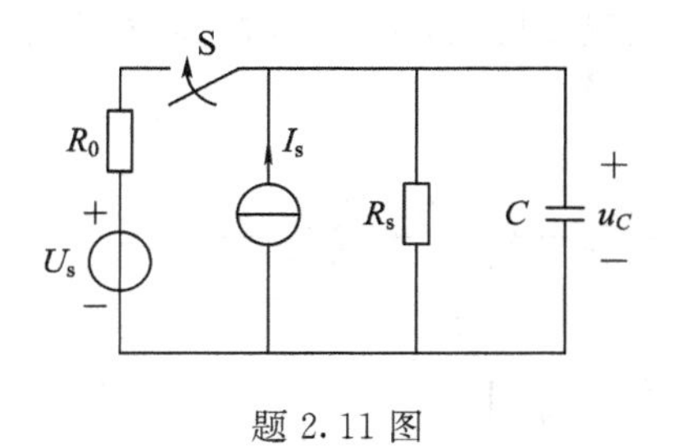

题 2.11 图

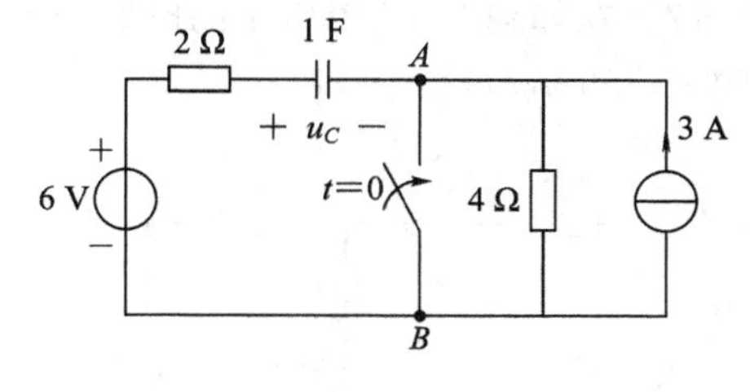

题 2.12 图

2.13　在如题 2.13 图所示的电路中，开关 S 在位置 a 时，电路处于稳态。电路在 $t=0$ 时，S 由 a 扳到 b，请用三要素法求电压 $u_C(t)$。

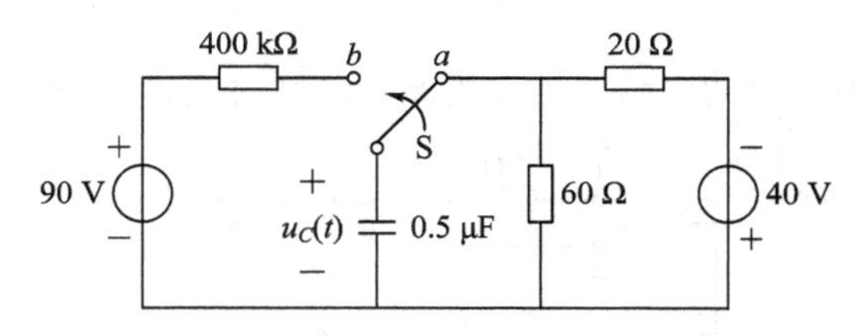

题 2.13 图

2.14　如题 2.14 图所示的电路原来处于稳态，已知 $C=6$ μF，$R_1=R_2=2$ kΩ，$R_3=R_4=4$ kΩ，$u_{s1}=24$ V，$u_{s2}=12$ V，当 $t=0$ 时闭合开关 S，试求电容电压 $u_C(t)$。

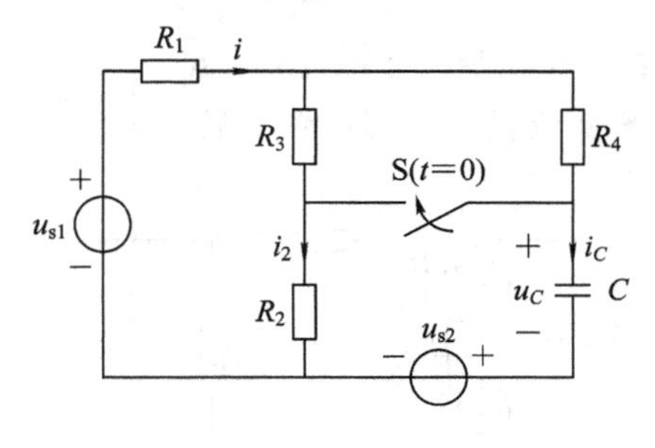

题 2.14 图

2.15 在如题 2.15 图所示的电路中，开关闭合前处于稳态，$t=0$ 时将开关闭合，试用三要素法求开关闭合后的 $i_L(t)$。

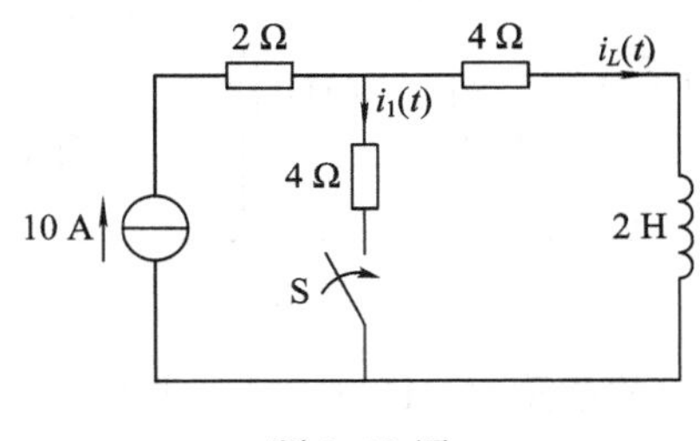

题 2.15 图

2.16 在如题 2.16 图所示的电路中，开关断开前处于稳态，$t=0$ 时将开关断开，试用三要素法求开关断开后的 $i_L(t)$。

2.17 在如题 2.17 图所示的电路中，开关 S 在位置 2 已久，$t=0$ 时打到位置 1，求换路后的 $i(t)$ 和 $u_L(t)$。

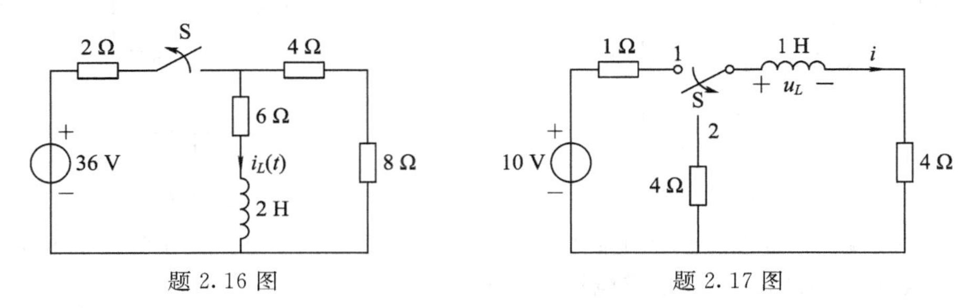

题 2.16 图　　　　题 2.17 图

2.18 如题 2.18 图所示的电路原处于稳态，$t=0$ 时刻，开关由 1 打向 2，求 $i_L(t)$。

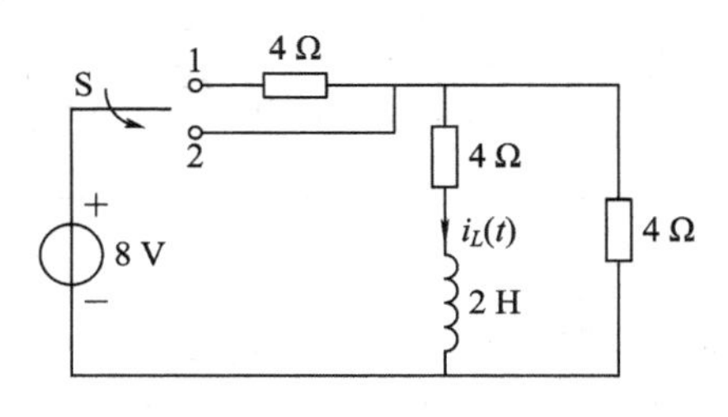

题 2.18 图

2.19 电路如题 2.19 图所示，$U=15$ V，$R_1=R_2=R_3=30$ Ω，$L=2$ H。换路前电路已处于稳态，试求当将开关 S 从位置 1 合到位置 2 后的电流 i_L、i_2、i_3。

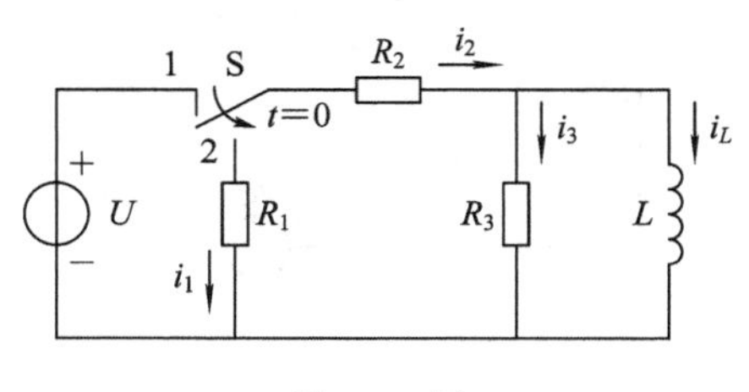

题 2.19 图

2.20　在题2.20图所示电路中，RL为电磁铁线圈，R'为泄放电阻，R_1为限流电阻。当电磁铁未吸合时，时间继电器的触点KT是闭合的，R_1被短接，使电源电压全部加在电磁铁线圈上以增大吸力。当电磁铁吸合后，触点KT断开，将电阻R_1接入电路以减小线圈中的电流。试求触点KT断开后线圈中的电流i_L的变化规律。设$U=100\ \text{V}$，$L=10\ \text{H}$，$R=5\ \Omega$，$R_1=5\ \Omega$，$R'=50\ \Omega$。

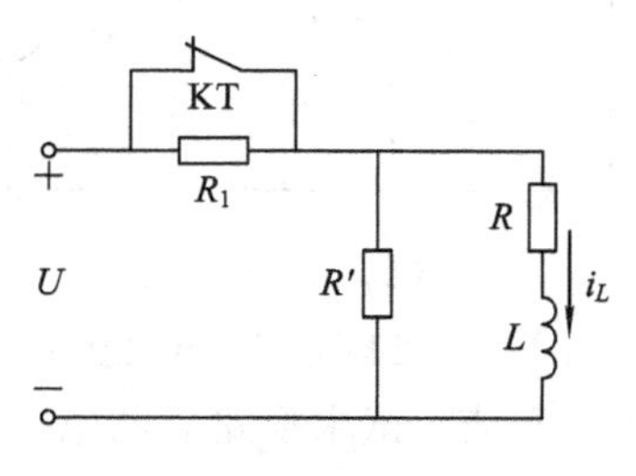

题2.20图

2.21　题2.21图所示电路中，电磁继电器线圈($R=0.5\ \Omega$，$L=0.1\ \text{H}$)中的电流$i=20\ \text{A}$时，继电器立即动作而将电源切断。设负载电阻和线路电阻分别为$R_L=9\ \Omega$，$R_1=0.5\ \Omega$，直流电源电压$U=100\ \text{V}$。试问当负载被短路后，需要经过多少时间继电器才能将电源切断？

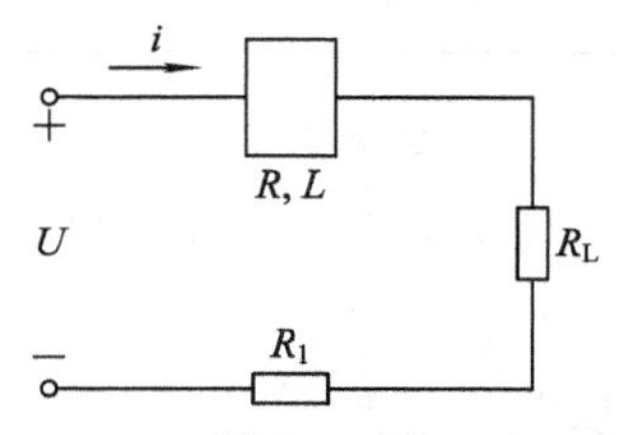

题2.21图

2.22　在如题2.22图所示的电路中，已知$U_s=10\ \text{V}$，$I_s=11\ \text{A}$，$R=2\ \Omega$，$L=1\ \text{H}$，开关S在$t=0$时合上，闭合前电路处于稳态，求电感电流$i_L(t)$。

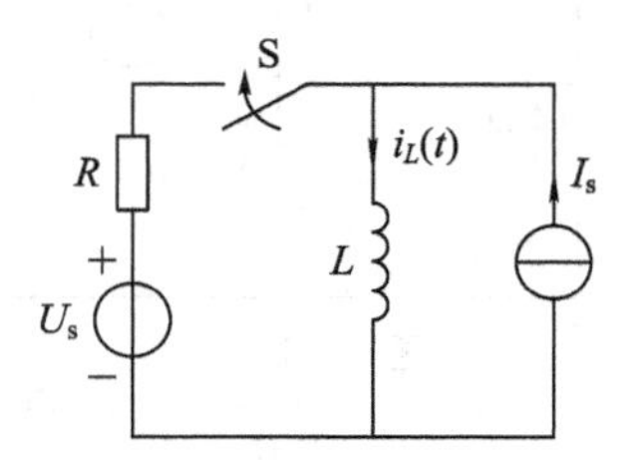

题2.22图

2.23　在如题2.23图所示的电路中，$t=0$时开关闭合，求$t>0$时的$i_L(t)$、$u_L(t)$。

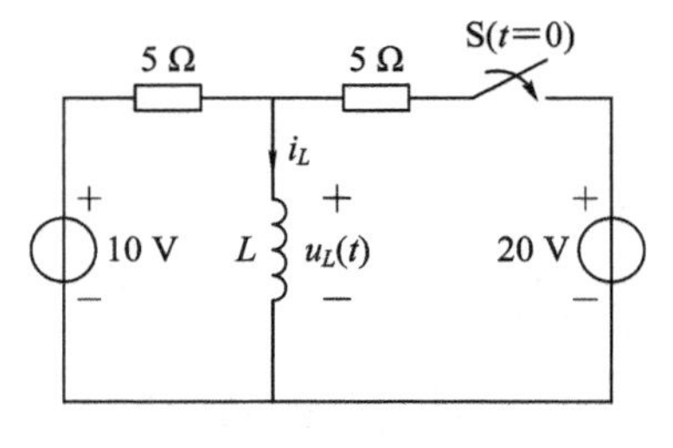

题2.23图

2.24　在如题 2.24 图所示的电路中，开关闭合前已处于稳定状态，$t=0$ 时闭合开关，求 $t>0$ 时的电感电流 $i_L(t)$。

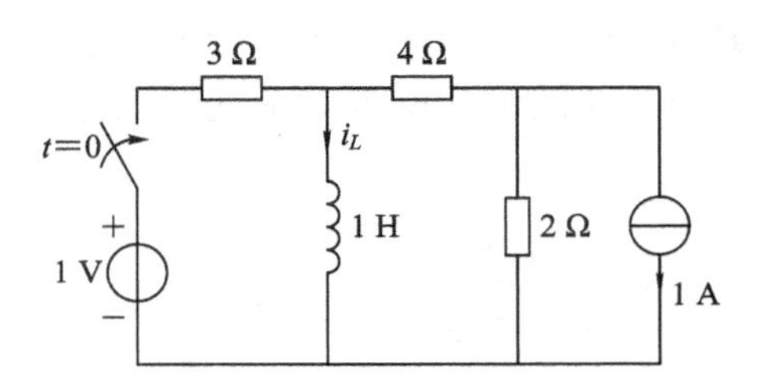

题 2.24 图

2.25　电路如题 2.25 图所示，$U_{s1}=24$ V，$U_{s2}=20$ V，$R_1=60$ Ω，$R_2=120$ Ω，$R_3=40$ Ω，$L=4$ H。换路前电路已处于稳态，试求换路后的电流 i_L。

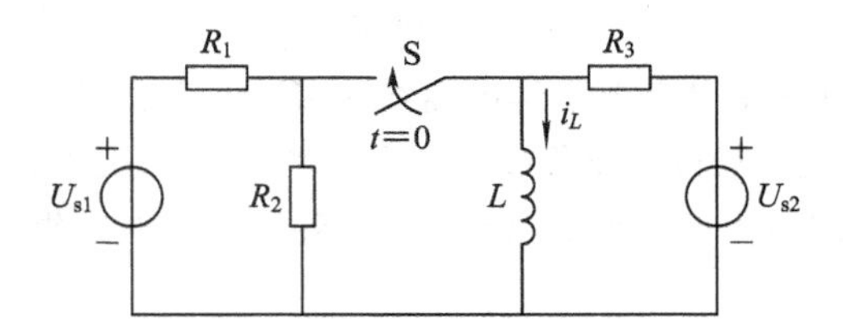

题 2.25 图

2.26　电路如题 2.26 图所示，开关合在位置 1 时已达稳定状态，$t=0$ 时开关由位置 1 合向位置 2，求 $t>0$ 时的响应 $i(t)$。

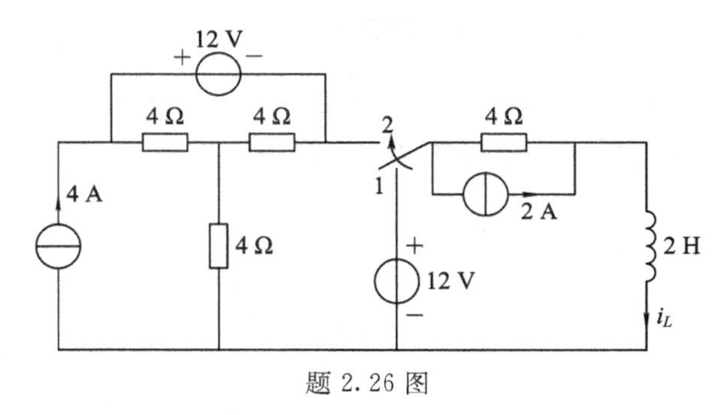

题 2.26 图

第 4 章　正弦交流电路

【导读】

在线性电路中，当所有电压、电流为同一频率的正弦函数时，称此类电路为正弦交流电路。发电厂提供的电压和电流，几乎都是随时间按正弦规律变化的，因此正弦交流电路的分析计算十分重要。本章主要讨论正弦交流电的基本概念和基本表示方法，并从分析 R、L、C 各单一参数元件在交流电路中的作用入手，进而分析一般的 RLC 混联电路中电压和电流的关系(包括数值和相位)及功率转换问题。最后对于电路中串联和并联的谐振现象也作概括的论述。

【基本要求】

• 理解正弦量的特征及其各种表示方法；单一参数的正弦交流电路特点以及正弦电路中阻抗、阻抗角的意义。

• 掌握电路基本定律的相量形式；熟练掌握正弦交流电路的相量分析法；会画相量图。

• 掌握有功功率和功率因数的计算，了解瞬时功率、无功功率和视在功率的概念。

• 了解正弦交流电路的频率特性，掌握串联谐振的条件及特征，了解并联谐振的条件及特征。

• 了解提高功率因数的意义和方法。

4.1　正弦交流电的基本概念

电路中大小和方向随时间按正弦函数规律变化的电流或电压称为正弦交流电。对正弦交流电的描述，可以采用 sin 函数，也可以采用 cos 函数。本书统一采用 sin 函数。

图 4.1.1 表示某电路中有正弦交流电流 i，在图示参考方向下，其数学表达式定义如下：

$$i=I_{\rm m}\sin(\omega t+\psi) \tag{4.1.1}$$

式中，ω、$I_{\rm m}$ 和 ψ 分别是角频率、幅值和初相位。它们决定了正弦量变化的快慢、大小和初始值，因此将这三者称为正弦量的三要素。正弦量的波形如图 4.1.2 所示，该波形也可通过示波器观察到。

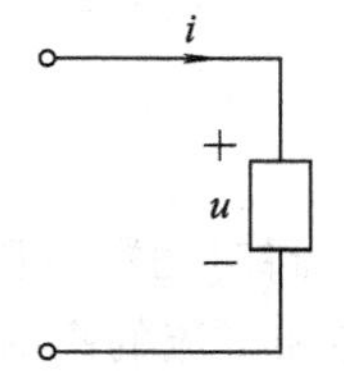

图 4.1.1　一段正弦交流电路

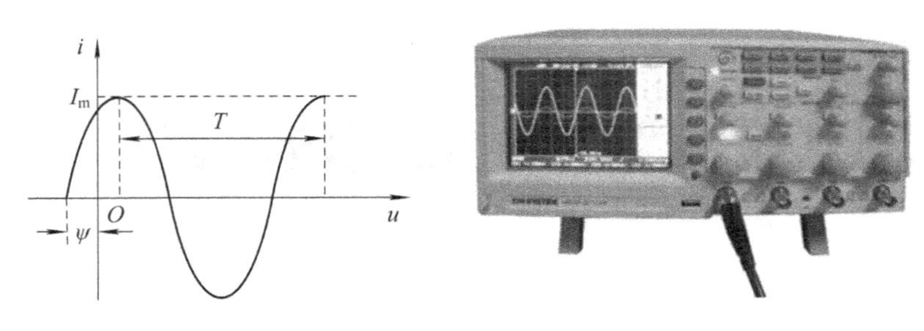

图 4.1.2 正弦电流波形图

4.1.1 周期、频率与角频率

正弦交流电变化一次所需的时间称为正弦交流电的周期，用 T 表示，单位是秒(s)。每秒内变化的次数称为正弦交流电的频率，周期与频率的关系是互为倒数，即 $f=\frac{1}{T}$。频率的单位是1/秒(1/s)，称为赫兹(Hz)，较高的频率用千赫兹(kHz)、兆赫兹(MHz)作单位。

小贴士

大多数国家和我国一样采用 50 Hz 作为电力标准频率。有些国家(如美国、日本等)则采用 60 Hz 的频率。

在不同的技术领域中还使用各种不同的频率，例如中频电炉的频率是 0.5～8 kHz；高频电炉的频率是 200～300 kHz；广播电视的载波频率是 30～300 MHz；移动通信的频率是 900～1800 MHz。

正弦交流电每秒钟所经历的电角度称为角频率，用 ω 表示，因为一周期内经历了 2π 弧度，所以角频率为

$$\omega=\frac{2\pi}{T}=2\pi f \tag{4.1.2}$$

角频率的单位是弧度/秒(rad/s)。式(4.1.2)表示周期、频率、角频率三者的相互关系。在这三个量中，只要知道一个就不难计算出另外两个量来。习惯上用频率表示正弦交流电变化的快慢，频率越高，正弦交流电变化的速度越快。

【例 4.1.1】 我国电力系统的标准频率为 50 Hz，试求其周期和角频率。

解： 周期为

$$T=\frac{1}{f}=\frac{1}{50}=0.02\ \text{s}=20\ \text{ms}$$

角频率为

$$\omega=2\pi f=2\times 3.14\times 50=314\ \text{rad/s}$$

4.1.2 瞬时值、幅值与有效值

图 4.1.2 中正弦交流电动势在任一瞬时的数值称为瞬时值，瞬时值用英文小写字母表示，如 u、e 和 i 分别表示电压、电动势和电流的瞬时值。最大的瞬时值称为该正弦量的幅值(或最大值)，用英文大写字母带下标来表示，如 U_m、E_m 和 I_m 分别表示电压、电动势和电流的最大值(幅值)。

正弦交流电瞬时值的大小每时每刻都在变化，用它表示大小是没有意义的，但往往也不是用它们的幅值，而是用有效值来计量。

有效值是从电流热效应的角度来规定的，因为在电工技术中，电流常表现出其热效应。不论是周期性变化的交流电还是直流电，只要它们在相等的时间内通过同一电阻而两者的热效应相等，就把它们的安培值看做是相等的。也就是说，某一个正弦交流电流 i 通过电阻 R（如电阻加热器）产生的热量，与另一个直流 I 通过同样大小的电阻在相等的时间内产生的热量相等，那么这个周期性变化的电流 i 的有效值在数值上就等于这个直流 I。按此定义，有

$$I^2RT=\int_0^T i^2R\mathrm{d}t$$

于是

$$I=\sqrt{\frac{1}{T}\int_0^T i^2\mathrm{d}t} \tag{4.1.3}$$

设正弦电流 $i=I_\mathrm{m}\sin(\omega t+\psi)$，代入式(4.1.3)后可得

$$I=\sqrt{\frac{1}{T}\int_0^T I_\mathrm{m}^2\sin^2(\omega t+\psi)\mathrm{d}t}=\frac{I_\mathrm{m}}{\sqrt{2}} \tag{4.1.4}$$

同理，对于正弦电压，其有效值为

$$U=\frac{U_\mathrm{m}}{\sqrt{2}} \tag{4.1.5}$$

按照规定，有效值都用大写字母表示。

小贴士

一般所讲的正弦电压或电流的大小，如柜式空调的额定电压是 380 V，照明用电压是 220 V，这里的 380 V 和 220 V 都是指它的有效值。交流电流表、电压表的读数也是指有效值。

4.1.3　相位、初相位与相位差

在式(4.1.1)中，$\omega t+\psi$ 是随着时间变化的电角度，称为正弦交流电的相位，反映了正弦量变化的进程。相位的单位是弧度，也可用度。在开始计时的瞬间，即 $t=0$ 时的相位称为初相位。初相位 ψ 用来确定正弦量的初始值。画波形图时，如果初相位为正角，$t=0$ 时的正弦量值应为正半周，从 $t=0$ 点向左，到向负值增加的零值点之间的角度为初相位的大小，如图 4.1.2 所示；如果初相位为负角，$t=0$ 时的正弦量值应在负半周，从 $t=0$ 向右，到向正值增加的零值点之间的角度为初相位的大小。

两个同频率的正弦量的相位之差称为相位差，用 φ 表示。例如，已知某条支路两端的电压表达式为 $u=U_\mathrm{m}\sin(\omega t+\psi_u)$，支路电流表达式为 $i=I_\mathrm{m}\sin(\omega t+\psi_i)$，则该支路电压与电流之间的相位差 φ 为

$$\varphi=(\omega t+\psi_u)-(\omega t+\psi_i)=\psi_u-\psi_i \tag{4.1.6}$$

上式表明两个同频率正弦量的相位角之差并不随着时间而变化，而是等于其初相位之差。当两个同频率正弦量的计时起点发生改变时，它们的相位和初相位即跟着改变，但是两者之间的相位差仍保持不变。相位差是反映两个同频率正弦量相互关系的物理量。它表

示两个同频率正弦量随时间变动进程是不一致的，即不是同时到达正的幅值或零值，而是有了先后的次序。当 $\varphi=\psi_u-\psi_i>0$ 时，称 u 超前于 i，或者 i 滞后于 u，如图 4.1.3(a)所示。当 $\varphi=\psi_u-\psi_i<0$ 时，称 u 滞后于 i，或者 i 超前于 u，如图 4.1.3(b)所示。当 $\varphi=\psi_u-\psi_i=0$ 时，称 u 和 i 同相，如图 4.1.3(c)所示。当 $\varphi=180°$时，则称 u 和 i 反相，如图 4.1.3(d)所示。当 $\varphi=90°$时，称 u 和 i 正交，如图 4.1.3(e)所示。

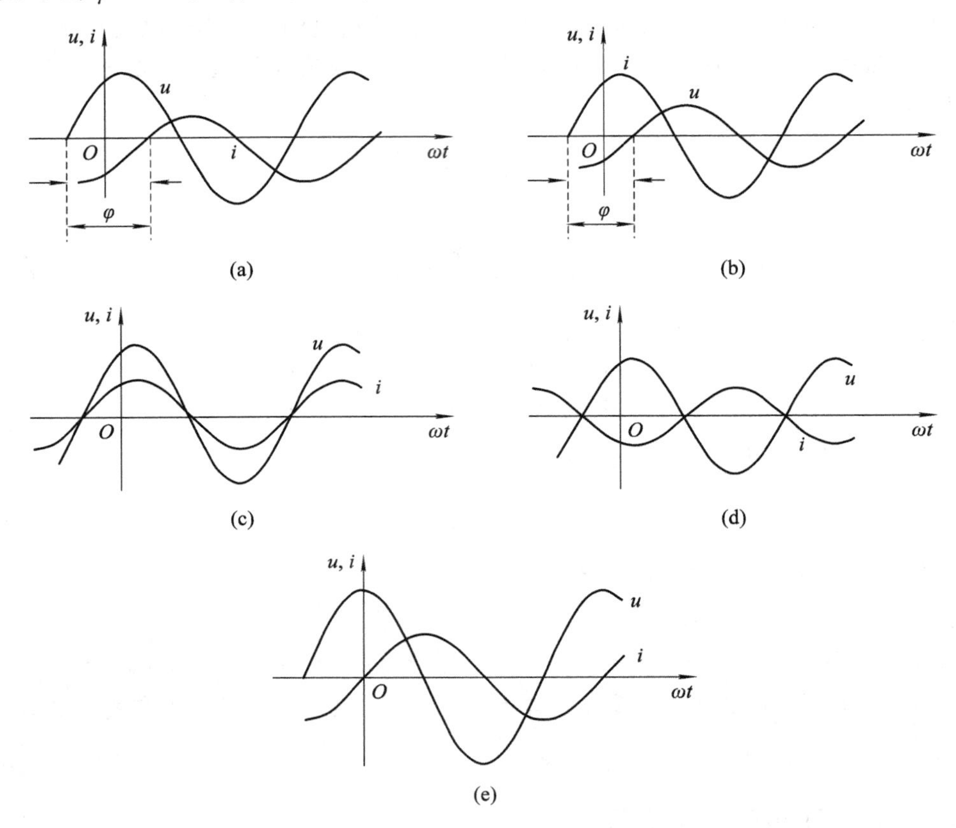

图 4.1.3　同频正弦量的相位差

相位差和初值的取值范围一样，应小于等于 π(180°)。对于超出范围的，可以用加减 $2N\pi$ 来解决。

【例 4.1.2】　已知 $i_1=-15\sin(314t-135°)$ A，$i_2=10\cos(314t-120°)$ A：

(1) i_1与 i_2的相位差等于多少？

(2) 画出 i_1和 i_2的波形图。

(3) 在相位上比较 i_1和 i_2，谁超前，谁滞后？

解：首先统一函数表达形式，均采用 sin 形式表示，函数表达式前的正、负号要一致，当 $\psi>0$ 时，函数表达式前的负号相当于 $-\pi$，当 $\psi<0$ 时，函数表达式前的负号相当于 π。

$$i_1=-15\sin(314t-135°)=15\sin(314t+45°)$$

$$i_2=10\cos(314t-120°)=10\sin(314t-30°)$$

(1) 相位差：

$$\varphi=\psi_1-\psi_2=45°-(-30°)=75°$$

(2) i_1和 i_2的波形图如图 4.1.4 所示。

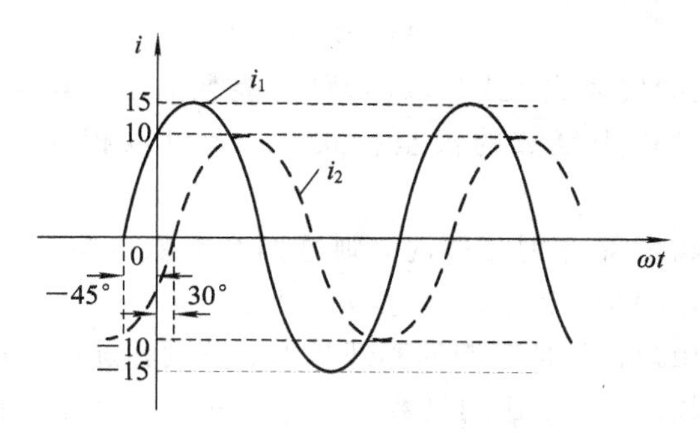

图 4.1.4　例 4.1.2 题波形图

(3) 在相位上比较，i_1超前 i_2 75°，或者 i_2滞后 i_1 75°。

4.2　正弦交流电的相量表示法

在线性电路中，如果电路内所有电源均为频率相同的正弦量，那么电路各部分的电流、电压均是与电源频率相同的正弦量。对这样的正弦电路在进行分析计算时，如果直接使用正弦量的瞬时值表达式计算量是相当复杂繁琐的。为简化电路的分析，电工中常采用“相量法”计算。相量法的实质就是用复数来表述正弦量。为此，我们先讲述复数的相关知识，再介绍如何用复数表示正弦量，即正弦量的相量表示。

4.2.1　复数及其运算

设复数 A 可用复平面上的一个有向线段来表示，如图 4.2.1 所示。图中 a 和 b 分别是复数的实部和虚部，$\mathrm{j}=\sqrt{-1}$是虚数单位；该有向线段的长度 r 称为复数 A 的模，模总是取正值。该有向线段与实轴正方向的夹角 ψ 称为复数 A 的辐角。由图可见：

$$\begin{cases} a=r\cos\psi \\ b=r\sin\psi \end{cases} \tag{4.2.1}$$

$$\begin{cases} r=\sqrt{a^2+b^2} \\ \psi=\arctan\left(\dfrac{b}{a}\right) \end{cases} \tag{4.2.2}$$

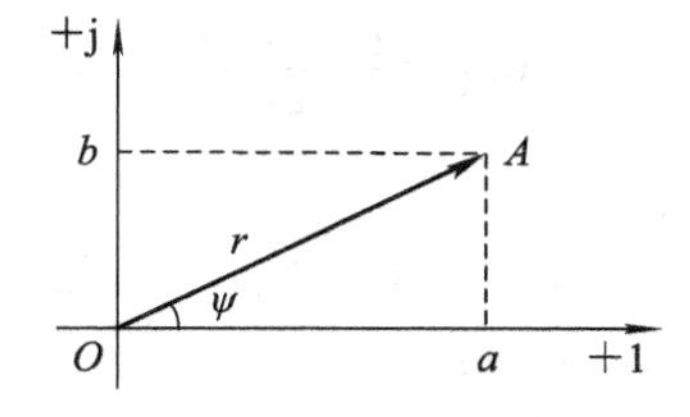

图 4.2.1　复数的表示

该复数可用下列四种式子表示：

$$A=a+\mathrm{j}b \tag{4.2.3}$$

$$A=r\cos\psi+\mathrm{j}r\sin\psi=r(\cos\psi+\mathrm{j}\sin\psi) \tag{4.2.4}$$

$$A=re^{j\psi} \tag{4.2.5}$$

$$A=r\angle\psi \tag{4.2.6}$$

式(4.2.3)称为复数的代数式；式(4.2.4)称为复数的三角函数式；式(4.2.5)称为复数的指数式；式(4.2.6)称为复数的极坐标式。四者可以相互转换，其转换公式为式(4.2.1)和式(4.2.2)。

当两个复数的实部和虚部分别相等时，则这两个复数相等。例如复数 $A_1=a_1+jb_1$，$A_2=a_2+jb_2$，若 $A_1=A_2$，则一定有 $a_1=a_2$，$b_1=b_2$。

对几个复数相加或相减就是把它们的实部和虚部分别相加或相减，因此复数的加减运算可用代数式和三角函数式进行。例如复数 $A_1=a_1+jb_1$，$A_2=q_2+jb_2$，则

$$A_1\pm A_2=(a_1+jb_1)\pm(a_2+jb_2)=(a_1\pm a_2)+j(b_1\pm b_2)$$

复数的加减运算也可用几何作图法——平行四边形法或三角法。图 4.2.2(a)、(b)分别表示 A_1+A_2 和 A_1-A_2 的平行四边形法，图 4.2.2(c)、(d)分别表示 A_1+A_2 和 A_1-A_2的三角法。

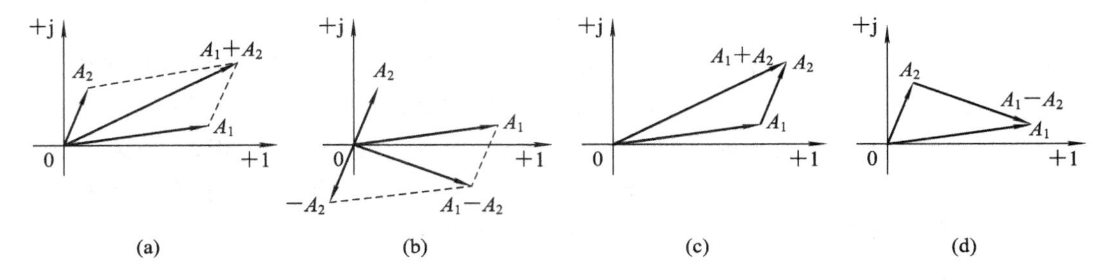

图 4.2.2 复数加减法示意图

复数的乘除运算用极坐标形式较为简便。假设复数 $A_1=r_1\angle\psi_1$，$A_2=r_2\angle\psi_2$，则

$$A_1\times A_2=r_1\angle\psi_1\times r_2\angle\psi_2=r_1r_2\angle(\psi_1+\psi_2)$$

$$\frac{A_1}{A_2}=\frac{r_1\angle\psi_1}{r_2\angle\psi_2}=\frac{r_1}{r_2}\angle(\psi_1-\psi_2)$$

即复数相乘时，其模相乘，幅角相加；复数相除时，其模相除，幅角相减。

式(4.2.5)中，$e^{j\psi}=1\angle\psi$，任何一个复数 A 乘以 $e^{j\psi}$ 相当于把复数逆时针旋转 ψ 角度，而 $Ae^{j\psi}$与 A 的模相等，如图 4.2.3(a)所示，故称 $e^{j\psi}$为旋转因子。根据欧拉公式：

$$\cos\psi=\frac{e^{j\psi}+e^{-j\psi}}{2}$$

$$\sin\psi=\frac{e^{j\psi}-e^{-j\psi}}{2j}$$

可以推导出

$$e^{\pm j\frac{\pi}{2}}=\pm j$$

$$e^{\pm j\pi}=-1$$

因此±j 和−1 都可视为旋转因子。例如一个复数 A 乘以 j，就等于这个复数在复平面中按逆时针旋转了 90°，如图 4.2.3(b)所示。一个复数 A 除以 j，就等于该复数乘以−j，即该复数在复平面中按顺时针旋转了 90°，如图 4.2.3(c)所示。

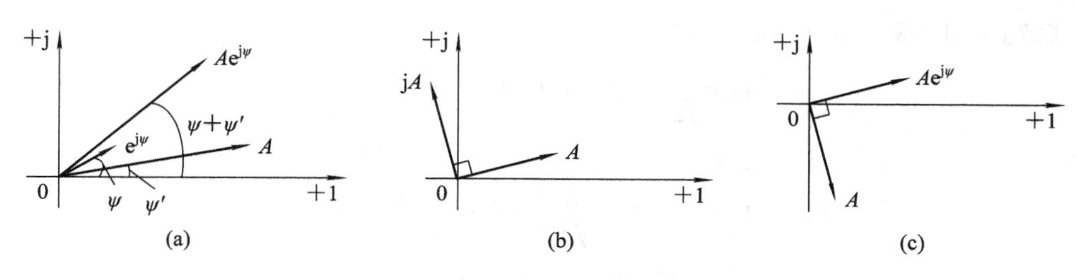

图 4.2.3　旋转因子的几何意义

4.2.2　相量

一个复数由模和幅角两个特征来确定，而正弦量由幅值、初相位和频率三个特征(要素)来确定。但在线性电路的分析当中，正弦激励和响应均为同频率的正弦量，频率可以不必考虑。因此一个正弦量由幅值(或有效值)和初相位就可以确定。比照复数和正弦量，正弦量可以用复数来进行表示。复数的模即为正弦量的值(或有效值)，复数的幅角即为正弦量的初相位。

我们把表示正弦量的复数称为相量，并在大写字母上打“·”，以区别于一般复数。如电流 $i=I_m\sin(\omega t+\psi)=\sqrt{2}I\sin(\omega t+\psi)$，则其幅值的相量形式为

$$\dot{I}_m=I_m\angle\psi$$

有效值的相量形式为

$$\dot{I}=I\angle\psi$$

一般相量多用有效值形式来表示。注意相量只是表示正弦量，而不等于正弦量。相量其实质是为了简化正弦交流电路的运算而引入的一种数学变换方法，只有在各个正弦量为同一频率时，各正弦量变换成相量才有意义。

4.2.3　相量图

按照各个正弦量的大小和相位关系在复平面上画出的图形，称为相量图。在相量图中能形象地看出各个正弦量的大小和相互间的相位关系。图 4.2.4 画出了 $\dot{I}_1=I_1\angle\psi_1$，$\dot{I}_2=I_2\angle\psi_2$，再把相量 $\dot{I}_1$ 和 $\dot{I}_2$ 相加，得到合成相量 $\dot{I}=I\angle\psi$。

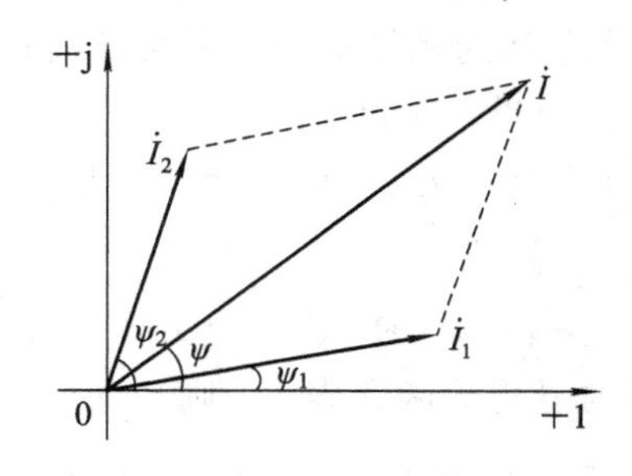

图 4.2.4　相量图

【例 4.2.1】　已知两正弦电流 $i_1=8\sin(\omega t+60°)$A 和 $i_2=6\sin(\omega t-30°)$A，试用复数计算电流 $i=i_1+i_2$，并画出相量图。

【解】 用相量形式表示：

$$\dot{I}_1=\frac{8}{\sqrt{2}}\angle 60°\text{A}，\dot{I}_2=\frac{6}{\sqrt{2}}\angle -30°\ \text{A}$$

求和：

$$\begin{aligned}\dot{I}&=\dot{I}_1+\dot{I}_2=\frac{8}{\sqrt{2}}\angle 60°+\frac{6}{\sqrt{2}}\angle -30°\\&=4\sqrt{2}(\cos 60°+\text{j}\sin 60°)+3\sqrt{2}(\cos 30°-\text{j}\sin 30°)\\&=2\sqrt{2}+\text{j}2\sqrt{6}+\frac{3\sqrt{6}}{2}-\text{j}\ \frac{3\sqrt{2}}{2}\\&\approx 6.5+\text{j}2.78\\&=7.07\angle 23.1°\ \text{A}\end{aligned}$$

$$i=7.07\sqrt{2}\sin(\omega t+23.1°)=10\sin(\omega t+23.1°)\text{A}$$

相量图如图 4.2.5 所示。

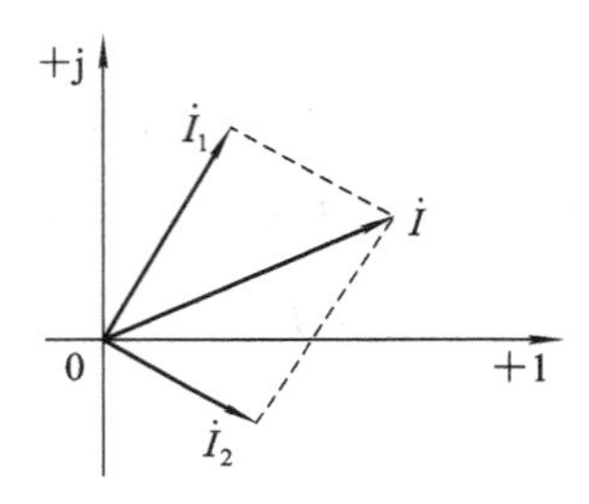

图 4.2.5　例 4.2.1 相量图

4.3　电路基本定律的相量形式

4.3.1　相量运算规则

正弦量乘以常数，正弦量的微分、积分及同频率正弦量的代数和，其计算结果仍是一个同频率的正弦量。用相量表示正弦量实质上是一种数学变换，变换的目的是化简运算。下面讨论这些运算规则。

规则 1　同频率正弦量的代数和的相量等于与之对应的各正弦量的相量的代数和。

证明　设有 n 个同频率的正弦量，其和

$$i=i_1+i_2+\cdots+i_k+\cdots+i_n$$

由于

$$i_k=\sqrt{2}I_k\sin(\omega t+\theta_k)=\text{Re}[\sqrt{2}I_k\text{e}^{\text{j}\theta_k}\text{e}^{\text{j}\omega t}]=\text{Re}[\sqrt{2}\dot{I}_k\text{e}^{\text{j}\omega t}]$$

若每一个正弦量均用与之对应的复指数函数表示，则

$$\begin{aligned}i&=\text{Re}[\sqrt{2}\dot{I}_1\text{e}^{\text{j}\omega t}]+\text{Re}[\sqrt{2}\dot{I}_2\text{e}^{\text{j}\omega t}]+\cdots+\text{Re}[\sqrt{2}\dot{I}_k\text{e}^{\text{j}\omega t}]+\cdots+\text{Re}[\sqrt{2}\dot{I}_n\text{e}^{\text{j}\omega t}]\\&=\text{Re}[\sqrt{2}(\dot{I}_1+\dot{I}_2+\cdots+\dot{I}_k+\cdots+\dot{I}_n)\text{e}^{\text{j}\omega t}]\\&=\text{Re}[\sqrt{2}\dot{I}\text{e}^{\text{j}\omega t}]\end{aligned}$$

上式在任何时刻都成立，所以

$$\dot{I}=\dot{I}_1+\dot{I}_2+\cdots+\dot{I}_k+\cdots+\dot{I}_n=\sum_{k=1}^{n}\dot{I}_k$$

因此同频率正弦量的代数和的相量等于与之对应的各正弦量的相量的代数和。

规则 2　正弦量对时间的导数是一个同频率的正弦量，其相量等于原正弦量的相量乘以 $\mathrm{j}\omega$。

证明　设正弦电流 $i=\sqrt{2}I\sin(\omega t+\theta_i)$，对之求导，有

$$\begin{aligned}\frac{\mathrm{d}i}{\mathrm{d}t}&=\sqrt{2}I\omega\sin\left(\omega t+\theta_i+\frac{\pi}{2}\right)\\&=\frac{\mathrm{d}}{\mathrm{d}t}\mathrm{Re}[\sqrt{2}\dot{I}\mathrm{e}^{\mathrm{j}\omega t}]\\&=\mathrm{Re}\left[\frac{\mathrm{d}}{\mathrm{d}t}(\sqrt{2}\dot{I}\mathrm{e}^{\mathrm{j}\omega t})\right]\\&=\mathrm{Re}[\sqrt{2}\mathrm{j}\omega\dot{I}\mathrm{e}^{\mathrm{j}\omega t}]\\&=\mathrm{Re}[\sqrt{2}I\omega\mathrm{e}^{\mathrm{j}\left(\theta_i+\frac{\pi}{2}\right)}\mathrm{e}^{\mathrm{j}\omega t}]\end{aligned}$$

所以$\frac{\mathrm{d}i}{\mathrm{d}t}$的相量为 $\mathrm{j}\omega\dot{I}=\omega I\angle\left(\theta_i+\frac{\pi}{2}\right)$。同理可得 i 的高阶导数$\frac{\mathrm{d}^n i}{\mathrm{d}t^n}$的相量为$(\mathrm{j}\omega)^n\dot{I}$。

规则 3　正弦量对时间的积分是一个同频率的正弦量，其相量等于原正弦量的相量除以 $\mathrm{j}\omega$。

证明　设

$$i=\sqrt{2}I\sin(\omega t+\theta_i)$$

则

$$\int i\mathrm{d}t=\sqrt{2}\,\frac{I}{\omega}\cos\left(\omega t+\theta_i-\frac{\pi}{2}\right)=\int\mathrm{Re}[\sqrt{2}\dot{I}\mathrm{e}^{\mathrm{j}\omega t}]\mathrm{d}t=\mathrm{Re}\left[\sqrt{2}\left(\frac{\dot{I}}{\mathrm{j}\omega}\right)\mathrm{e}^{\mathrm{j}\omega t}\right]$$

所以$\int i\mathrm{d}t$ 的相量为$\frac{\dot{I}}{\mathrm{j}\omega}$。同理 i 的 n 重积分的相量为$\frac{\dot{I}}{(\mathrm{j}\omega)^n}$。

小贴士

采用相量表示正弦量时，正弦量对时间求导或积分的运算变为代表它们的相量乘以或除以 $\mathrm{j}\omega$ 的运算。这对正弦电流电路的运算带来极大方便，可将同频率正弦量的微、积分方程变为代数方程。

【例 4.3.1】　设 $i_1=10\sqrt{2}\sin(\omega t+30°)$ A，$i_2=5\sqrt{2}\sin(\omega t-45°)$ A，求 i_1+i_2、$\frac{\mathrm{d}i_1}{\mathrm{d}t}$及$\int i_2\mathrm{d}t$。

解：(1) 设

$$i=i_1+i_2=\sqrt{2}I\sin(\omega t+\theta_i)\ \mathrm{A}$$

其相量为

$$\dot{I}=I\angle\theta_i$$

则

$$\dot{I}=\dot{I}_1+\dot{I}_2$$

$$\begin{aligned}\dot{I}&=10\angle 30°+5\angle -45°\\&=10\left(0.866+\mathrm{j}\frac{1}{2}\right)+5(1-\mathrm{j})\\&=8.66+\mathrm{j}5+5-\mathrm{j}5\\&=13.66\angle 0°\ \mathrm{A}\end{aligned}$$

所以

$$i=13.66\sqrt{2}\sin\omega t\ \mathrm{A}$$

(2)

$$\begin{aligned}\frac{\mathrm{d}i_1}{\mathrm{d}t}&=\frac{\mathrm{d}}{\mathrm{d}t}[\mathrm{Re}10\sqrt{2}\mathrm{e}^{\mathrm{j}30°}\mathrm{e}^{\mathrm{j}\omega t}]\\&=\mathrm{Re}[10\sqrt{2}\mathrm{e}^{\mathrm{j}30°}\mathrm{j}\omega\mathrm{e}^{\mathrm{j}\omega t}]\\&=\mathrm{Re}[10\sqrt{2}\mathrm{e}^{\mathrm{j}(30°+90°)}\omega\mathrm{e}^{\mathrm{j}\omega t}]\\&=10\omega\sqrt{2}\sin(\omega t+120°)\ \mathrm{A}\end{aligned}$$

若直接用相量求解，有

$$\dot{I}_1=10\angle 30°$$

则$\frac{\mathrm{d}i_1}{\mathrm{d}t}$的相量为

$$\mathrm{j}\omega\dot{I}_1=10\omega\angle 120°$$

所以

$$\frac{\mathrm{d}i_1}{\mathrm{d}t}=10\omega\sqrt{2}\sin(\omega t+120°)\ \mathrm{A}$$

(3) 根据积分规则可得$\int i_2\mathrm{d}t$ 的相量为

$$\frac{1}{\mathrm{j}\omega}\dot{I}_2=\frac{I_2}{\omega}\angle(-45°-90°)$$

所以

$$\int i_2\mathrm{d}t=\frac{5}{\omega}\sqrt{2}\sin(\omega t-135°)$$

4.3.2 电路基本元件伏安关系的相量形式

1. 线性非时变电阻元件伏安关系的相量形式

对于图 4.3.1(a)所示的线性非时变电阻元件电路，当电阻元件上流过正弦电流 $i_R=I_\mathrm{m}\sin(\omega t+\psi_i)$时，其元件两端的电压为 u_R，稳态下的伏安关系为

$$u_R=Ri_R=RI_\mathrm{m}\sin(\omega t+\psi_i)$$

由此可知 u_R和 i_R 频率相同、初相相等，$\psi_u=\psi_i$，波形如图 4.3.1(b)所示。其相量形式为

$$\dot{U}_R=R\dot{I}_R \tag{4.3.1}$$

或写成

$$U_R\angle\psi_u=RI_R\angle\psi_i \tag{4.3.2}$$

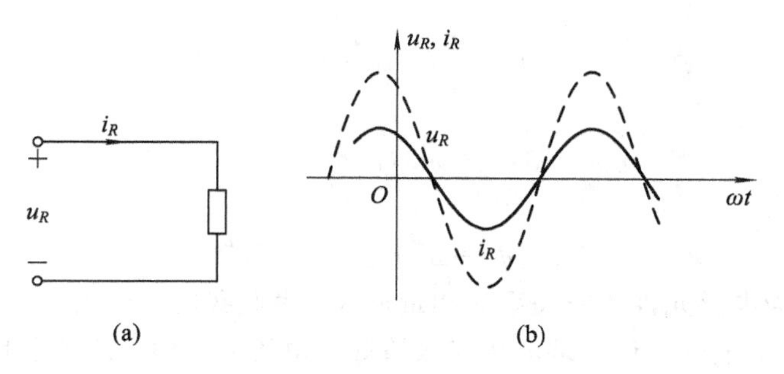

图 4.3.1　线性非时变电阻的正弦稳态特性

式(4.3.1)是电阻元件伏安关系的相量形式，由此我们可得出：

(1) $U_R=RI_R$，即电阻电压有效值等于电流有效值乘以电阻值，符合欧姆定律。

(2) $\psi_u=\psi_i$，即电阻上电压与电流同相位。

图 4.3.2(a)为电阻的相量模型，图 4.3.2(b)为电阻元件的电压、电流相量图。从图中可知，它们在同一个方向的直线上(相位差为 0)。

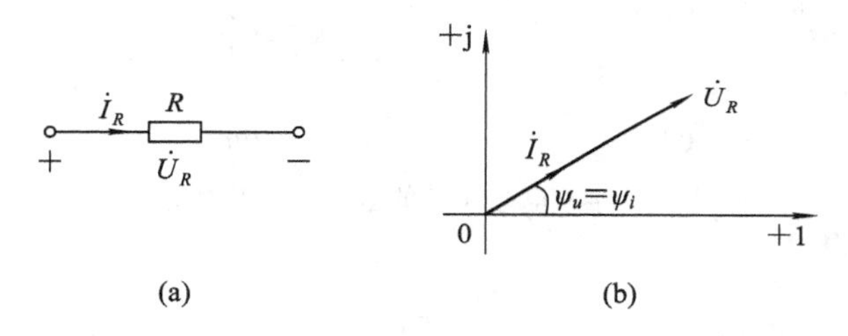

图 4.3.2　电阻元件的电压、电流相量

2. 线性非时变电感元件伏安关系的相量形式

如图 4.3.3(a)所示的电感元件电路，设 $i_L=I_m\sin(\omega t+\psi_i)$，在正弦稳态下伏安关系为

$$u_L=L\frac{\mathrm{d}i_L}{\mathrm{d}t}=LI_m\omega\cos(\omega t+\psi_i)=LI_m\omega\sin(\omega t+\psi_i+90°)$$

由此可知 u_L 和 i_L 频率相同，$\psi_u=\psi_i+90°$，电感电流 i_L 的相位滞后电感电压的相位为 $\frac{\pi}{2}$，波形如图 4.3.3(b)所示。

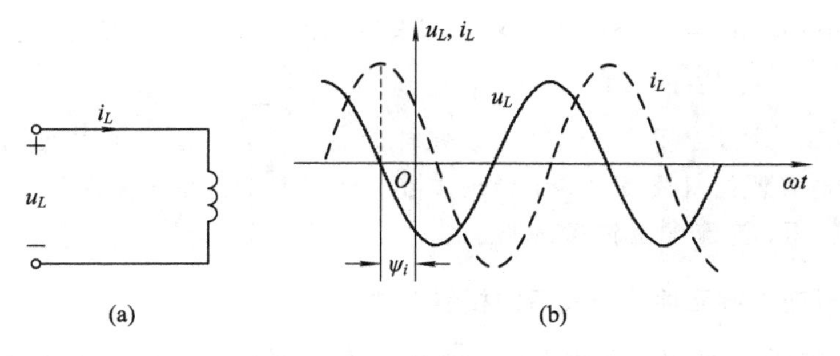

图 4.3.3　线性非时变电感的正弦稳态特性

其相量形式为

$$\begin{cases}\dot{I}_L=\dfrac{\dot{I}_{\rm m}}{\sqrt{2}}\angle\psi_i=I_L\angle\psi_i\\ \dot{U}_L=\mathrm{j}\omega L\,\dot{I}_L\end{cases}\tag{4.3.3}$$

或写成

$$U_L\angle\psi_u=\omega LI_L\angle(\psi_i+90°)\tag{4.3.4}$$

式(4.3.3)称为电感元件伏安关系的相量形式，由此我们可得出：

(1) $U_L=\omega LI_L$，电感元件的端电压有效值等于电流有效值、角频率和电感三者之积。

(2) $\psi_u=\psi_i+90°$，电感上电压相位超前电流相位90°。

图4.3.4(a)所示的电路给出了电感元件的端电压、电流相量形式的示意图，图4.3.4(b)所示的电路给出了电感元件的端电压与电流的相量图。

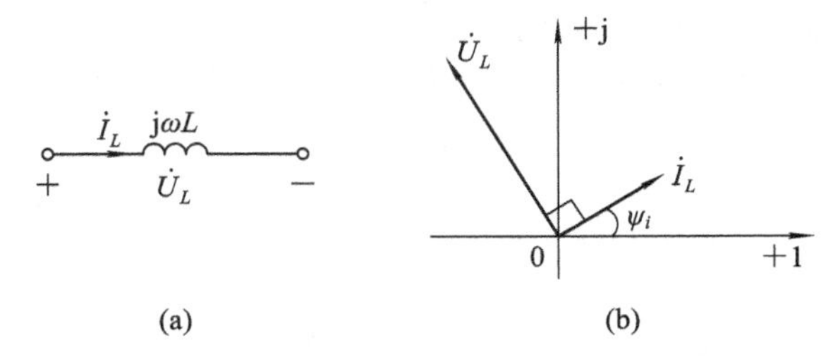

图 4.3.4 电感元件的电压、电流相量

由式(4.3.3)可得

$$\frac{U_L}{I_L}=\omega L$$

$$\frac{I_L}{U_L}=\frac{1}{\omega L}$$

设 $X_L=\omega L$，称为电感元件的感抗，国际单位制(SI)中，其单位为欧姆(Ω)；$B_L=1/X_L$，称为感纳。

感抗的大小与频率成正比，表示电感元件对电流阻碍作用的一个物理量。在电压一定的条件下，感抗越大，电路中的电流越小。有两种特殊情况如下：

(1) 当 $f\to\infty$ 时，$X_L=\omega L\to\infty$，$I_L\to 0$。即电感元件对高频率的电流有极强的抑制作用，在极限情况下，它相当于开路。

(2) 当 $f\to 0$ 时，$X_L=\omega L\to 0$，$U_L\to 0$。即电感元件对于直流电流相当于短路。

小贴士

电感元件具有通直流阻交流的作用。在电子线路中，电感线圈对交流有限流作用，它与电阻器或电容器能组成高通或低通滤波器、移相电路及谐振电路等；变压器可以进行交流耦合、变压、变流和阻抗变换等。

3. 线性非时变电容元件伏安关系的相量形式

如图4.3.5(a)所示的电容元件电路，设 $u_C=\sqrt{2}U_C\sin(\omega t+\psi_u)$，在正弦稳态下伏安关系为 $i_C=C\dfrac{\mathrm{d}u_C}{\mathrm{d}t}$，可得

$$i_C=-\sqrt{2}U_C\omega C\sin(\omega t+\psi_u)$$

$$i_C=\sqrt{2}I_C\sin(\omega t+\psi_i)=\sqrt{2}U_C\omega C\sin(\omega t+\psi_u+90^\circ)$$

由此可知 u_L 和 i_L 频率相同，而且 $\psi_i=\psi_u+90^\circ$，电容电压滞后其电流的相位为$\frac{\pi}{2}$。电容电压、电流的波形如图 4.3.5(b)所示。其相量形式为

$$\dot{U}_C=\frac{\dot{U}_m}{\sqrt{2}}\angle\psi_u$$

$$\dot{I}_C=j\omega C\dot{U}_C \tag{4.3.5}$$

或写成

$$I_C\angle\psi_i=\omega CU_C\angle(\psi_u+90^\circ) \tag{4.3.6}$$

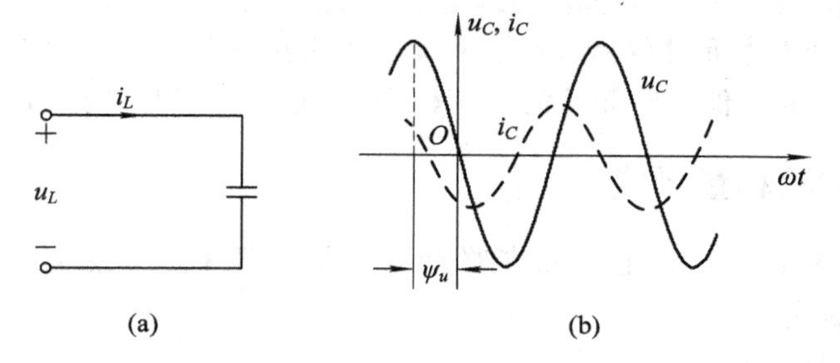

图 4.3.5　线性非时变电容的正弦稳态特性

式(4.3.5)称为电容元件伏安关系的相量形式。由此我们可得出：

(1) $I_C=\omega CU_C$，即电容上电流有效值等于电压有效值、角频率、电容量之积。

(2) $\psi_i=\psi_u+90^\circ$，即电容上电流相位超前电压相位 90°。

图 4.3.6(a)所示为电容元件的电压、电流相量形式的示意图，图 4.3.6(b)所示为电容元件端电压、电流的相量图。

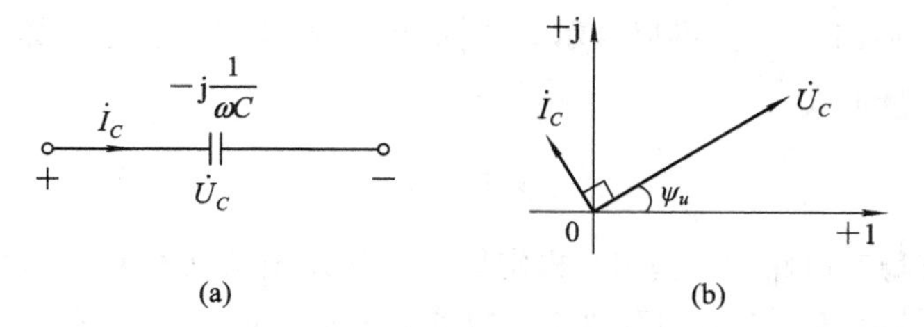

图 4.3.6　电容元件的电压、电流相量

由式(4.3.5)得

$$\frac{U_C}{I_C}=\frac{1}{\omega C}$$

$$\frac{I_C}{U_C}=\omega C$$

设 $X_C=\frac{1}{\omega C}$，称为电容元件的容抗，国际单位制(SI)中，其单位为 Ω，其值与频率成反比；$B_C=\omega C$，称之为电容元件的容纳，其单位为 S。

容抗的大小与频率成反比，表示电容元件对电流阻碍作用的一个物理量。在电压一定的条件下，容抗越大，电路中的电流越小。有两种特殊情况如下：

当 $f \to \infty$ 时，$X_C = \frac{1}{\omega C} \to 0$，$U_C \to 0$。即电容元件对高频率电流有极强的导流作用，在极限情况下，它相当于短路。

当 $f \to 0$ 时，$X_C = \frac{1}{\omega C} \to \infty$，$I_C \to 0$。即电容对于直流电流相当于开路。

小贴士

电容元件具有隔直流通交流、通高频阻低频的作用。在电子线路中，常用电容元件作旁路、去耦或者滤波电路。高频旁路电容一般比较小，根据谐振频率一般取 0.1 μF、0.01 μF 等；而去耦合电容的容量一般较大，可能是 10 μF 或者更大；具体用在滤波中，大电容(1000 μF)滤低频，小电容(20 pF)滤高频。

用相量表示三种基本元件的 VCR 与时域形式用正弦量表示的 VCR 相比，相量形式更为简单明确。类似的其他电路元件的 VCR 同样可以用相量形式给出。

4.3.3　电路定律的相量形式

正弦电流电路中的各支路电流和支路电压都是同频率的正弦量，所以可将 KCL 和 KVL 转换为相量形式。

(1) KCL 的相量形式。

对电路中任一节点，KCL 可以表示为 $\sum_{k=1}^{n} i_k = 0$，当式中所有电流都是是同频率的正弦量时，则可变换为相量形式：

$$\sum_{k=1}^{n} \dot{I}_k = 0 \tag{4.3.7}$$

(2) KVL 的相量形式。

沿电路中任一回路，KVL 可以表示为 $\sum u = 0$，当式中所有电压都是同频率的正弦量时，则可变换为相量形式：

$$\sum_{k=1}^{n} \dot{U}_k = 0 \tag{4.3.8}$$

因此，在正弦稳态电路中，基尔霍夫定律可直接用电流相量和电压相量写出。需要注意，在正弦稳态下，电流、电压的有效值一般情况下不满足式(4.3.7)及式(4.3.8)。

在正弦交流电路分析中，画出一种能反映 KCL 和 KVL 及电压与电流之间相量关系的图，即为电路的相量图。

相量图能够直观地显示电路中各相量的关系，在相量图上除了按比例反映各相量的模(有效值)以外，还可以根据各相量在图上的位置相对地确定各相量的相位。

当电路元件串联连接时，以电流为参考相量，根据电路上有关元件电流与电压之间的相位关系，画出相应电压、电流的相量，需要求和的相量用平行四边形法则计算。当电路元件并联连接时，以电压为参考相量，根据电路上有关元件电流与电压之间的相位关系，画出相应电压、电流的相量，需要求和的相量用平行四边形法则计算。

【例 4.3.2】　在如图 4.3.7(a)所示的正弦稳态电路中，电流表 A_1、A_2 的读数均为 2 A(有效值)，求电流表 A 的读数，并画出相量图。

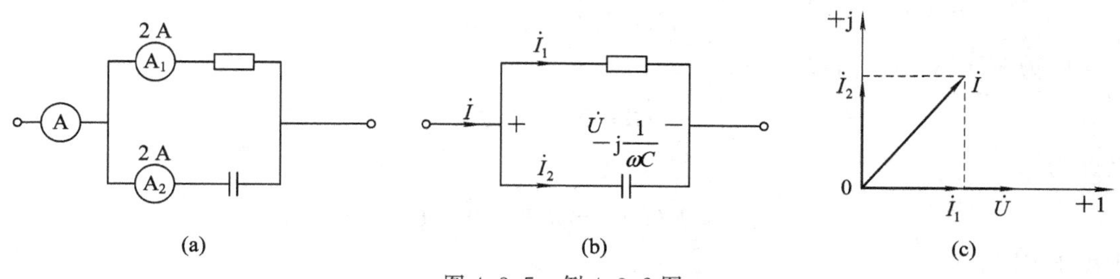

图 4.3.7　例 4.3.2 图

解：将图(a)用其相量形式表示为图(b)，由于 RC 为并联连接，设端电压 $\dot{U}$ 为参考相量，其初相令为零，即 $\dot{U}=U\angle 0°$，则

$$\dot{I}_1=\frac{\dot{U}}{R}=\frac{U\angle 0°}{R}=\frac{U}{R}\angle 0°=I_1\angle 0°$$

A_1的读数即为 I_1，$I_1=2$ A，所以 $\dot{I}_1=2\angle 0°$ A，而

$$\dot{I}_2=\frac{\dot{U}}{-\mathrm{j}\dfrac{1}{\omega C}}=\mathrm{j}\omega C\dot{U}=\omega CU\angle 90°$$

因为 A_2的读数为 2 A，所以

$$\dot{I}_2=2\angle 90°=\mathrm{j}2\ \mathrm{A}$$

根据 KCL，有

$$\dot{I}=\dot{I}_1+\dot{I}_2=2+\mathrm{j}2=2\sqrt{2}\angle 45°\ \mathrm{A}$$

I 的值为 A 表的读数，即 $I=2\sqrt{2}=2.82$ A。相量图如图(c)所示。因电路元件并联，以电压为参考相量，即在水平方向作 $\dot{U}$，其初相角为零，称为参考相量，在电阻上电压与电流同相，所以 $\dot{I}_1$ 与 $\dot{U}$ 同相；电容的电流超前电压90°，所以 $\dot{I}_2$ 垂直于 $\dot{U}$，并超前 $\dot{U}$ 90°。最后用平行四边形法则求解 $\dot{I}$。

【例 4.3.3】　电路如图 4.3.8(a)所示，电压表 V_1的读数为 30 V，电压表 V_3的读数为 50 V，试求电压表 V_2的读数，并画出相量图。

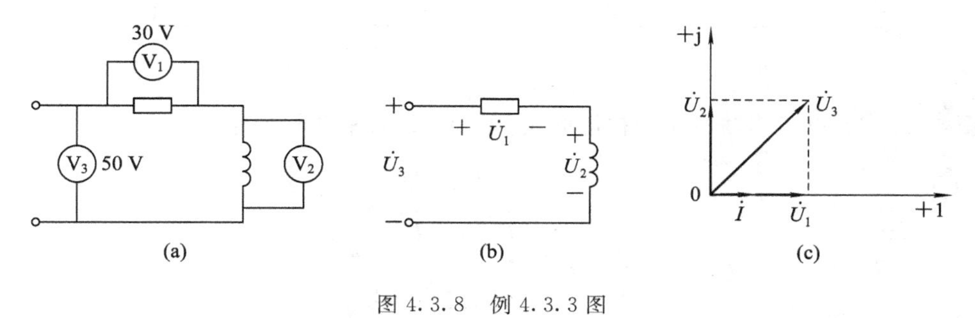

图 4.3.8　例 4.3.3 图

解：将图(a)用其相量形式表示为图(b)。因为 RL 为串联连接，故设 RL 中的电流 $\dot{I}$ 为参考相量，即 $\dot{I}=I\angle 0°$，则

$$\dot{U}_1 = R\dot{I} = RI\angle 0°$$

因为 $V_1 = 30$ V，所以

$$\dot{U}_1 = 30\angle 0° \text{ V}$$

又因为

$$\dot{U}_2 = j\omega L\dot{I} = j\omega LI\angle 0° = \omega LI\angle 90° = U_2\angle 90° = jU_2$$

则由 KVL，有

$$\dot{U}_3 = \dot{U}_1 + \dot{U}_2 = 30\angle 0° + jU_2 = 30 + jU_2 = \sqrt{30^2 + U_2^2}\angle \arctan\frac{U_2}{30}$$

已知 $U_3 = 50$ V，所以

$$U_2 = \sqrt{50^2 - 30^2} = \sqrt{1600} = 40 \text{ V}$$

因此电压表 V_2 的读数为 40 V。相量图如图(c)所示。因电路元件串联，以电流为参考相量，即在水平方向作 $\dot{I}$，其初相角为零，称为参考相量，在电阻上电压与电流同相，所以 $\dot{U}_1$ 与 $\dot{I}$ 同相；电感的电压超前电流 90°，所以 $\dot{U}_2$ 垂直于 $\dot{I}$，并超前 $\dot{I}$ 90°。最后用平行四边形法则求解 $\dot{U}$。

以上两题均可以根据相量图直接求得表的读数。

4.4　正弦交流电路的相量法求解

4.4.1　*RLC* 的串联电路

图 4.4.1 所示为 RLC 串联电路，该电路由 KVL 得

$$u = u_R + u_L + u_C$$

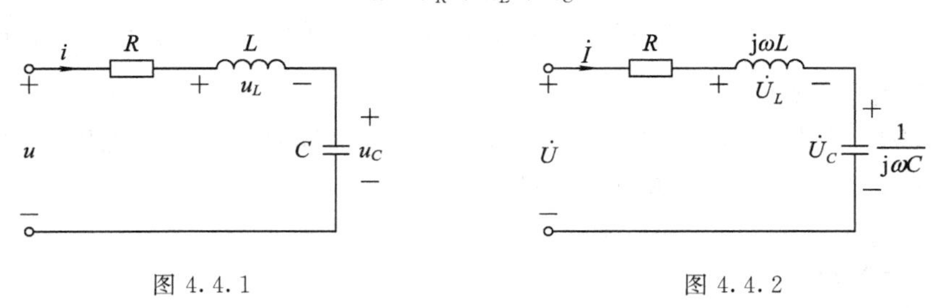

图 4.4.1　　　　图 4.4.2

图 4.4.2 为 RLC 串联电路的相量形式，由 KVL 的相量形式得

$$\begin{aligned}\dot{U} &= \dot{U}_R + \dot{U}_L + \dot{U}_C \\ &= R\dot{I} + j\omega L\dot{I} - j\frac{1}{\omega C}\dot{I} \\ &= \left(R + j\omega L - j\frac{1}{\omega C}\right)\dot{I} \\ &= [R + j(X_L - X_C)]\dot{I} \\ &= (R - jX)\dot{I}\end{aligned}$$

设 $X_L=\omega L$，为感抗；$X_C=\dfrac{1}{\omega C}$，为容抗，$X=X_L-X_C=\omega L-\dfrac{1}{\omega C}$，称为串联电路的电抗。令

$$Z=\frac{\dot{U}}{\dot{I}}=R+\mathrm{j}\omega L+\frac{1}{\mathrm{j}\omega C}=R+\mathrm{j}\left(\omega L-\frac{1}{\omega C}\right)=R+\mathrm{j}(X_L-X_C)=R+\mathrm{j}X=|Z|\mathrm{e}^{\mathrm{j}\varphi_Z} \quad (4.4.1)$$

其中，$|Z|=\sqrt{R^2+(X_L-X_C)^2}=\dfrac{U}{I}$，称为阻抗的模。

小贴士

Z 称为电路的阻抗，单位也是欧姆，对电流具有阻碍作用。需要注意的是虽然阻抗是复数形式，但本身不代表正弦量，即它不是相量，而是仅与电路元件参数和电源频率有关的复数，所以用不加“·”的大写字母 Z 表示。

按阻抗 Z 的代数形式，R、X、$|Z|$之间的关系可以用一个直角三角形表示(如图 4.4.3 所示)。这个三角形称为阻抗三角形。

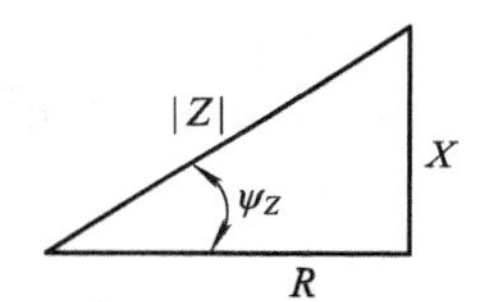

图 4.4.3　阻抗三角形

从阻抗三角形可以看出，Z 的模和辐角关系为

$$|Z|=\sqrt{R^2+X^2}$$

$$\psi_Z=\arctan\left(\frac{X}{R}\right)$$

且有

$$R=|Z|\cos\psi_Z$$

$$X=|Z|\sin\psi_Z$$

对于 RLC 串联电路：

(1) 当 $\omega L>1/(\omega C)$时，有 $X>0$，$\psi_Z>0$，表现为电压超前电流，电路呈感性。

(2) 当 $\omega L<1/(\omega C)$时，有 $X<0$，$\psi_Z<0$，表现为电压滞后电流，电路呈容性。

(3) 当 $\omega L=1/(\omega C)$时，有 $X=0$，$\psi_Z=0$，表现为电压与电流同相，电路呈阻性。

RLC 串联电路的电压 $\dot{U}=\dot{U}_R+\dot{U}_L+\dot{U}_C=\dot{U}_R+\dot{U}_X$，因此 U_R、U_L 和 U 构成一个电压三角形，它和阻抗三角形相似，如图 4.4.4 所示。

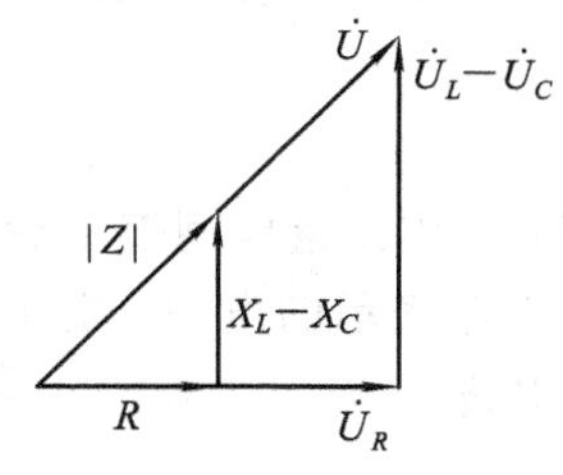

图 4.4.4　电压三角形和阻抗三角形

【例 4.4.1】 电路如图 4.4.5(a)所示，已知 $R=15\ \Omega$，$L=0.3\ \text{mH}$，$C=0.2\ \text{MF}$，$u_s=5\sqrt{2}\sin(\omega t+60°)$，$f=3\times10^4\ \text{Hz}$。求 i，u_R，u_L，u_C。

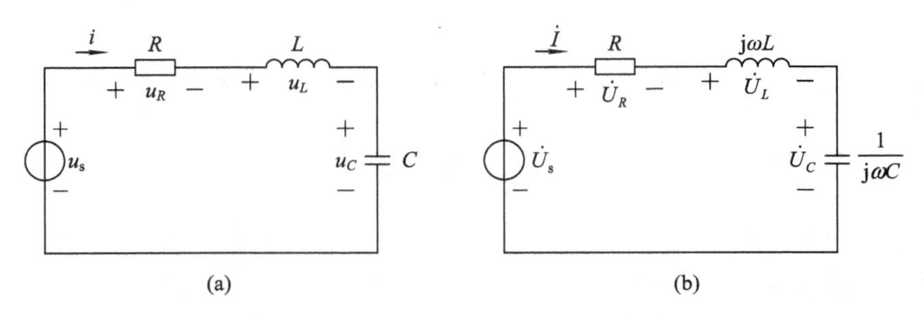

图 4.4.5　例 4.4.1 图

解： 画出原电路的相量模型如图 4.4.5(b)所示，根据已知条件得到

$$\dot{U}_s=5\angle 60°\ \text{V}$$

$$j\omega L=j2\pi\times3\times10^4\times0.3\times10^{-3}=j56.5\ \Omega$$

$$-j\frac{1}{\omega C}=-j\frac{1}{2\pi\times3\times10^4\times0.2\times10^{-6}}=-j26.5\ \Omega$$

则电路的总阻抗为

$$Z=R+j\omega L-j\frac{1}{\omega C}=15+j56.5-j26.5=33.54\angle 63.4°\ \Omega$$

根据阻抗的相量形式，有

$$\dot{I}=\frac{\dot{U}}{Z}=\frac{5\angle 60°}{33.54\angle 63.4°}=0.149\angle -3.4°\ \text{A}$$

根据电阻元件、电容和电感的交流特性可分别计算出它们两端的电压相量：

$$\dot{U}_R=R\dot{I}=15\times0.149\angle -3.4°=2.235\angle -3.4°\ \text{V}$$

$$\dot{U}_L=j\omega L\dot{I}=56.5\angle 90°\times0.149\angle -3.4°=8.42\angle 86.4°\ \text{V}$$

$$\dot{U}_C=-j\frac{1}{\omega C}\dot{I}=26.5\angle -90°\times0.149\angle -3.4°=3.95\angle -93.4°\ \text{V}$$

最后，根据计算出的相量写出对应的瞬时值表达式：

$$i=0.149\sqrt{2}\sin(\omega t-3.4°)\ \text{A}$$

$$u_C=3.95\sqrt{2}\sin(\omega t-93.4°)\ \text{V}$$

$$u_R=2.235\sqrt{2}\sin(\omega t-3.4°)\ \text{V}$$

$$u_L=8.42\sqrt{2}\sin(\omega t+86.4°)\ \text{V}$$

4.4.2 阻抗的串联和并联

一个时域形式的正弦稳态电路，在用相量模型表示后，与直流电阻电路的形式完全相同，只不过这里出现的是阻抗和用相量表示的电源。阻抗的串、并联类似于电阻的串、并联。图 4.4.6 表示 n 个阻抗的串联电路。

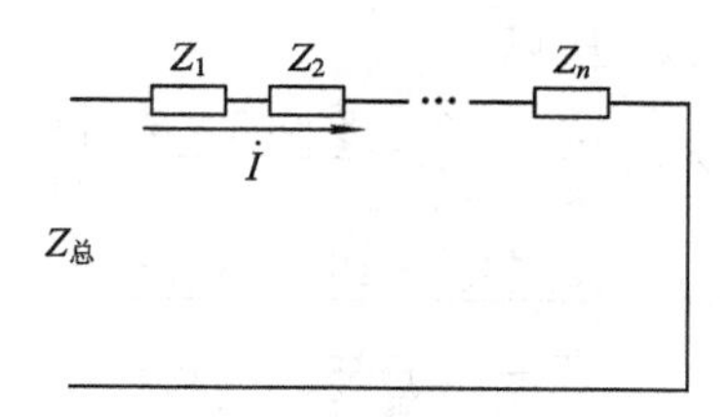

图 4.4.6　阻抗的串联

由图 4.4.6 可以列出 KVL 方程

$$\dot{U}=Z_1\dot{I}+Z_2\dot{I}+\cdots+Z_n\dot{I}=(Z_1+Z_2+\cdots+Z_n)\dot{I}$$

所以其对应的等效阻抗为

$$Z_{\mathrm{eq}}=Z_1+Z_2+\cdots+Z_n=\sum_{k=1}^{n}Z_k \tag{4.4.2}$$

n 个阻抗串联，其等效阻抗为这 n 个阻抗之和。各阻抗的电压分配关系为

$$\dot{U}_k=\frac{Z_k}{\sum\limits_{k=1}^{n}Z_k}\dot{U} \tag{4.4.3}$$

同理，对于由 n 个导纳并联而成的电路，如图 4.4.7 所示。

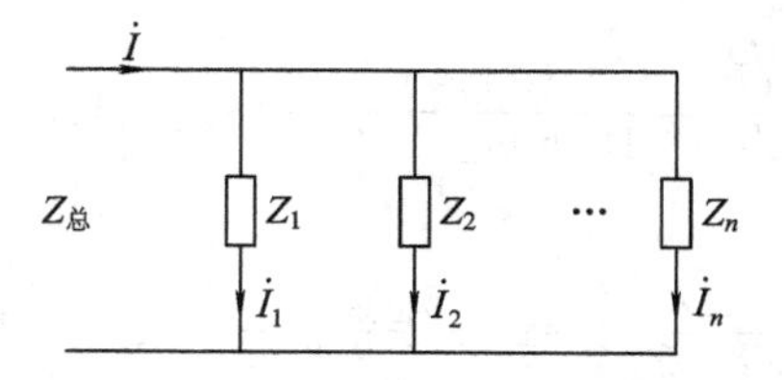

图 4.4.7　阻抗的并联

由图 4.4.7 可以列出 KCL 方程：

$$\dot{I}=\dot{I}_1+\dot{I}_2+\cdots+\dot{I}_n=\dot{U}\left(\frac{1}{Z_1}+\frac{1}{Z_2}+\cdots+\frac{1}{Z_n}\right)$$

所以有

$$\frac{1}{Z_总}=\frac{1}{Z_1}+\frac{1}{Z_2}+\cdots+\frac{1}{Z_n} \tag{4.4.4}$$

各阻抗的电流为

$$\dot{I}_k=\frac{Z_总}{Z_k}\dot{I} \tag{4.4.5}$$

【例 4.4.2】　电路如图 4.4.8 所示，已知 $Z_1=10\ \Omega$，$Z_2=5\angle 45°\ \Omega$，$Z_3=6+\mathrm{j}8\ \Omega$，$\dot{U}_s=100\angle 0°\ \mathrm{V}$ 。求 $\dot{I}_1,\dot{I}_2,\dot{I}_3$。

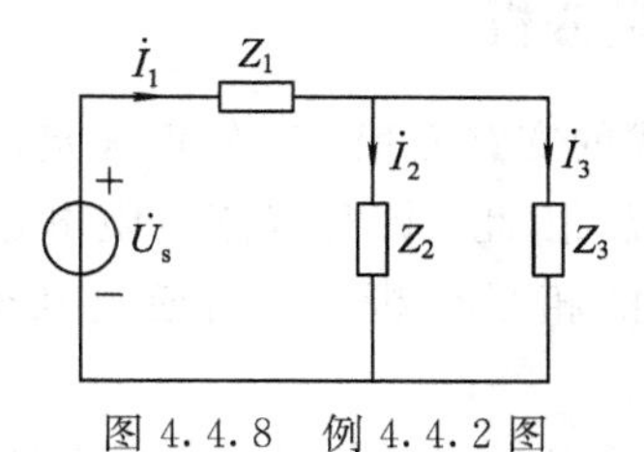

图 4.4.8　例 4.4.2 图

解：因为 Z_2、Z_3 为并联连接，所以

$$Z_{23}=\frac{Z_2 \cdot Z_3}{Z_2+Z_3}=\frac{5\angle 45^\circ(6+j8)}{5\angle 45^\circ+6+j8}$$

$$=\frac{5\angle 45^\circ \cdot 10\angle 53.13^\circ}{5\dfrac{\sqrt{2}}{2}+j5\dfrac{\sqrt{2}}{2}+6+j8}$$

$$=\frac{50\angle 98.13^\circ}{9.54+11.54j}$$

$$=\frac{50\angle 98.13^\circ}{14.97\angle 50.42^\circ}$$

$$=3.34\angle 47.71^\circ\ \Omega$$

$$=2.25+j2.47\ \Omega$$

Z_1 与 Z_{23} 为串联连接，所以

$$Z_{123}=Z_1+Z_{23}=10+2.25+j2.47$$

$$=12.25+j2.47$$

$$=12.50\angle 11.40^\circ\ \Omega$$

则

$$\dot{I}=\frac{\dot{U}_s}{Z_{123}}=\frac{100\angle 0^\circ}{12.50\angle 11.40^\circ}=8\angle -11.40^\circ\ \text{A}$$

由分流公式，有

$$\dot{I}_3=\frac{Z_2}{Z_2+Z_3}\dot{I}=\frac{5\angle 45^\circ}{5\angle 45^\circ+6+j8}\cdot 8\angle -11.40^\circ$$

$$=\frac{40\angle 33.60^\circ}{14.97\angle 50.42^\circ}$$

$$=2.67\angle -16.82^\circ\ \text{A}$$

据 KCL，有

$$\dot{I}_2=\dot{I}_1-\dot{I}_3=8\angle -11.40^\circ-2.67\angle -16.82^\circ=5.35\angle -8.6^\circ\ \text{A}$$

或

$$\dot{I}_2=\frac{Z_3}{Z_2+Z_3}\dot{I}_1=\frac{6+j8}{5\angle 45^\circ+6+j8}8\angle -11.40^\circ$$

$$=\frac{10\angle 53.13^\circ}{14.97\angle 50.42^\circ}8\angle -11.40^\circ$$

$$=5.35\angle -8.6^\circ\ \text{A}$$

4.4.3 正弦稳态电路的相量分析

由于采用相量法使相量形式的支路方程、基尔霍夫定律方程都成为线性代数方程，它们和直流电路中方程的形式相似。因此，针对直流电阻电路提出的各种分析方法、定理及公式可推广用于正弦电流电路的相量分析。下面通过几个例题说明相量法解题的具体过程。

【例 4.4.3】 电路如图 4.4.9 所示，试列出其节点电压方程。

解：电路中共有三个节点，取节点③为参考节点，其余两节点的节点电压相量分别为 $\dot{U}_{n1}$、$\dot{U}_{n2}$，据节点法可列出节点电压方程为

$$\begin{cases} Y_{11}\dot{U}_{n1}+Y_{12}\dot{U}_{n2}=\dot{I}_{s11} \\ Y_{21}\dot{U}_{n1}+Y_{22}\dot{U}_{n2}=\dot{I}_{s22} \end{cases}$$

式中，

$$Y_{11}=\frac{1}{R_1}+j\omega C_1+j\omega C_2$$

$$Y_{12}=-j\omega C_2$$

$$Y_{21}=-j\omega C_2$$

$$Y_{22}=j\omega C_2+j\omega C_3$$

$$\dot{I}_{s11}=\frac{\dot{U}_s}{R_1}$$

$$\dot{I}_{s22}=\dot{I}_s$$

所以，图 4.4.9 所示电路的节点电压方程的相量形式为

$$\begin{cases} \left(\frac{1}{R_1}+j\omega C_1+j\omega C_2\right)\dot{U}_{n1}-j\omega C_2\dot{U}_{n2}=\frac{\dot{U}_s}{R_1} \\ -j\omega C_2\dot{U}_{n1}+(j\omega C_2+j\omega C_3)\dot{U}_{n2}=\dot{I}_s \end{cases}$$

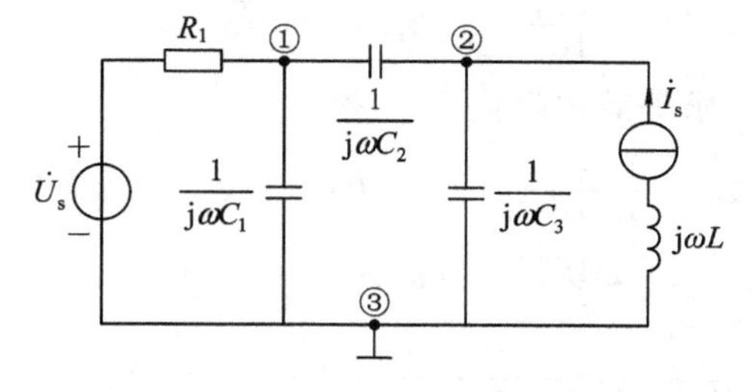

图 4.4.9　例 4.4.3 图

【**例 4.4.4**】　如图 4.4.10(a)所示，$\dot{U}_s=100\angle 45°$ V，$\dot{I}_s=4\angle 0°$ A，$Z_1+Z_2=50\angle 30°$ Ω，$Z_3=50\angle 30°$ Ω，用叠加定理计算电流 $\dot{I}_2$。

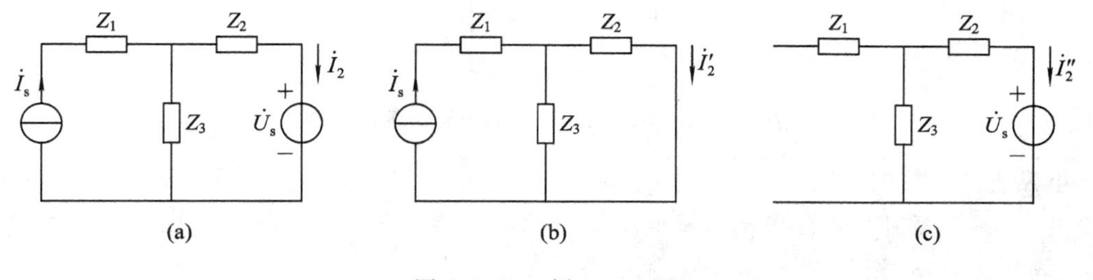

图 4.4.10　例 4.4.4 图

解：分别画出电流源和电压源单独工作的电路图如图(b)和(c)所示。

先计算出图(b)中的电流分量：

$$\dot{I}_2'=\dot{I}_s\frac{Z_3}{Z_2+Z_3}=4\angle 0°\times\frac{50\angle 30°}{50\angle -30°+50\angle 30°}=\frac{200\angle 30°}{50\sqrt{3}}=2.31\angle 30°\text{A}$$

再计算出图(c)中的电流分量：

$$\dot{I}_2''=-\frac{\dot{U}_s}{Z_2+Z_3}=\frac{-100\angle 45°}{50\sqrt{3}}=1.155\angle -135°\text{A}$$

最后根据叠加定理计算出电路中的电流：

$$\dot{I}_2=\dot{I}_2'+\dot{I}_2''=2.31\angle 30°+1.155\angle -135°=1.23\angle -15.9°\text{A}$$

【例 4.4.5】 电路如图 4.4.11(a)所示，$Z=5+\text{j}5\ \Omega$，用戴维南定理求解 $\dot{I}$。

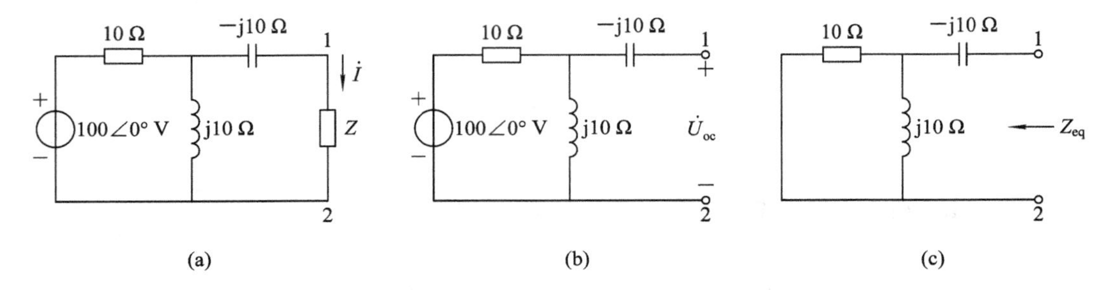

图 4.4.11 例 4.4.5 图

解： 先将负载断开以计算开路电压，其电路如图 4.4.11(b)所示。

$$\dot{U}_{oc}=\frac{100\angle 0°}{10+\text{j}10}\times \text{j}10=50\sqrt{2}\angle 45°\ \text{V}$$

如图 4.4.11(c)所示，求等效内阻抗 Z_{eq}，得

$$Z_{eq}=\frac{10\times \text{j}10}{10+\text{j}10}+(-\text{j}10)=5\sqrt{2}\angle -45°\ \Omega$$

戴维南等效电路如图 4.4.12 所示，电流为

$$\dot{I}=\frac{\dot{U}_{oc}}{Z_{eq}+Z}=\frac{50\sqrt{2}\angle 45°}{5\sqrt{2}\angle -45°+5+\text{j}5}=5\sqrt{2}\angle 45°\ \text{A}$$

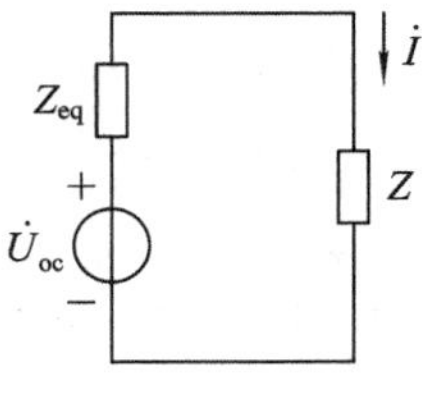

图 4.4.12 图 4.4.11(a)的戴维南等效电路

小贴士

由上述例题可知，在直流电阻电路中学习的支路电流方程、节点电压方程、叠加定理和戴维南定理同样适用于正弦电流电路的相量分析。

4.5　正弦交流电路的功率

4.5.1　瞬时功率

无源一端口网络 N_0 如图 4.5.1(a)所示，由电阻、电容、电感等无源元件组成。在正弦稳态情况下，设端口电压、电流分别为

$$u=\sqrt{2}U\sin(\omega t+\psi)$$

$$i=\sqrt{2}\sin\omega t$$

因此电压与电流的相位差为 $\varphi=\psi$。

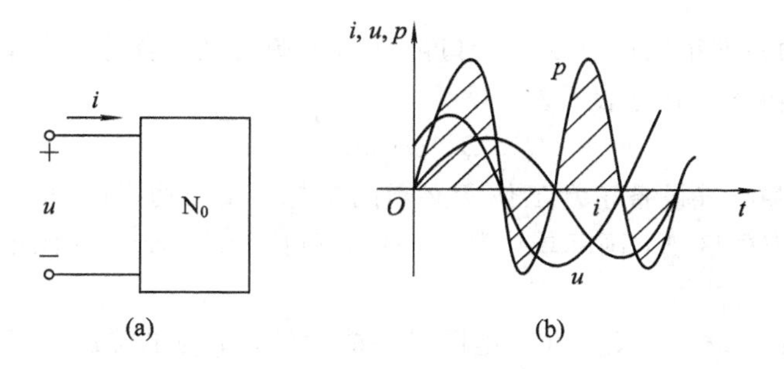

图 4.5.1　一端口网络的功率

N_0 所吸收的功率为

$$\begin{aligned}p(t)=ui&=\sqrt{2}U\sin(\omega t+\varphi)\sqrt{2}I\sin\omega t\\&=UI\cos\varphi-UI\cos(2\omega t+\varphi)\\&=UI\cos\varphi-[UI\cos\varphi\cos(2\omega t)-UI\sin\varphi\sin(2\omega t)]\end{aligned}$$

故

$$p(t)=UI\cos\varphi[1-\cos(2\omega t)]+UI\sin\varphi\sin(2\omega t) \tag{4.5.1}$$

式(4.5.1)中第一项的值始终大于或等于零，表示一端口网络吸收的能量；第二项的值是时间的正弦函数，其值正负交替，这说明能量在外施电源与一端口之间来回交换进行。瞬时功率表示任一瞬间的功率。

4.5.2　平均功率

瞬时功率不便于测量，且有时为正，有时为负，在工程中实际意义不大。通常引入平均功率的概念来衡量功率的大小。

平均功率又称有功功率，是瞬时功率在一个周期(T)内的平均值，用大写字母 P 表示。

$$P=\frac{1}{T}\int_0^T p(t)\mathrm{d}t=\frac{1}{T}\int_0^T[UI\cos\varphi-UI\cos(2\omega t+\varphi)]\mathrm{d}t$$

通过计算可得

$$P=UI\cos\varphi \tag{4.5.2}$$

有功功率代表一端口网络实际消耗的功率，是式(4.5.1)中的恒定分量，单位为瓦特(W)。它不仅与电压电流有效值的乘积有关，还与它们之间的相位差有关。式中电压与电流的相位差 $\varphi=\psi_u-\psi_i$，称为该端口的功率因数角，$\cos\varphi$ 称为该端口的功率因数，通常用 λ 表示，即 $\lambda=\cos\varphi$。由此可见平均功率并不等于电压、电流有效值的乘积，而是要乘以一个小于1的系数。

对电阻元件 R：$\cos\varphi=1$，$P_R=U_RI_R$，电阻元件的有功功率等于电压与电流有效值的乘积。

对电感元件 L 和电容元件 C：$\cos\varphi=0$，$P_L=P_C=0$，因此可以看出电感、电容是储能元件，不消耗能量。

4.5.3 无功功率

式(4.5.1)中的右端第二项反映一端口网络与电源之间的能量交换，其交换能量的最大速率定义为无功功率，用 Q 表示。

$$Q=UI\sin\varphi \tag{4.5.3}$$

无功功率是一些电气设备正常工作所必需的指标。无功功率的量纲与有功功率相同，为了反映与有功功率的区别，国际单位制(SI)中，单位为乏(var)或千乏(kvar)(乏是无功伏安的意思)。

对电阻元件 R：$\sin\varphi=0$，$Q_R=0$。电阻是耗能元件，不与电源进行能量交换。

对电感元件 L：$\sin\varphi=1$，$Q_L=U_LI_L$。

对电容元件 C：$\sin\varphi=-1$，$Q_C=-U_CI_C$。

一般地，对感性负载，$0<\varphi\leqslant 90°$，有 $Q>0$；对容性负载，$-90°\leqslant\varphi<0°$，有 $Q<0$。

4.5.4 视在功率

工程上引用视在功率来说明电力设备容量的大小，定义单端口电路的电流有效值与电压有效值的乘积为该端口的视在功率，用 S 表示，即

$$S=UI \tag{4.5.4}$$

在使用电气设备时，一般电压、电流都不能超过其额定值。视在功率的量纲与有功功率相同，为了反映与有功功率的区别，在国际单位制(SI)中，视在功率的单位用伏安(VA)或千伏安(kVA)表示。

有功功率 P、无功功率 Q、视在功率 S 之间存在着下列关系：

$$P=UI\cos\varphi=S\cos\varphi$$

$$Q=UI\sin\varphi=S\sin\varphi$$

可见：

$$S^2=P^2+Q^2$$

故 $\varphi=\arctan\left(\dfrac{Q}{P}\right)$，即 P、Q、S 可以构成一个直角三角形，称之为功率三角形，如图4.5.2所示。

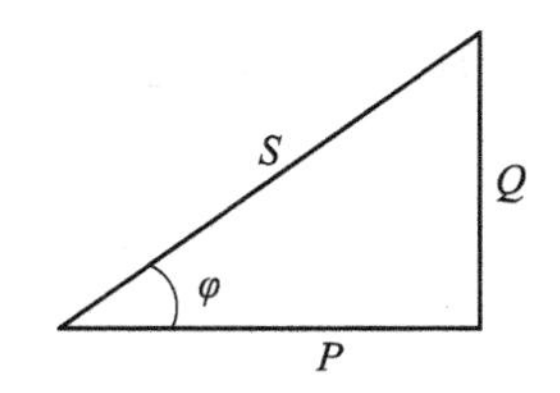

图4.5.2 功率三角形

在正弦稳态电路中所说的功率，如不加特殊说明，均指平均功率，亦即有功功率。

【例 4.5.1】　电路如图 4.5.3 所示，已知：$I_s=10$ A，$\omega=10$ rad/s，$R_1=10\ \Omega$，$R_2=10\ \Omega$，$j\omega L=j20\ \Omega$，$-j\dfrac{1}{\omega C}=-j10\ \Omega$。求各支路的平均功率、无功功率、视在功率。

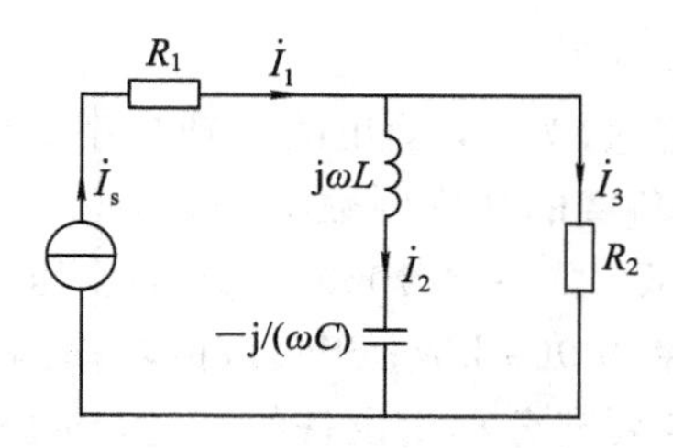

图 4.5.3　例 4.5.1 图

解： 设 $\dot{I}_s=10\angle 0°$ A，由分流公式，各支路电流分别为

$$\dot{I}_2=\frac{R_2}{R_2+j\omega L-j\dfrac{1}{\omega C}}\dot{I}_s=\frac{10}{10+j20-j10}\times 10\angle 0°$$

$$=\frac{100}{10+j10}=5\sqrt{2}\angle -45°=5-j5\ \text{A}$$

$$\dot{I}_3=\frac{j\omega L-j\dfrac{1}{\omega C}}{R_2+j\omega L-j\dfrac{1}{\omega C}}\dot{I}_s=\frac{j20-j10}{10+j10}\times 10\angle 0°$$

$$=\frac{j10(10-j10)}{200}\times 10\angle 0°$$

$$=5+j5=5\sqrt{2}\angle 45°\ \text{A}$$

$$\dot{I}_1=\dot{I}_s=10\angle 0°\ \text{A}$$

三条并联支路的电压相等，均为

$$\dot{U}_{R_2}=\dot{I}_3R_2=50\sqrt{2}\angle 45°\ \text{V}$$

各支路的视在功率为

$$S_1=U_{R_2}I_1=50\sqrt{2}\times 10=500\sqrt{2}\ \text{VA}$$

$$S_2=U_{R_2}I_2=50\sqrt{2}\times 5\sqrt{2}=500\ \text{VA}$$

$$S_3=U_{R_2}I_3=R_2I_3^2=10\times 50=500\ \text{VA}$$

第一条支路的平均功率和无功功率为

$$P_1=S_1\cos\varphi_1=500\sqrt{2}\times\cos 45°=500\ \text{W}$$

$$Q_1=S_1\sin\varphi_1=500\sqrt{2}\times\sin 45°=500\ \text{Var}$$

第二条支路的平均功率和无功功率为

$$P_2=S_2\cos\varphi_2=500\times\cos 90°=0\ \text{W}$$

$$Q_2=S_2\sin\varphi_2=500\times\sin 90°=500\ \text{Var}$$

第三条支路的平均功率和无功功率为

$$P_3=S_3\cos\varphi_3=500\times\cos 0°=500\ \text{W}$$

$$Q_3=S_3\sin\varphi_3=500\times\sin 0°=0\ \text{Var}$$

注意第一条支路的电压电流参考方向为非关联，故所计算功率为释放功率，其释放的有功功率全部被第三条支路的电阻吸收，无功功率与第二条支路进行交换。

4.5.5 功率因数的提高

设电源设备的视在功率（容量）为 S，输出的有功功率 $P=UI\cos\varphi$，可知在相同的容量下电气设备输出的有功功率与负载的功率因数有关，$\cos\varphi$ 大，输出有功功率多，设备的利用率高。反之，设备的利用率低。如一台 1000 kVA 的变压器，当负载的功率因数 $\cos\varphi=0.9$ 时，变压器提供的有功功率为 900 kW；当负载的功率因数 $\cos\varphi=0.5$ 时，变压器提供的有功功率为 500 kW。可见若要充分利用设备的容量，应提高负载的功率因数。

功率因数还影响输电线路电能损耗和电压损耗，根据 $I=\dfrac{P}{U\cos\varphi}$，在电源电压相同并输出相同的有功功率时，功率因数越小，则线路 I 越大，线路的功率损耗 $\Delta P=I^2 r$ 也越高；而且随着输电线路上的压降 $\Delta U=Ir$ 增加，加到负载上的电压降低，会影响负载的正常工作。

可见，提高功率因数是十分必要的，功率因数提高可充分利用电气设备，提高供电质量。

小贴士

功率因数低的根本原因是电感性负载的存在。例如，生产中最常见的交流异步电动机在额定负载时的功率因数一般为 0.7～0.9，如果在轻载时其功率因数就更低。我国中小型异步电动机的用电负荷约占电网总负荷的 80%以上。其他设备如工频炉、电焊变压器以及日光灯等，负载的功率因数也都是较低的。根据我国的供电规则，要求高压供电工业企业用户功率因数为 0.9 以上，所以必须要采取措施提高功率因数。

对于感性负载，一般采用在其两端并联电容的方法来提高电路的功率因数。如图 4.5.4 所示，有一感性负载 Z，将其接在电压为 $\dot{U}$ 的电源上，其有功功率为 P，功率因数为 $\cos\varphi_1$，如要将电路的功率因数提高到 $\cos\varphi_2$，可以采用在负载 Z 的两端并联电容 C 的方法实现。下面介绍并联电容 C 的计算方法。

设并联电容 C 之前电路的无功功率 $Q_1=P\tan\varphi_1$，电路的有功功率为 P，功率因数角 φ_1；并联电容 C 之后，电路的有功功率 P 保持不变，功率因数角变为 φ_2，则电路的无功功率 $Q_2=P\tan\varphi_2$，可以计算出电路吸收的无功功率减少量为

$$\Delta Q=P(\tan\varphi_1-\tan\varphi_2)$$

亦即电源发出的无功功率减少，如图 4.5.5 所示。

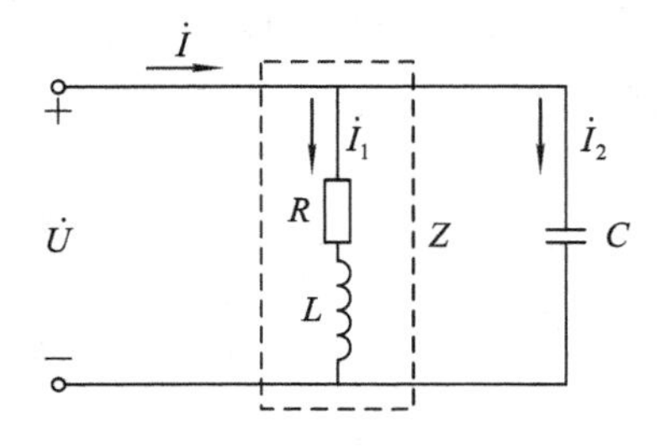

图 4.5.4 感性负载并联电容提高功率因数

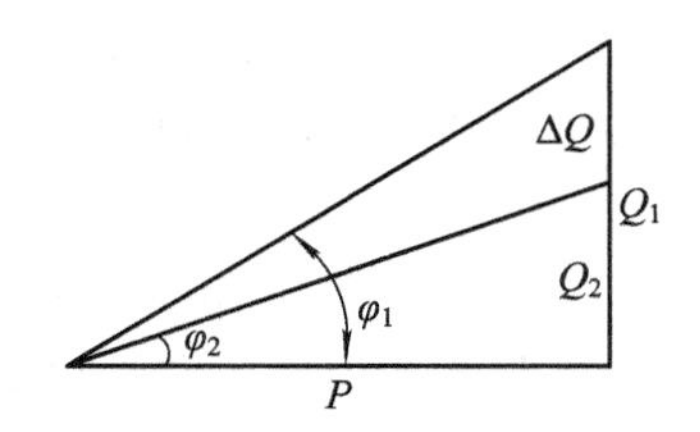

图 4.5.5 无功功率关系

并联电容提供的无功功率 $Q_C=I^2X_C=U^2\omega C$，但由于负载电流 $\dot{I}$ 与电压 $\dot{U}$ 均未变，因此负载 Z 吸收的总无功功率 $Q_1=Q_2+\Delta Q$ 不变。可见电路总的无功功率守恒：

$$Q=P\tan\varphi$$

$$Q_C=\Delta Q$$

即

$$U^2\omega C=P(\tan\varphi_1-\tan\varphi_2)$$

电容 C 为

$$C=\frac{P(\tan\varphi_1-\tan\varphi_2)}{\omega U^2} \tag{4.5.5}$$

式(4.5.5)为单相正弦交流电路提高功率因数计算所需并联电容 C 的表达式，今后有关计算可灵活使用。

【例 4.5.2】 某交流电源的额定容量为 10 kV·A、额定电压为 220 V，频率为50 Hz，接有电感性负载，其功率为 8 kW，功率因数为 0.6，试问：

（1）负载电流是否超过电源的额定电流？

（2）欲将电路的功率因数提高到 0.95，需并联多大电容？

（3）功率因数提高后线路电流多大？

（4）并联电容后电源还能提供多少有功功率？

解：（1）电源的额定电流为

$$I_N=\frac{S_N}{U_N}=\frac{10\times10^3}{220}\approx45.45\ \text{A}$$

负载电流为

$$I_L=\frac{P_N}{U_N\cos\varphi}=\frac{8\times10^3}{220\times0.6}\approx60.61\ \text{A}>45.45\ \text{A}$$

因此负载电流超过电源的额定电流。

（2）把数据代入功率因数的提高公式：

$$\begin{aligned}C&=\frac{P_N}{2\pi fU_N^2}(\tan\varphi_1-\tan\varphi')\\&=\frac{8\times10^3}{2\times3.14\times50\times220^2}[\tan(\arccos 0.6)-\tan(\arccos 0.95)]\\&\approx532\ \mu\text{F}\end{aligned}$$

（3）功率因数提高后，线路的电流为

$$I'=\frac{P_N}{U_N\cos\varphi'}=\frac{8\times10^3}{220\times0.95}\approx38.28\ \text{A}$$

（4）并联电容后电路的无功功率为

$$\begin{aligned}Q&=U_NI'\sin\varphi'=220\times38.28\times|\sin(\arccos 0.95)|\\&\approx8421.6\times0.31\approx2630\ \text{Var}\end{aligned}$$

并联电容后电源能提供的最大有功功率为

$$P'=\sqrt{S_N^2-Q^2}=\sqrt{(10\times10^3)^2-2630^2}\approx9648\ \text{W}$$

因为已接有功率为 8 kW 的电感性负载，所以并联电容后电源还能提供的有功功率为

$$P_L'=P'-P_N=9648-8000=1648\ \text{W}$$

小贴士

感性负载并联电容后，感性负载的电流和功率因数不变，线路电流减小、电网功率因数提高、有功功率不变。

4.6 交流电路的谐振

4.6.1 交流电路的频率特性

在交流电路中，当外加正弦交流电压的频率改变时，电路中的阻抗、导纳、电压、电流随频率的变化而改变，这种随频率变化的特性，称为频率特性，或称为频率响应。它包括幅频特性和相频特性。为了便于对无源一端口网络作进一步的研究，在此引入正弦稳态网络函数的概念。其定义为响应相量(某一支路电压或电流)与激励相量(端口所加电压源的电压或电流源的电流)之比。记为 $H(\mathrm{j}\omega)$，即

$$H(\mathrm{j}\omega)\overset{\mathrm{def}}{=\!=}\frac{\text{响应相量}}{\text{激励相量}}$$

当响应相量与激励相量属于同一端口时，称为驱动点函数，否则称为转移函数。前者又分为驱动点阻抗函数(激励为电流源时)和驱动点导纳函数(激励为电压源时)，数值上等于输入阻抗和输入导纳。后者则根据响应和激励或同为电压、或同为电流、或一为电压另一为电流，又分为电压转移函数、电流转移函数、转移阻抗函数和转移导纳函数。

例如图 4.6.1 所示的 RLC 串联电路，若以电压 $\dot{U}$ 为响应，以输入电流 $\dot{I}$ 为激励，则其网络函数为

$$H(\mathrm{j}\omega)=\frac{\dot{U}}{\dot{I}}=R+\mathrm{j}\omega L-\mathrm{j}\,\frac{1}{\omega C}$$

从数值上看

$$H(\mathrm{j}\omega)=Z(\mathrm{j}\omega)$$

$H(\mathrm{j}\omega)$的极坐标形式为

$$H(\mathrm{j}\omega)=|H(\mathrm{j}\omega)|\angle\varphi(\mathrm{j}\omega)$$

其模值$|H(\mathrm{j}\omega)|$称为网络函数的幅频特性，其辐角称为网络函数的相频特性。

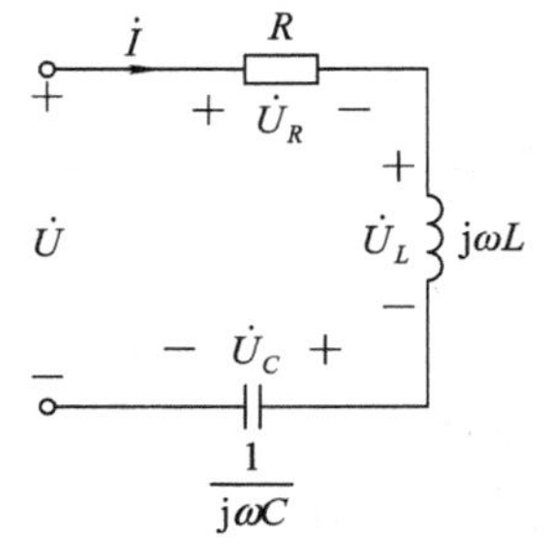

图 4.6.1 RLC 串联电路

网络函数的幅频特性和相频特性总称为频率特性。$|Z|$、$\varphi(\mathrm{j}\omega)$的频率特性如图 4.6.2(a)、(b)所示。

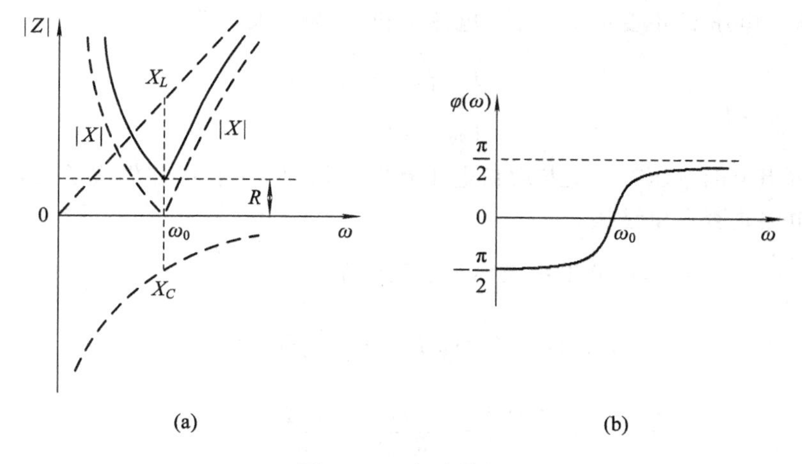

图 4.6.2　频率特性

4.6.2　*RLC* 串联谐振电路

对于包含电容和电感及电阻元件的无源一端口网络，其端口可能呈现容性、感性及电阻性，当电路端口的电压 $\dot{U}$ 和电流 $\dot{I}$ 出现同相位，既呈电阻性时称为谐振现象。

图 4.6.1 所示的 RLC 串联电路中：

$$\begin{aligned}Z(\mathrm{j}\omega)&=\frac{\dot{U}}{\dot{I}}=R+\mathrm{j}\omega L+\frac{1}{\mathrm{j}\omega C}=R+\mathrm{j}\left(\omega L-\frac{1}{\omega C}\right)\\&=R+\mathrm{j}(X_L-X_C)\\&=R+\mathrm{j}X\end{aligned}$$

谐振的条件为电路呈电阻性，当 $X=X_L-X_C=\omega_0 L-\dfrac{1}{\omega_0 C}=0$ 时，$Z(\mathrm{j}\omega_0)=R$，电路呈电阻性，电压 $\dot{U}$ 和电流 $\dot{I}$ 同相，电路发生串联谐振。由上式可见，发生谐振时角频率 ω_0 为

$$\omega_0=\frac{1}{\sqrt{LC}}\tag{4.6.1}$$

称为电路谐振角频率。

$$f_0=\frac{1}{2\pi\sqrt{LC}}\tag{4.6.2}$$

称为电路谐振频率。

在正弦激励下，当电源频率 f 取某一值 f_0 时，使得电压 $\dot{U}$ 和电流 $\dot{I}$ 同相位，我们把这种现象称为电路的串联谐振。此时电源的频率 f_0 称为谐振频率。

可见，ω_0、f_0 仅由 L、C 参数决定，与 R 无关。改变 L 或 C 都能改变电路的固有频率，使电路在某一频率下发生谐振或者避免谐振。

RLC 串联电路发生谐振时有如下特点：

(1) 阻抗为最小，即 $Z(\mathrm{j}\omega_0)=R+\mathrm{j}\left(\omega_0 L-\dfrac{1}{\omega_0 C}\right)=R$，谐振时 L 和 C 的等效阻抗为零（LC 相当于短路）。

(2) 在输入电压 U 不变的情况下，电流 I 和 U_R 为最大，即

$$I=\frac{U}{|Z|}=\frac{U}{R}$$

$$U_R=RI=U$$

谐振时电阻上的电压有效值与端口电压有效值相同，工程中在做实验时，常以此来判定串联谐振电路是否发生谐振。

(3) $\dot{U}_L+\dot{U}_C=0$(所以串联谐振又称为电压谐振)。

$$\dot{U}_L=\mathrm{j}\omega_0 L\dot{I}=\mathrm{j}\omega_0 L\frac{\dot{U}}{R}=\mathrm{j}\frac{\omega_0 L}{R}\dot{U}=\mathrm{j}Q\dot{U}$$

$$\dot{U}_C=-\mathrm{j}\frac{1}{\omega_0 C}\dot{I}=-\mathrm{j}\frac{\dot{U}}{R\omega_0 C}=\mathrm{j}\frac{\omega_0 L}{R}\dot{U}=-\mathrm{j}Q\dot{U}$$

式中，Q 称为串联谐振电路的品质因数，即

$$Q=\frac{U_L(\omega_0)}{U}=\frac{U_C(\omega_0)}{U}=\frac{\omega_0 L}{R}=\frac{1}{\omega CR}=\frac{1}{R}\sqrt{\frac{L}{C}} \tag{4.6.3}$$

串联谐振时，如果 $Q>1$，则有 $U_L=U_C>U$，特别是当 $Q\gg1$ 时，表明在谐振或接近谐振时，会在电感和电容两端出现大大高于外施电压 $\dot{U}$ 的高电压，称为过电压现象。

(4) 谐振时，无功功率为零，功率因数 $\lambda=\cos\varphi=1$。

$$P(\omega_0)=UI\cos\varphi=UI=\frac{1}{2}U_{\mathrm{m}}I_{\mathrm{m}}$$

$$Q_L(\omega_0)=\omega_0 LI^2$$

$$Q_C(\omega_0)=-\frac{1}{\omega_0 C}I^2$$

$$Q_L(\omega_0)+Q_C(\omega_0)=0$$

$$\bar{S}=P+\mathrm{j}Q=P$$

谐振时电路不从外部吸收无功功率，但电路内部的电感与电容周期性地进行磁场能量与电场能量的交换，这一能量总和为

$$W(\omega_0)=\frac{1}{2}Li^2+\frac{1}{2}Cu_C^2 \tag{4.6.4}$$

谐振时，$i=\sqrt{2}\frac{U}{R}\cos\omega_0 t$，$u_C=\sqrt{2}QU\sin\omega_0 t$，$Q^2=\frac{1}{R^2}\frac{L}{C}$，代入式(4.6.4)后可得

$$W(\omega_0)=\frac{L}{R^2}U^2\cos^2\omega_0 t+CQ^2U^2\sin\omega_0 t=CQ^2U^2=\frac{1}{2}CQ^2U_{\mathrm{m}}^2=\text{常量}$$

下面讨论 RLC 串联谐振时电压转移函数的频率特性。

电路阻抗：

$$Z(\mathrm{j}\omega)=R+\mathrm{j}\left(\omega L-\frac{1}{\omega C}\right)=R\left[1+\mathrm{j}\left(\frac{\omega L}{R}-\frac{1}{\omega CR}\right)\right]=R\left[1+\mathrm{j}Q\left(\eta-\frac{1}{\eta}\right)\right]$$

式中，

$$\eta=\frac{\omega}{\omega_0},\ Q=\frac{\omega_0 L}{R}=\frac{1}{\omega_0 CR}$$

$$U_R(\eta)=\frac{U}{|Z(j\omega)|}R=\frac{U}{\sqrt{1+Q^2\left(\eta-\frac{1}{\eta}\right)^2}}$$

于是电压转移函数为

$$\frac{U_R(\eta)}{U}=\frac{1}{\sqrt{1+Q^2\left(\eta-\frac{1}{\eta}\right)^2}}$$

上式可用于不同的 RLC 串联谐振电路，在同一个坐标下，根据不同的 Q 值，曲线有不同的形状，而且可以明显看出 Q 值对谐振曲线形状的影响。

图 4.6.3 给出不同 Q 值($Q_1<Q_2<Q_3$)的谐振曲线，根据谐振曲线可知，串联谐振回路对不同的信号具有不同的响应，它能将 ω_0 附近的信号选出来，串联谐振电路能使谐振频率 ω_0 周围的一部分频率分量通过，而对其他的频率分量呈抑制作用，电路的这种性能称为选择性。由图可知，Q 越大，选择性越好。

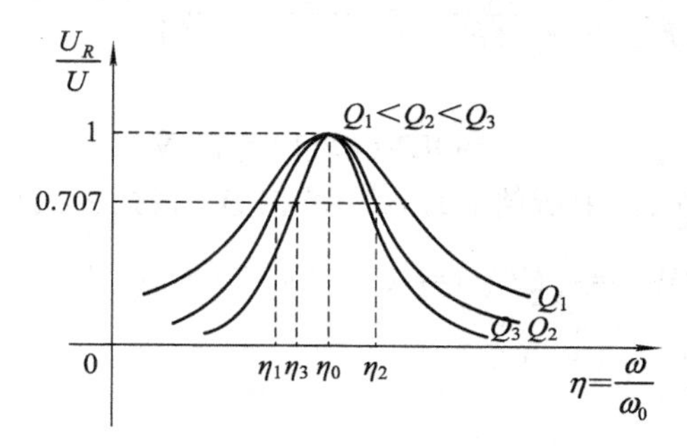

图 4.6.3　不同 Q 值的谐振曲线

工程中为了定量地衡量选择性，将发生在 $\frac{U_R(\eta)}{U}=\frac{1}{\sqrt{2}}$ 时对应的两个角频率 ω_2 与 ω_1 的差定义为通频带，即 $\Delta\omega=\omega_1-\omega_2$。

小贴士

在电子工程领域，放大器增益使用的就是 dB(分贝)，可定义为电压或电流之比的常用对数的 20 倍。在信号传输系统中，系统输出信号从最大值衰减 3 dB 的信号频率为截止频率，3 dB 也叫半功率点或截止频率点。这时功率是正常时的一半，电压或电流是正常时的 1/2。

【例 4.6.1】 有一 RLC 串联电路，接于频率可调电源上，电源电压保持在 10 V，当频率增加时，电流从 10 mA(500 Hz)增加到最大值 60 mA(1000 Hz)。试求：

(1) 电阻 R、电感 L 和电容 C 的值。

(2) 在谐振时电容器两端的电压 U_C。

(3) 谐振时磁场中和电场中所储的最大能量。

解：(1) 本题考核串联谐振的特点：谐振时电流最大，阻抗最小，等于电阻 R。因此电流在最大值 60 mA 时，RLC 串联电路谐振，有

$$R=\frac{U}{I_0}=\frac{10}{60\times10^{-3}}\approx167\ \Omega$$

谐振时电感 L 和电容 C 与谐振频率满足公式：

$$f_0=1000=\frac{1}{2\pi\sqrt{LC}} \quad ①$$

再考虑在频率为 $f_1=500$ Hz 时，有

$$|Z|=\sqrt{R^2+\left(2\pi f_1 L-\frac{1}{2\pi f_1 C}\right)^2}=\frac{U}{I}=\frac{10}{10\times10^{-3}}=1000\ \Omega \quad ②$$

对方程①和②联立求解，可求出：

$$L=0.105\ \text{H},\ C=0.242\ \mu\text{F}$$

（2）本题可以用欧姆定律直接求解：

$$U_C=I_0X_C=60\times10^{-3}\times\frac{1}{2\times3.14\times1000\times0.242\times10^{-6}}\approx40\ \text{V}$$

也可以用谐振时的品质因数的定义求解：

$$Q=\frac{U_C}{U}=\frac{\omega L}{R}=\frac{2\pi f_0 L}{R}=\frac{2\times3.14\times1000\times0.105}{167}\approx4$$

则有

$$U_C=QU=4\times10=40\ \text{V}$$

（3）谐振时磁场中和电场中所储的最大能量相等，根据公式可得

$$W_L=\frac{1}{2}LI_0^2\left(=W_C=\frac{1}{2}CU_C^2\right)=\frac{1}{2}\times0.105\times(60\times10^{-3})^2\approx189\times10^{-6}\ \text{J}$$

4.6.3 并联谐振电路

理想 RLC 并联电路如图 4.6.4 所示，输入为正弦电流 $\dot{I}_s$。

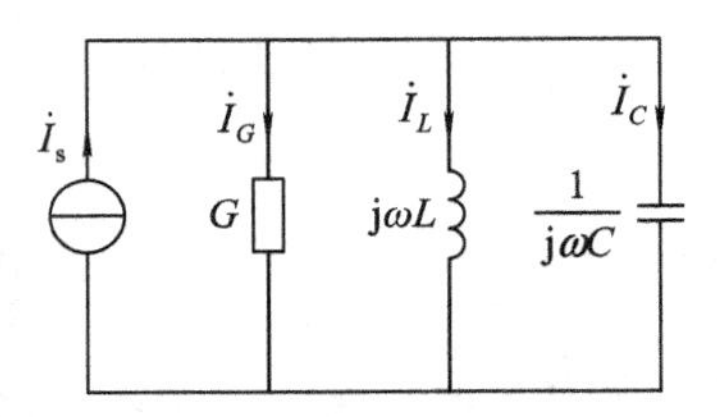

图 4.6.4 并联谐振电路

其导纳为

$$Y(\mathrm{j}\omega)=\frac{\dot{I}_s}{\dot{U}}=G+\mathrm{j}\left(\omega C-\frac{1}{\omega L}\right)$$

并联谐振的定义仍为：端口上的电压 $\dot{U}$ 与端口电流 $\dot{I}$ 同相时的工作状态称为谐振。由此可得并联谐振的条件为

$$\text{Im}[Y(\mathrm{j}\omega_0)]=0$$

因为 $Y(\mathrm{j}\omega_0)=G+\mathrm{j}\left(\omega_0 C-\frac{1}{\omega_0 L}\right)$，所以谐振角频率 ω_0 和谐振频率 f_0 分别为

$$\omega_0=\frac{1}{\sqrt{LC}},\quad f_0=\frac{1}{2\pi\sqrt{LC}} \tag{4.6.5}$$

RLC 并联电路发生谐振时有如下特点：

(1) 并联谐振时，输入导纳 $Y(\mathrm{j}\omega)$ 最小，输入阻抗最大。从 L 或 C 两端看进去的等效导纳等于零，即电抗为无穷大，LC 并联相当于开路。

$$Y(\mathrm{j}\omega_0)=G+\mathrm{j}\left(\omega_0 C-\frac{1}{\omega_0 L}\right)=G$$

$$Z(\mathrm{j}\omega_0)=R$$

(2) 在正弦电流 $\dot{I}_s$ 不变的前提下，谐振时，LC 并联相当于开路，导纳上流过的电流 $\dot{I}_G$ 等于 $\dot{I}_s$，并联支路的端电压达到最大值，$U(\omega_0)=|Z(\mathrm{j}\omega_0)|I_s=RI_s$。这是工程中判断并联电路是否发生谐振的依据。

(3) 并联谐振时，$\dot{I}_L+\dot{I}_C=0$(所以又称为电流谐振)。

$$\dot{I}_L(\omega_0)=-\mathrm{j}\frac{1}{\omega_0 L}\dot{U}=-\mathrm{j}\frac{1}{\omega_0 LG}\dot{I}_s=-\mathrm{j}Q\dot{I}_s$$

$$\dot{I}_C(\omega_0)=\mathrm{j}\omega C\dot{U}=\mathrm{j}\frac{\omega_0 C}{G}\dot{I}_s=\mathrm{j}Q\dot{I}_s$$

式中，Q 称为并联谐振电路的品质因数：

$$Q=\frac{I_C(\omega_0)}{I_s}=\frac{I_L(\omega_0)}{I_s}=\frac{1}{\omega_0 LG}=\frac{\omega_0 C}{G}=\frac{1}{G}\sqrt{\frac{C}{L}}$$

若 $Q\gg 1$，则谐振时在电感和电容中会出现过电流。

(4) 谐振时无功功率为零。$Q_L=\frac{1}{\omega_0 L}U^2$，$Q_C=-\omega_0 CU^2$，$Q_L+Q_C=0$。电场、磁场能量彼此相互交换，两种能量的总和为

$$W(\omega_0)=W_L(\omega_0)+W_C(\omega_0)=LQ^2I_s^2=\text{常数}$$

工程实际中常用电感线圈与电容元件并联组成谐振电路，如图 4.6.5(a) 所示，其中 R 代表线圈损耗电阻。

$$Y(\mathrm{j}\omega)=\mathrm{j}\omega C+\frac{1}{R+\mathrm{j}\omega L}=\mathrm{j}\omega C+\frac{R}{R^2+(\omega L)^2}-\mathrm{j}\frac{\omega L}{R^2+(\omega L)^2}$$

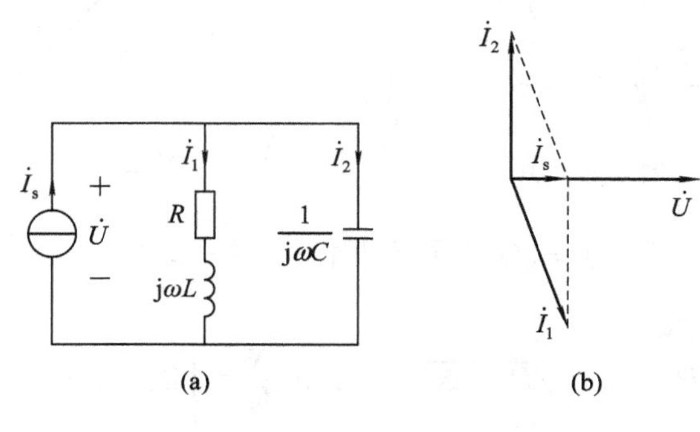

图 4.6.5　一种实际的并联谐振电路

谐振时 $\mathrm{Im}[Y(\mathrm{j}\omega_0)]=0$，所以

$$\omega_0 C-\frac{\omega_0 L}{R^2+(\omega_0 L)^2}=0$$

解得

$$\omega_0=\frac{1}{\sqrt{LC}}\sqrt{1-\frac{CR^2}{L}}<\frac{1}{\sqrt{LC}}$$

显然，只有当 $1-\frac{CR^2}{L}>0$，即 $R<\sqrt{\frac{L}{C}}$ 时，ω_0 才是实数。所以 $R>\sqrt{\frac{L}{C}}$ 时，电路不会发生谐振。

谐振时的电流相量图如图 4.6.5(b)所示。

$$I_2=I_1\sin\varphi_1=I_s\tan\varphi_1$$

若线圈的阻抗角 φ_1 很大，谐振时会有过电流出现在电感支路和电容中。

谐振时

$$Y(\mathrm{j}\omega_0)=\frac{R}{R^2+(\omega_0 L)^2}=\frac{CR}{L}$$

这并不是输入导纳的最小值(即输入阻抗也不是最大值)，所以谐振时端电压不是最大值。并且只有当 $R\ll\sqrt{\frac{L}{C}}$ 时，它发生谐振时的特点才与 RLC 并联谐振电路的特点相近。

【例 4.6.2】 在图 4.6.6 所示的电路中，$R_1=5\ \Omega$。今调节电容 C 值使并联电路发生谐振。此时测得：$I_1=10$ A，$I_2=6$ A，$U_Z=113$ V，电路总功率 $P=1140$ W。求阻抗 Z。

解： 本题考核并联谐振的特点：谐振时电流最小，所有的电流都在电阻中消耗有功分量。总电流 i 是有功分量，i_2 是谐振电流，不做功，因此 i 和 i_2 正交；i_1 中包含了谐振电流和有功分量两部分。根据 KCL 定律，有

$$\dot{I}=\dot{I}_1+\dot{I}_2$$

其向量图如图 4.6.7 所示。因此有

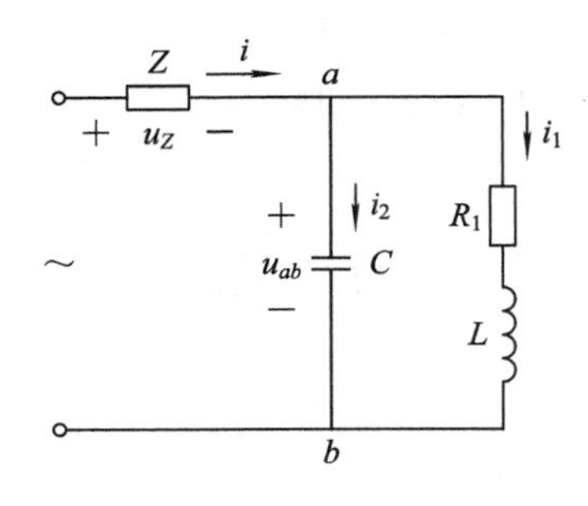

图 4.6.6 例 4.6.2 图

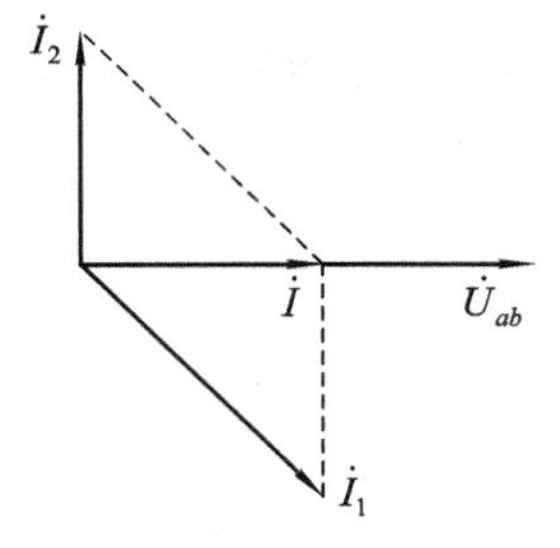

图 4.6.7 例 4.6.2 解图

$$I=\sqrt{I_1^2-I_2^2}=\sqrt{10^2-6^2}=8\ \text{A}$$

令阻抗

$$Z=R+\mathrm{j}X=\sqrt{R^2+X^2}\angle\arctan\frac{X}{R}=|Z|\angle\arctan\frac{X}{R}$$

其中阻抗模为

$$|Z|=\frac{U_Z}{I}=\frac{113}{8}\approx 14.1\ \Omega$$

又由题意知电路总功率为

$$P=I^2R+I_1^2R_1=8^2\times R+10^2\times 5=1140\ \text{W}$$

因此可得

$$R=\frac{1140-500}{64}=10\ \Omega$$

$$X=\pm\sqrt{|Z|^2-R^2}=\sqrt{14.1^2-10^2}=\pm 10\ \Omega$$

因此可得

$$Z=R+\mathrm{j}X=10\pm\mathrm{j}10\ \Omega$$

练习与思考

1. 选择题

1.1　有一正弦交流电压 $u=U_m\sin(\omega t+\varphi)$ V，其中最大值 $U_m=310$ V，频率 $f=50$ Hz，初相位为 $\varphi=30°$。当时间 $t=0.01$ s 时，电压的瞬时值为（　　）。

A. 310 V　　B. −155 V　　C. 220 V　　D. 155 V

1.2　有一正弦电流 $i=I_m\sin(\omega t+\varphi)$ A，其初相位为 30°，初始值 $i_0=10$ A，则该电流的幅值 I_m 为（　　）。

A. 10.414 A　　B. 20 A　　C. 10 A　　D. 无法确定

1.3　有一正弦交流电压的最大值 $U_m=310$ V，频率 $f=50$ Hz，初相位为 $\varphi=30°$。当时间 $t=0.01$ s 时，电压的瞬时值为（　　）。

A. 310 V　　B. −155 V　　C. 220 V　　D. 155 V

1.4　与电流相量 $\dot{I}=4+\mathrm{j}3$ 对应的正弦电流可写作 $i=$（　　）。

A. $5\sin(\omega t+53.1°)$ A　　B. $5\sqrt{2}\sin(\omega t+36.9°)$ A

C. $5\sqrt{2}\sin(\omega t+53.1°)$ A　　D. $5\sin(\omega t+36.9°)$ A

1.5　已知两正弦交流电流 $i_1=5\sin(314t+60°)$ A，$i_2=5\sin(314t-60°)$ A，则二者的相位关系是（　　）。

A. 同相　　B. 反相　　C. 相差 120°　　D. 相差 0°

1.6　交流电路中电容两端电压 u 和流过电容的电流 i 取关联参考方向，则 u 和 i 之间的相位差 φ_{ui} 为（　　）。

A −90°　　B. −180°　　C. 90°　　D. 180°

1.7　已知电路如题 1.7 图所示，则电压表 V_0 的读数为（　　）V。

A. 7　　B. 1　　C. −1　　D. 5

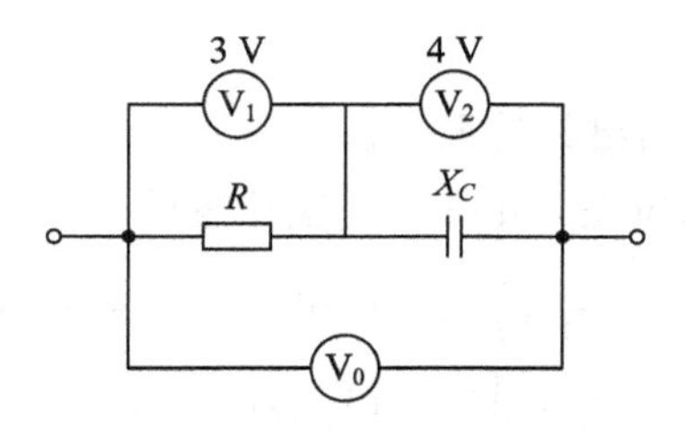

题 1.7 图

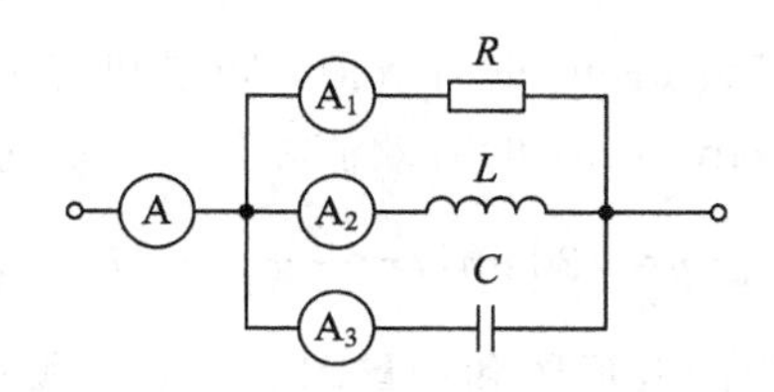

题 1.8 图

1.8 电路如题1.8图所示，已知电流表 A_1、A_2 和 A_3 的读数(正弦有效值)分别为5 A、20 A和25 A，则电流表A的读数是(　　)。

A. 50 A　　B. 7.07 A　　C. 5 A　　D. 10 A

1.9 RLC 串联电路中，已知 $R=X_L=X_C=5\ \Omega$，$\dot{I}=2\angle 0^\circ$ A，则电路的端电压 $\dot{U}$ 等于(　　)。

A. $10\angle 0^\circ$ V　　B. $2\angle 0^\circ\times(5+\mathrm{j}10)$ V　　C. 15 V　　D. 10 V

1.10 在 RLC 串联电路中，已知 $R=3\ \Omega$，$X_L=8\ \Omega$，$X_C=4\ \Omega$，则电路的功率因数 $\cos\varphi$ 等于(　　)。

A. 0.6　　B. 0.8　　C. 0.5　　D. 0.25

1.11 下列关于串联谐振描述不正确的是(　　)。

A. 电路的阻抗模值最小　　B. 电路中电流值最小

C. 电源电压与电路中电流同相　　D. 串联谐振又称为电压谐振

1.12 在 RL 与 C 并联的谐振电路中，增大电阻 R，将使(　　)。

A. 阻抗谐振曲线变平坦　　B. 谐振频率升高

C. 阻抗谐振曲线变尖锐　　D. 谐振频率降低

1.13 一个线圈与电容串联后加1 V的正弦交流电压，当电容为100 pF时，电容两端的电压为100 V且最大，此时信号源的频率为100 kHz，线圈的品质因数为(　　)。

A. 500　　B. 1000　　C. 50　　D. 100

1.14 一个串联谐振电路，品质因数为100，则下列说法正确的是(　　)。

A. 电容两端电压大小是电阻两端电压大小的100倍

B. 电阻两端电压大小是电容两端电压大小的100倍

C. 电感两端电压大小是电容两端电压大小的100倍

D. 电容两端电压大小是电感两端电压大小的100倍

1.15 电路电感性负载，欲提高电路的功率因数，最好的方法是(　　)。

A. 并联电容　　B. 并联电感　　C. 串联电容　　D. 串联电感

2. 计算题

2.1 正弦电压 $u=100\sin(314t+\varphi)$ V，当 $t=0$ 时，$u=50$ V。求出电压的有效值、频率和初相位，并画出对应波形图。

2.2 已知电压：

$$u_1=200\sqrt{2}\sin(314t+30^\circ)\ \text{V}$$

$$u_2=100\sqrt{2}\cos(314t-30^\circ)\ \text{V}$$

(1) 求出 u_1,u_2 的有效值、频率和初相位，并画出其波形图。

(2) 写出 u_1,u_2 的有效值相量，确定它们的相位差，并画出对应相量图。

2.3 若 $u=220\sin\left(t+\dfrac{2}{3}\pi\right)$ V，$i=10\sqrt{2}\cos\left(t-\dfrac{1}{3}\pi\right)$ A，写出 u 和 i 的有效值相量，并画出它们的波形图和相量图。求出 u 和 i 的相位差并说明超前与滞后关系。

2.4 在题2.4图所示 R、X_L、X_C 串联电路中，各电压表的读数为多少？

2.5 在题2.5图所示 R、X_L、X_C 并联电路中，各电流表的读数为多少？

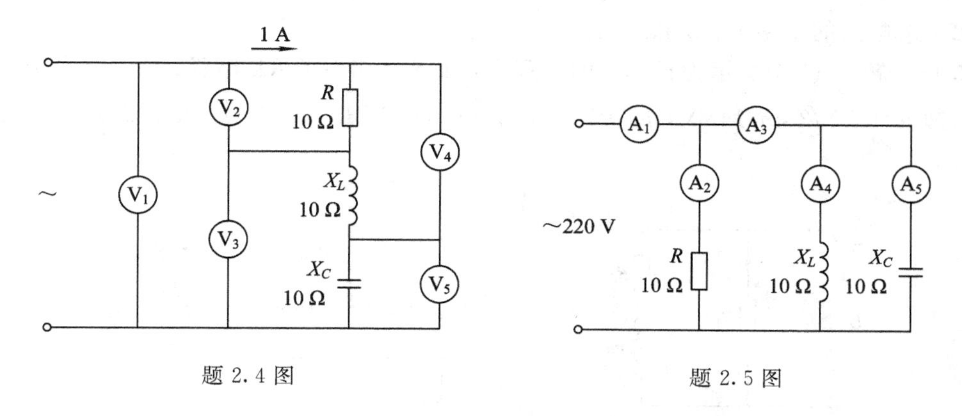

题 2.4 图　　　　题 2.5 图

2.6　求题 2.6 图所示电路中 ab 端的等效阻抗 Z_{ab}。

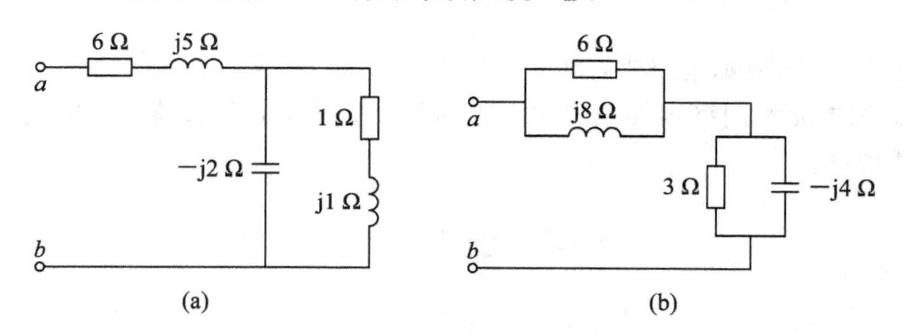

题 2.6 图

2.7　题图 2.7 所示电路中，$u_{s1}(t)=30\sqrt{2}\sin\omega t$ V，$R=6\ \Omega$，$\omega L=\dfrac{1}{\omega C}=8\ \Omega$，求：

(1) 电流表读数。

(2) 功率表读数。

2.8　题 2.8 图所示日光灯和白炽灯并联的电路，图中 R_1 为灯管电阻，X_L 为整流器电抗，R_2 为白炽灯电阻。已知 $U=220$ V，整流管电阻不计，灯管功率为 40 W，功率因数为 0.5，白炽灯功率为 60 W，求 I_1、I_2、I 及总功率因数。

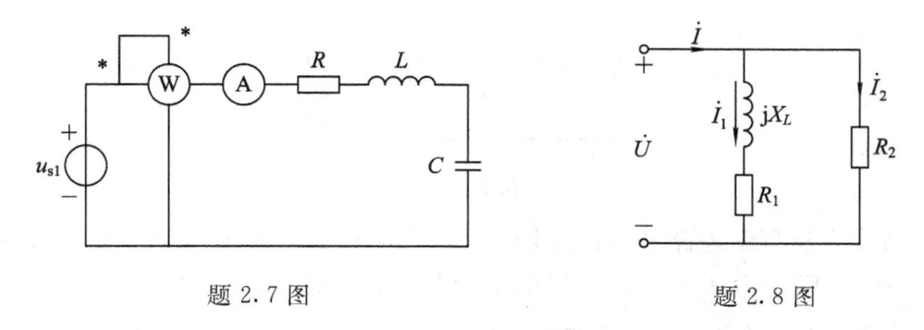

题 2.7 图　　　　题 2.8 图

2.9　在题 2.9 图所示电路中，已知 $I_1=22$ A，$I_2=10$ A，$I=30$ A，$R_1=10\ \Omega$，$f=50$ Hz。求 R_2、L 与电路的 $\cos\varphi$、P、Q 和 S。

2.10　RLC 串联电路中，已知 $R=8\ \Omega$，$L=255$ mH，$C=53.5\ \mu$F，所接电源电压 $u=220\sqrt{2}\sin 314t$ V。

(1) 电压、电流都取关联参考方向时，求电路中电流及各元件上电压的瞬时值表达式。

(2) 求电路的功率 P、Q 和 S。

2.11　题 2.11 图所示为日光灯的原理图，镇流器相当于 RL 串联，灯管相当于一个电阻，已知 $u=220\sqrt{2}\sin314t$ V，$R_1=74$ Ω，$L=1.96$ H，$R_2=182$ Ω。求电流 I、电压 U_1 及 U_2。

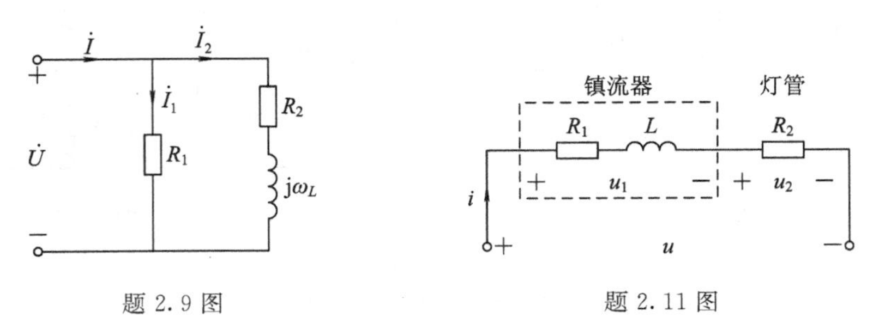

题 2.9 图　　　　题 2.11 图

2.12　题 2.12 图所示电路中，已知 $u=100\sqrt{2}\sin314t$ V，$i=5\sqrt{2}\sin314t$ A，$R=10$ Ω，$L=0.032$ H。试求无源网络内等效串联电阻的元件参数值，并求整个电路的功率因数、有功功率和无功功率。

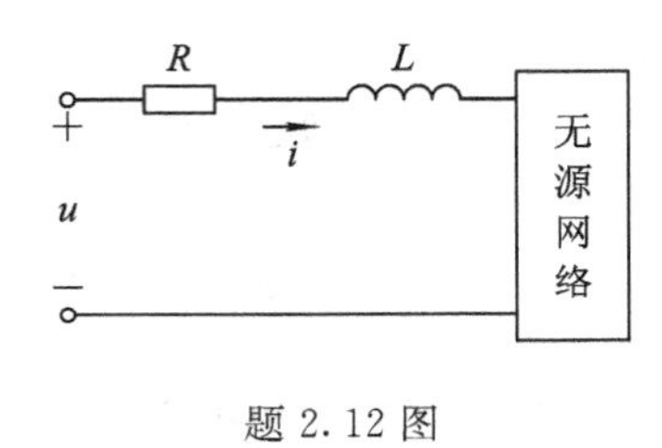

题 2.12 图

2.13　题 2.13 图所示是一移相电路。如果 $C=0.01$ μF，输入电压 $u_1=\sqrt{2}\sin6280t$ V，今欲使输出电压 u_2 在相位上前移60°，问应配多大的电阻 R？此时输出电压的有效值 U_2 等于多少？

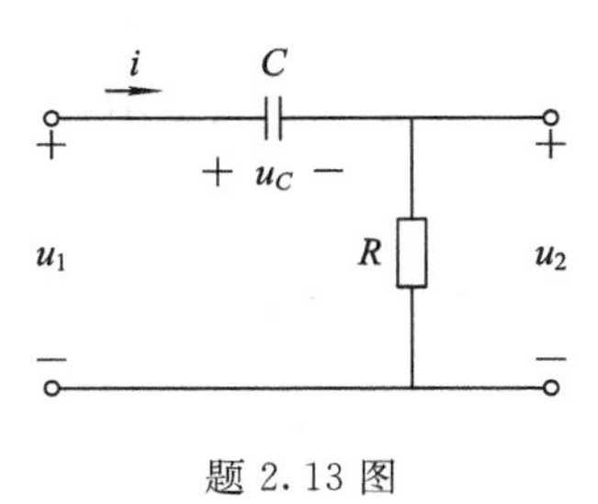

题 2.13 图

2.14　某收音机调谐电路的电感线圈 $L=250$ μH、$R=20$ Ω 与可变电容器构成串联谐振电路。若要收听频率为 $f_1=640$ kHz 的电台节目，问 C 应为多少？

2.15　在 RLC 串联电路中，已知端电压 $u=5\sqrt{2}\cos(2500t)$ V，当电容 $C=10$ μF 时，电路吸收的有功功率达到最大值 $P_{max}=150$ W。求电路中电感 L 和电阻 R 的值以及电路的品质因数 Q 值。

2.16　有一 RLC 串联电路，它在电源频率 f 为 500 Hz 时发生谐振。谐振时电流 I 为 0.2 A，容抗 X_C 为 314 Ω，并测得电容电压 U_C 为电源电压 U 的 20 倍。试求该电路的电阻 R 和电感 L。

2.17 在题 2.17 图所示的电路中，$R_1=5\ \Omega$。今调节电容 C 值使并联电路发生谐振，并此时测得：$I_1=10$ A，$I_2=6$ A，$U_Z=113$ V，电路总功率 $P=1140$ W。求阻抗 Z。

2.18 在题 2.18 图所示的电路中，$u=20\sin(\omega t+90°)$ V，求 i 的值。

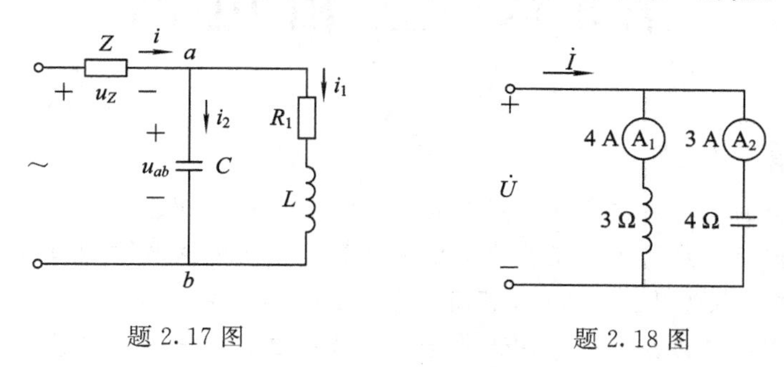

题 2.17 图　　　　题 2.18 图

2.19 有一感性负载 Z，已知其有功功率 $P=10$ kW，功率因数 $\cos\varphi=0.6$，接在电压 $U=220$ V，频率 $f=50$ Hz 的电源上，若要将功率因数提高到 0.85，应并联多大的电容 C?

2.20 一支 40 W 的日光灯管与镇流器（镇流器可近似看做纯电感）串联在电压为 220 V、频率为 50 Hz 的电源上。已知灯管工作时为纯电阻性负载，灯管两端电压等于 110 V，试求镇流器的感抗与电感。这时电路的功率因数是多少？若要将电路功率因数提高到 0.8，应在电路中并联多大电容？

第5章 三相电路

【导读】

目前，世界上的电力系统广泛采用三相制，即由三相电源、三相负载和三相输电线路三部分组成。与前面介绍的单相正弦交流电路相比，三相电路具有输电经济、三相电机性能好、效率高、成本低等优点。所以，三相交流电路是电能的产生、传输和分配过程中广泛应用的形式。本章主要讨论三相电源的产生、负载的连接、三相电路的分析与计算、三相电路的功率等问题。

【基本要求】

- 理解三相电源及其连接方式。
- 理解三相负载的连接方式。
- 掌握对称三相电路和不对称三相电路的分析与计算方法。
- 熟悉三相功率的计算方法。

5.1 三相电源及其连接

5.1.1 对称三相电源

对称三相电源由三个频率相同、幅值相等、相位差均为120°的正弦交流电压源组成，简称为三相电源。

三相电源中的每一个电压源称为一相，每相电源的端电压称为电源相电压。三相电源分别为A相电源、B相电源、C相电源，其相电压分别记为u_A、u_B、u_C，如图5.1.1所示。

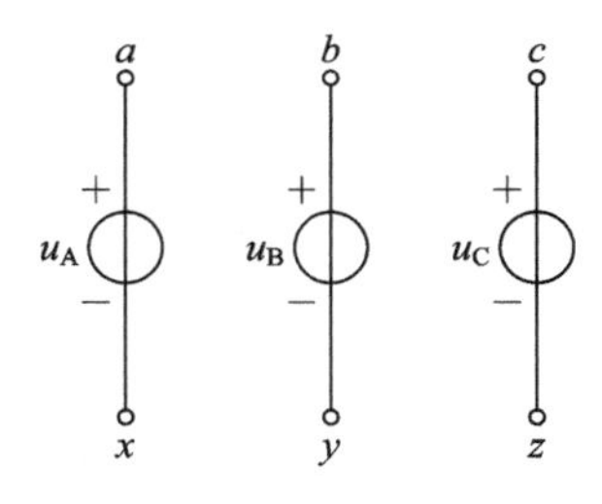

图5.1.1 三相电源

设A相电源为参考正弦量，则有

$$\begin{cases} u_A = \sqrt{2}U\sin\omega t \\ u_B = \sqrt{2}U\sin(\omega t - 120°) \\ u_C = \sqrt{2}U\sin(\omega t + 120°) \end{cases} \tag{5.1.1}$$

电压的相量式为

$$\begin{cases}\dot{U}_A=U\angle 0^\circ\\ \dot{U}_B=U\angle -120^\circ\\ \dot{U}_C=U\angle 120^\circ\end{cases}\tag{5.1.2}$$

三相电源的波形图和相量图如图 5.1.2 所示。

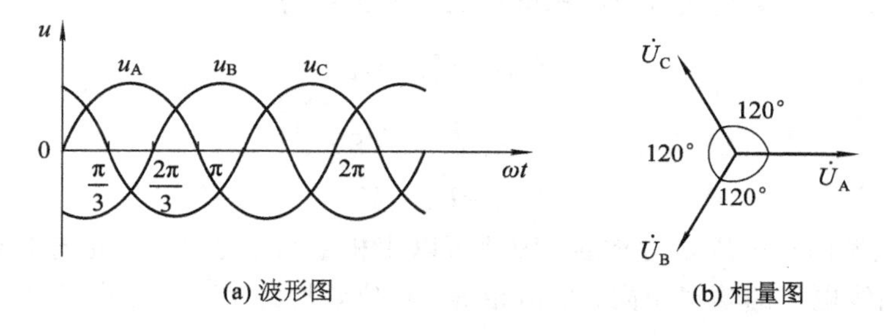

图 5.1.2　三相电源的波形图和相量图

三相正弦交流电到达正向幅值的先后次序称为相序。图 5.1.2 所示的三相电源的相序是 $u_A\to u_B\to u_C$，称为正相序。反之，若相序是 $u_C\to u_B\to u_A$，则称为负相序。在以后的分析中，如无特殊说明，三相电源的相序均指正相序。

由式(5.1.1)、式(5.1.2)及图 5.1.2 很容易得出，任何瞬间一组对称的三相正弦量(电压或电流)的瞬时值之和以及相量之和都等于零，即

$$\begin{cases}u_A+u_B+u_C=0\\ \dot{U}_A+\dot{U}_B+\dot{U}_C=0\end{cases}$$

5.1.2　三相电源的连接方式

三相电源来源于三相发电机，供电时电源三相绕组的连接方式通常有两种，即星形连接(简称 Y 连接)和三角形连接(简称△连接)。

1. 三相电源的星形连接

星形连接如图 5.1.3 所示，即将三相电源的末端 x、y、z 连在一起，用 N 表示，称为中性点或零点；再从始端 a、b、c 引出接线为负载供电，称为相线(俗称火线)；由中性点 N 引出的导线称为中线(俗称零线)。三相电源采用三根相线 A、B、C 和一根中线 N 的连接方式供电，称为三相四线制，如图 5.1.3(a)所示。若采用无中线连接方式供电，则称为三

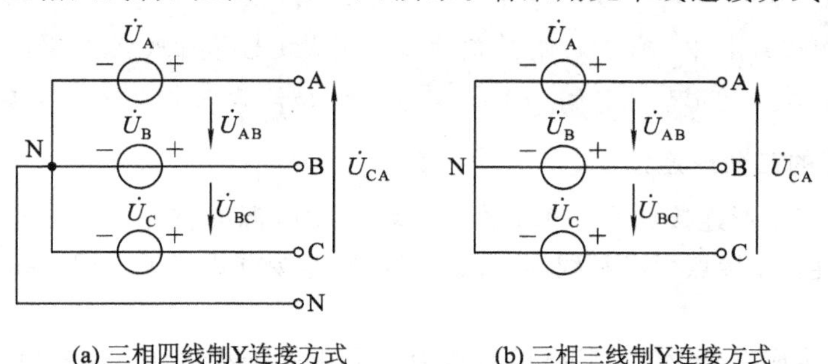

图 5.1.3　三相电源的星形连接

相三线制，如图 5.1.3(b)所示。

小贴士

A、B、C 三根火线，分别用黄、绿、红颜色标记。

三相电源始端间(即火线间，或 A、B、C 之间)的电压，称为线电压。三相电源星形连接时(如图 5.1.3 所示)，其线电压与相电压之间的关系为

$$\begin{cases}\dot{U}_{AB}=\dot{U}_{A}-\dot{U}_{B}\\ \dot{U}_{BC}=\dot{U}_{B}-\dot{U}_{C}\\ \dot{U}_{CA}=\dot{U}_{C}-\dot{U}_{A}\end{cases} \tag{5.1.3}$$

由于三相电源的相电压是对称的，因此可以用相量图来证明，星形连接时线电压也是对称的，即三相线电压的频率相同、幅值相等、相位差均为 120°，见式(5.1.4)。

设 $\dot{U}_A=U\angle 0°$，则线电压的相量图如图 5.1.4 所示。

$$\begin{cases}\dot{U}_{AB}=\sqrt{3}\dot{U}_{A}\angle 30°\\ \dot{U}_{BC}=\sqrt{3}\dot{U}_{B}\angle 30°=\dot{U}_{AB}\angle -120°\\ \dot{U}_{CA}=\sqrt{3}\dot{U}_{C}\angle 30°=\dot{U}_{AB}\angle 120°\end{cases} \tag{5.1.4}$$

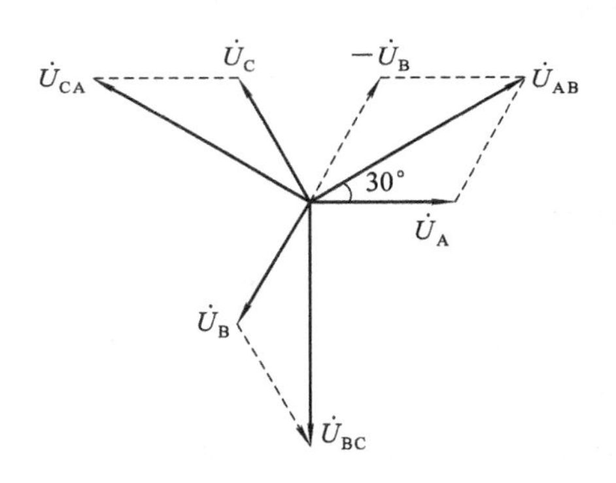

图 5.1.4 三相电源线电压与相电压的关系

小贴士

在低压三相四线制中，相电压有效值为 220 V，线电压有效值为 $220\sqrt{3}$ V(380 V)。通常三相电压指三相线电压，如输电电压 10 kV 是指三相线电压有效值为 10 kV。

2. 三相电源的三角形连接

三相电源的三角形连接如图 5.1.5 所示，将三相电源的首尾依次相连，即 A 和 z、B 和 x、C 和 y 相连。连接点引出端线为相线。三角形连接方式属于三相三线制供电系统，用△表示。

三相电源连接成三角形时，其电压特点为线电压等于相电压，因相电压对称，所以线电压也对称，即

$$\begin{cases}\dot{U}_{AB}=\dot{U}_{A}\\ \dot{U}_{BC}=\dot{U}_{B}=\dot{U}_{A}\angle-120^{\circ}\\ \dot{U}_{CA}=\dot{U}_{C}=\dot{U}_{A}\angle120^{\circ}\end{cases} \tag{5.1.5}$$

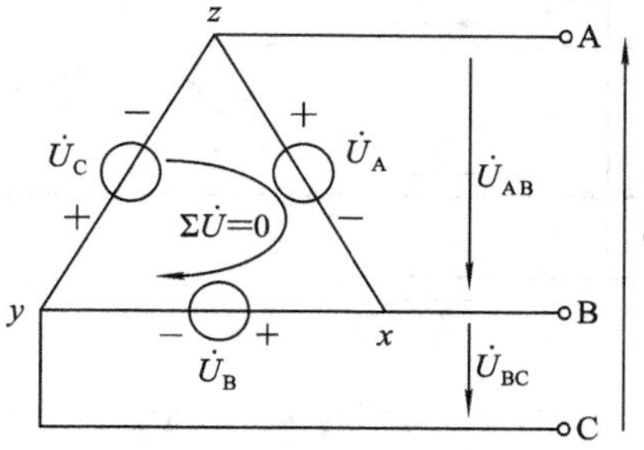

图 5.1.5 三相电源的三角形连接

因为三相电源的对称性，图 5.1.5 所示电路有 KVL 方程，为

$$\dot{U}_{A}+\dot{U}_{B}+\dot{U}_{C}=0$$

即三相电源在未接负载的情况下，△电路内不会形成环流。但注意：如果其中任意一相反接，则 $\dot{U}_{A}+\dot{U}_{B}+\dot{U}_{C}\neq0$，而电源内阻抗又比较小，这时△电路内会形成很大的环流，致使三相电源(发电机或变压器)烧坏。

5.2 三相负载的连接方式

负载有单相和三相之分，电灯、家用电器、单相电动机等只需单相电源供电即可工作，均为单相负载，如果将这样的三组单相负载分别接到三相电源的三相上，构成三相负载，通常这样的负载构成三相不对称负载。而有些电气设备本身就是三相负载，如三相异步电动机、三相电阻炉等，由于其内部各相负载阻抗相同，则构成三相对称负载。

三相负载可以连接成星形和三角形两种形式。采用哪一种连接方式，应根据电源电压和负载额定电压的大小来决定。原则上，应使负载承受的电源电压等于负载的额定电压。

1. 三相负载的星形连接

将三相负载的任意一端接成一点(称为中性点)，与三相电源的中性点连接，另一端分别接三相电源的相线，则构成三相负载的星形连接。一般三相不对称负载星形连接常接成三相四线制，如图 5.2.1 所示，图中 Z_{A}、Z_{B}、Z_{C}为互不相同的三相负载的阻抗。而三相对称负载星形连接一般接成三相三线制，如图 5.2.2 所示，图中 $Z_{A}=Z_{B}=Z_{C}=Z$。

将流过相线(火线)的电流称为线电流，而流过每相负载的电流称为相电流，显然，负载星形连接时线电流等于相电流。每相负载上的电压称为相电压，相线与相线之间的电压称为线电压。

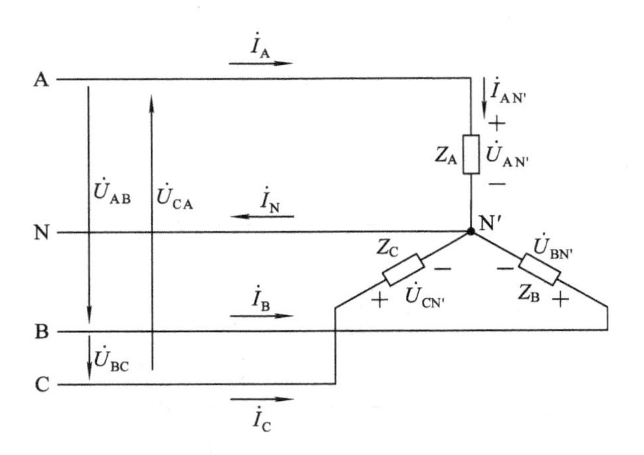

图 5.2.1　不对称负载的星形连接

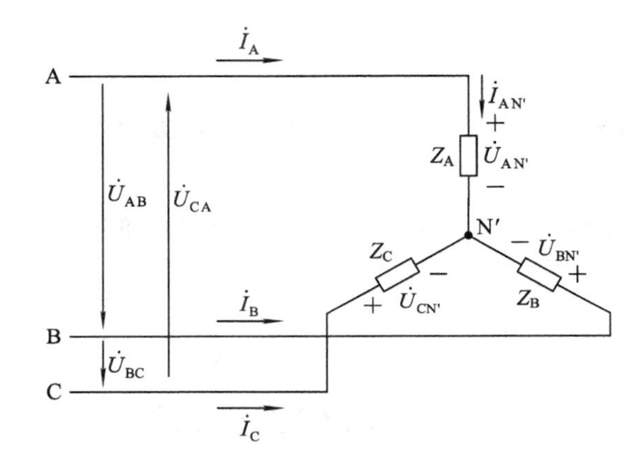

图 5.2.2　省去中线的对称负载的星形连接

2. 三相负载的三角形连接

将三相负载的首、尾端分别相连构成一个三角形，并将 3 个连接点分别接到三相电源的相线，则构成三相负载的三角形连接，如图 5.2.3 所示。

由图可见，负载三角形连接时，每相负载上的相电压就是电源相应的线电压。因此，不论负载对称与否，负载的相电压总是对称的。

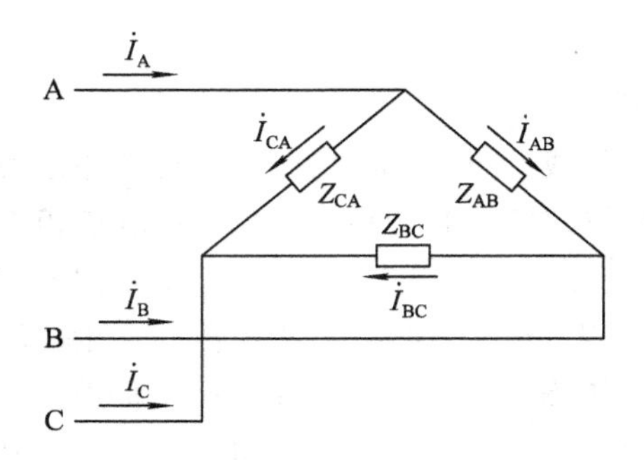

图 5.2.3　三相负载三角形连接

5.3 对称三相电路分析

5.3.1 对称星形连接三相电路

图 5.3.1 所示电路为三相四线制的三相电路。对称电源和对称负载均连接成星形电路，又称对称 Y－Y 三相电路。

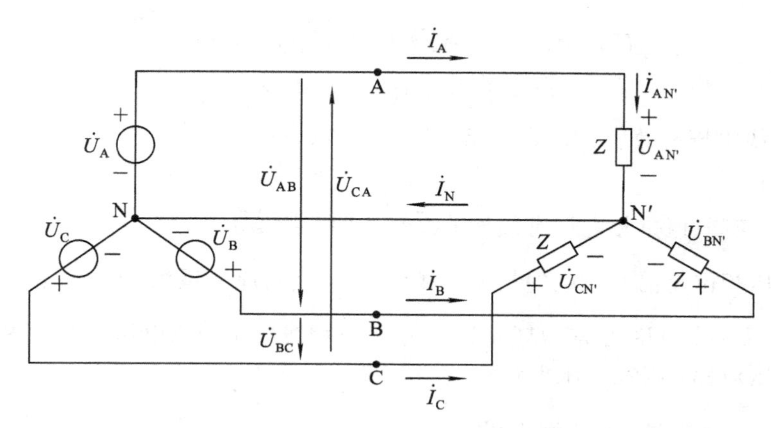

图 5.3.1 对称 Y－Y 三相电路

1. 电流特性

图 5.3.1 所示电路中，电流 $\dot{I}_A$、$\dot{I}_B$、$\dot{I}_C$为线电流，$\dot{I}_{AN'}$为相电流，$\dot{I}_N$为中性线电流。当三相电压对称时，相电压的有效值用 U_P表示，有

$$\begin{cases} \dot{U}_A = U_P\angle 0° \\ \dot{U}_B = U_P\angle -120° \\ \dot{U}_C = U_P\angle 120° \end{cases}$$

$$\begin{cases} \dot{I}_A = \dot{I}_{AN'} = \dfrac{\dot{U}_A}{Z} = I_A\angle\varphi_A \\ \dot{I}_B = \dfrac{\dot{U}_B}{Z} = I_A\angle(\varphi_A - 120°) \\ \dot{I}_C = \dfrac{\dot{U}_C}{Z} = I_A\angle(\varphi_A + 120°) \end{cases} \tag{5.3.1}$$

电流特性：

(1) 线电流等于对应的相电流。例如 $\dot{I}_A = \dot{I}_{AN'}$。

(2) 相电压对称，则相电流、线电流也对称，见式(5.3.1)。

(3) 中性线电流为零，即 $\dot{I}_N = \dot{I}_A + \dot{I}_B + \dot{I}_C = 0$。中性线可以省略，可连接成三相三线制 Y－Y 电路。

(4) Y－Y 对称电路的电流分析，可以根据中性线电流为零的特点，三相电路简化为单相电路计算 $\dot{I}_A$，再由电流的对称性得 $\dot{I}_B$、$\dot{I}_C$，其关系式见式(5.3.1)。

2. 电压特性

图 5.3.1 所示电路中，线电压为

$$\dot{U}_{AB}=\dot{U}_A-\dot{U}_B=U_P\angle 0°-U_P\angle -120°=\sqrt{3}U_P\angle 30°=\sqrt{3}\dot{U}_A\angle 30°=U_L\angle 30°$$

同理有

$$\dot{U}_{BC}=\dot{U}_B-\dot{U}_C=\sqrt{3}\dot{U}_B\angle 30°=U_L\angle -90°$$

$$\dot{U}_{CA}=\dot{U}_C-\dot{U}_A=\sqrt{3}\dot{U}_C\angle 30°=U_L\angle 150°$$

式中，U_L表示线电压有效值；U_P表示相电压有效值。

电压特性：

(1) 线电压有效值是相电压有效值的$\sqrt{3}$倍，即 $U_L=\sqrt{3}U_P$。

(2) 线电压相位超前所对应的相电压相位 30°，其对应关系为：$\dot{U}_{AB}$超前 $\dot{U}_A$（或 $\dot{U}_{AN'}$），$\dot{U}_{BC}$超前 $\dot{U}_B$（或 $\dot{U}_{BN'}$），$\dot{U}_{CA}$超前 $\dot{U}_C$（或 $\dot{U}_{CN'}$）。其三相线电压与相电压关系如图 5.1.4 所示。

(3) 相电压对称，则线电压也对称。

5.3.2 对称三角形连接三相电路

图 5.3.2 所示电路为对称三角形连接三相电路。

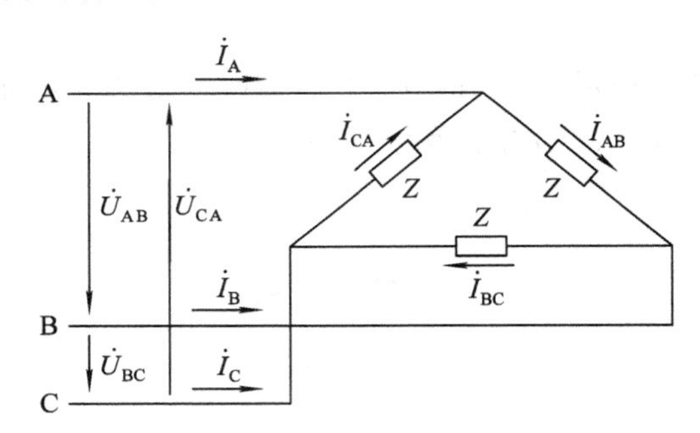

图 5.3.2 对称三角形连接三相电路

1. 电压特性

图 5.3.2 电路中，由于负载是三角形连接，所以负载的相电压等于线电压。

电压特性：

(1) 负载的相电压等于线电压。

(2) 线电压对称，则负载的相电压也对称。

2. 电流特性

图 5.3.2 中的电流 $\dot{I}_A$、$\dot{I}_B$、$\dot{I}_C$为线电流，$\dot{I}_{AB}$、$\dot{I}_{BC}$、$\dot{I}_{CA}$为相电流。设 $Z=|Z|\angle\varphi_Z$，其负载的相电流为

$$\begin{cases}\dot{I}_{AB}=\dfrac{\dot{U}_{AB}}{Z}=\dfrac{U_L\angle 0°}{|Z|\angle\varphi_Z}=I_{AB}\angle-\varphi_Z=I_P\angle-\varphi_Z\\ \dot{I}_{BC}=\dfrac{\dot{U}_{BC}}{Z}=\dfrac{U_L\angle-120°}{|Z|\angle\varphi_Z}=I_P\angle(-120°-\varphi_Z)=\dot{I}_{AB}\angle-120°\\ \dot{I}_{CA}=\dfrac{\dot{U}_{CA}}{Z}=\dfrac{U_L\angle 120°}{|Z|\angle\varphi_Z}=I_P\angle(120°-\varphi_Z)=\dot{I}_{AB}\angle 120°\end{cases}\tag{5.3.2}$$

式中，I_P表示相电流有效值。

列图 5.3.2 中负载端的节点 KCL 方程，为

$$\begin{cases}\dot{I}_A=\dot{I}_{AB}-\dot{I}_{CA}=\sqrt{3}\,\dot{I}_{AB}\angle-30°=I_L\angle-30°\\ \dot{I}_B=\dot{I}_{BC}-\dot{I}_{AB}=\sqrt{3}\,\dot{I}_{BC}\angle-30°=I_L\angle-150°\\ \dot{I}_C=\dot{I}_{CA}-\dot{I}_{BC}=\sqrt{3}\,\dot{I}_{CA}\angle-30°=I_L\angle 90°\end{cases}\tag{5.3.3}$$

式中，I_L表示线电流有效值。

线电流与相电流之间的相量关系也可以用相量图表示，如图 5.3.3 所示。

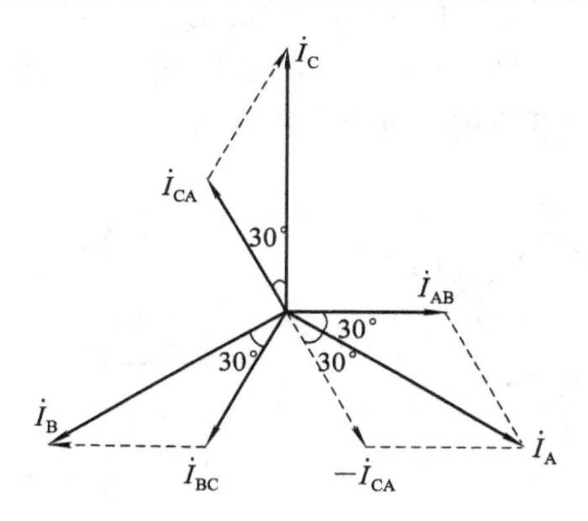

图 5.3.3 对称负载△形连接时线电流与相电流的关系

电流特性：

(1) 相电流对称，线电流也对称。

(2) 线电流有效值 I_L是相电流有效值 I_P的$\sqrt{3}$倍，即 $I_L=\sqrt{3}I_P$。

(3) 线电流相位滞后所对应的相电流相位 30°，其对应关系为：$\dot{I}_A$滞后 $\dot{I}_{AB}$，$\dot{I}_B$滞后 $\dot{I}_{BC}$，$\dot{I}_C$滞后 $\dot{I}_{CA}$。

5.3.3 对称三相电路的计算

正弦交流电路的稳态分析与计算，在前面已进行了讨论，其方法对三相交流电路的正弦稳态分析仍然适用，只是在分析对称三相电路时，应充分利用对称三相电路的对称特性，这样可以大大简化计算过程。

【例 5.3.1】 星形连接的对称三相电路，已知电源线电压 $U_L=380$ V，每相负载阻抗为 $Z=10+\mathrm{j}10\ \Omega$，忽略线路阻抗 Z_L，求各相电流。

解： 星形连接的对称三相电路，可划归单相计算。该电源的相电压为

$$U_P = \frac{U_L}{\sqrt{3}} = \frac{380}{\sqrt{3}}\ V = 220\ V$$

设 $\dot{U}_A = 220\angle 0°$ V，则划归为单相时的电路如图 5.3.4 所示。

$$\dot{I}_A = \frac{\dot{U}_A}{Z} = \frac{220\angle 0°}{10+j10}\ A = 15.6\angle -45°\ A$$

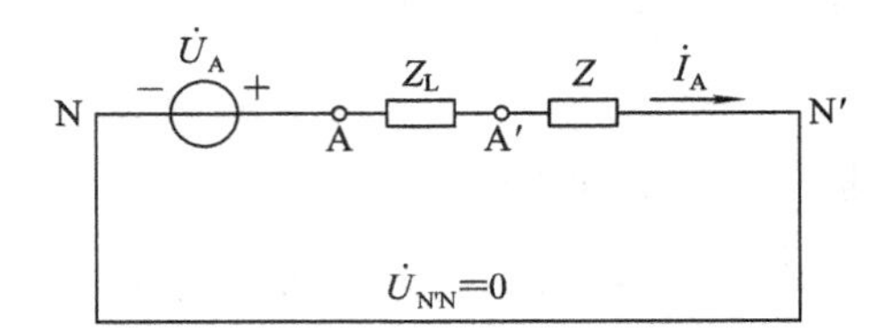

图 5.3.4　一相计算电路

由对称性得

$$\dot{I}_B = \dot{I}_A\angle -120° = 15.6\angle -165°\ A$$

$$\dot{I}_C = \dot{I}_A\angle 120° = 15.6\angle 75°\ A$$

【例 5.3.2】 如图 5.3.5(a)所示对称三相电路，电源相电压为 220 V，$Z=15+j12\ \Omega$，端线阻抗 $Z_L=3+j4\ \Omega$，求负载端的线电压和相电流。

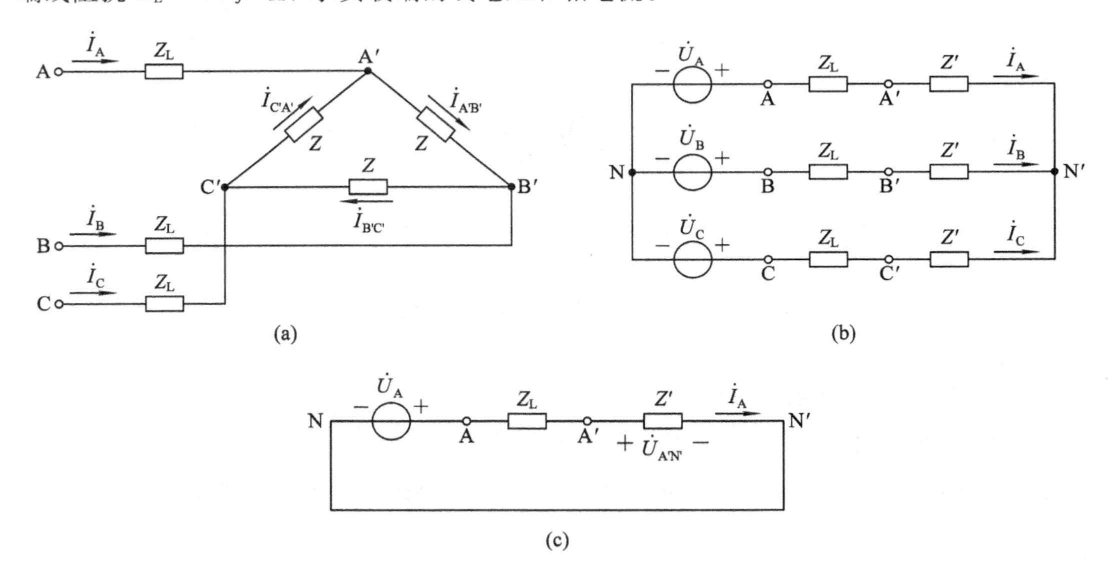

图 5.3.5　例 5.3.2 图

解： 该对称电路可化为对称的 Y－Y 系统来进行计算，如图 5.3.5(b)所示。

$$Z' = \frac{Z}{3} = \frac{15+j12}{3} = 5+j4\ \Omega$$

设 $\dot{U}_A = 220\angle 0°$ V，由图 5.3.5(c)所示的一相计算电路求得

$$\dot{I}_A = \frac{\dot{U}_A}{Z_L+Z'} = \frac{220\angle 0°}{3+j4+5+j4} = 19.5\angle -45°\ A$$

由对称性得

$$\dot{I}_B=\dot{I}_A\angle-120°=19.5\angle-165°\ \text{A}$$

$$\dot{I}_C=\dot{I}_A\angle 120°=19.5\angle 75°\ \text{A}$$

此电流即为负载端的线电流。根据前面介绍的线电流与相电流之间的关系，求得负载端的相电流为

$$\dot{I}_{A'B'}=\frac{\dot{I}_A}{\sqrt{3}}\angle 30°=\frac{19.5\angle-45°}{\sqrt{3}}\angle 30°=11.3\angle-15°\ \text{A}$$

由对称性得

$$\dot{I}_{B'C'}=11.3\angle-135°\ \text{A}$$

$$\dot{I}_{C'A'}=11.3\angle 105°\ \text{A}$$

由图5.3.5(c)可求出负载相电压为

$$\dot{U}_{A'N'}=\dot{I}_A Z'=19.5\angle-45°\times(5+\text{j}4)=124.8\angle-6.3°\ \text{V}$$

由线电压与相电压之间的关系可得负载端的线电压为

$$\dot{U}_{A'B'}=\sqrt{3}\dot{U}_{A'N'}\angle 30°=216\angle 23.7°\ \text{V}$$

由对称性得

$$\dot{U}_{B'C'}=216\angle-96.3°\ \text{V}$$

$$\dot{U}_{C'A'}=216\angle 143.7°\ \text{V}$$

5.4　不对称三相电路分析

在三相电路中，如果电源不对称或负载不对称(也可能两者均不对称)，则称为不对称三相电路。正常情况下，三相电源是对称的，三相负载不对称的情况则比较常见。本节分析的就是负载不对称的三相电路。

在不对称三相电路中，由于三相电流不再对称，就不能用划归单相的方法来分析，而应采用复杂电路的分析方法来进行分析。

1. 不对称三相四线电路

图5.4.1为负载不对称星形系统，如果现在合上开关S，即接上中性线，并使$Z_N=0$，则可迫使$\dot{U}_{N'N}=0$，此时各相负载电压是对称的，分别等于电源的相电压。虽然三相电流不对称，但在这个条件下，可使各相保持独立性，各相工作状况互不影响，因此在求解各相参数时可以分别独立计算。这种情况下中性线的存在是非常重要的。中性线的作用就是保证不对称星形负载的相电压对称。

小贴士

在三相四线制中，为了保证不对称星形负载的相电压对称，不能断开中性线。一般中性线采用钢芯结构，且不允许在中性线上安装熔断器或开关。

此时，由于相电流的不对称，中性线电流一般不为零，即

$$\dot{I}_N=\dot{I}_A+\dot{I}_B+\dot{I}_C\neq 0$$

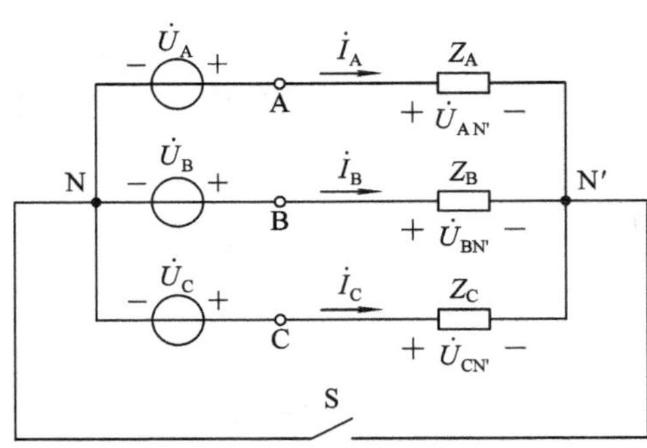

图 5.4.1　不对称三相四线电路

2. 不对称三相三线电路

如果将图 5.4.1 中开关 S 打开，这时相当于不接中性线的情况。取 N 为参考节点，列写节点方程可得

$$\left(\frac{1}{Z_1}+\frac{1}{Z_2}+\frac{1}{Z_3}\right)\dot{U}_{N'N}=\frac{\dot{U}_A}{Z_1}+\frac{\dot{U}_B}{Z_2}+\frac{\dot{U}_C}{Z_3}$$

由于三相负载不对称，使 $\dot{U}_{N'N}\neq 0$，从而造成负载端的相电压不对称，即

$$\begin{cases}\dot{U}_{AN'}=\dot{U}_A-\dot{U}_{N'N}\\ \dot{U}_{BN'}=\dot{U}_B-\dot{U}_{N'N}\\ \dot{U}_{CN'}=\dot{U}_C-\dot{U}_{N'N}\end{cases}\tag{5.4.1}$$

如果 $\dot{U}_{N'N}$ 值较大时，会使有的相电压低于额定电压，负载的工作不正常；而有的相电压高于额定电压时，会导致负载损坏。并且，由于 $\dot{U}_{N'N}\neq 0$，使相与相之间失去了独立性和对称性，如果某一相上负载变动时，会影响其他相的电压、电流。

此时，三相负载的电流也是不对称的。

图 5.4.2 为不对称负载三角形连接的三相电路，虽然各相负载的电压仍然是三相电源的对称线电压，但各相负载的阻抗已不相等，因此各相电流不再对称，只能逐相分别计算。各线电流也必须逐一分别计算。

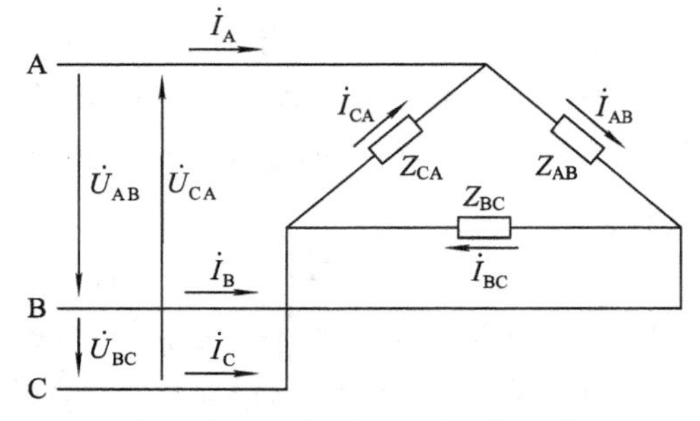

图 5.4.2　不对称三相三线电路

在图 5.4.2 中，负载的相电压与电源的线电压相等。

各相负载的相电流分别为

$$\begin{cases} \dot{I}_{AB}=\dfrac{\dot{U}_{AB}}{Z_{AB}} \\ \dot{I}_{BC}=\dfrac{\dot{U}_{BC}}{Z_{BC}} \\ \dot{I}_{CA}=\dfrac{\dot{U}_{CA}}{Z_{CA}} \end{cases} \tag{5.4.2}$$

负载的线电流可应用基尔霍夫电流定律分别进行计算：

$$\begin{cases} \dot{I}_{A}=\dot{I}_{AB}-\dot{I}_{CA} \\ \dot{I}_{B}=\dot{I}_{BC}-\dot{I}_{AB} \\ \dot{I}_{C}=\dot{I}_{CA}-\dot{I}_{BC} \end{cases} \tag{5.4.3}$$

【例 5.4.1】 三相照明电路如图 5.4.3 所示，额定电压 U_N 为 220 V 的灯泡，星形连接于线电压 $\dot{U}_{AB}=380\angle 30°$ V 的对称三相电源上，设 A 相灯泡额定功率为 100 W，B 相灯泡额定功率为 250 W，C 相灯泡额定功率为 500 W。试求：

(1) 有中线时各相电流和中线电流。

(2) 中线断开并且 A 相未开灯(即断路)时其他两相的电流和电压。

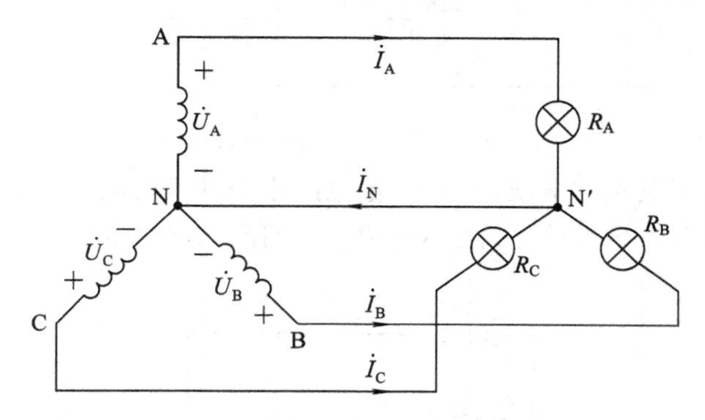

图 5.4.3　例 5.4.1 图

解：(1) 因有中线，故可按三个单相电路进行计算。灯泡为电阻性负载，各相电阻为

$$R_A=\frac{U_N^2}{P_A}=\frac{220^2}{100}=484\ \Omega$$

$$R_B=\frac{U_N^2}{P_B}=\frac{220^2}{250}=193.6\ \Omega$$

$$R_C=\frac{U_N^2}{P_C}=\frac{220^2}{500}=96.8\ \Omega$$

各相电流为

$$\dot{I}_A=\frac{\dot{U}_A}{R_A}=\frac{220\angle 0°}{484}=0.455\angle 0°\ \text{A}$$

$$\dot{I}_B=\frac{\dot{U}_B}{R_B}=\frac{220\angle-120°}{193.6}=1.136\angle-120°\ \text{A}$$

$$\dot{I}_C=\frac{\dot{U}_C}{R_C}=\frac{220\angle120°}{96.8}=2.273\angle120°\ \text{A}$$

中线电流为

$$\dot{I}_N=\dot{I}_A+\dot{I}_B+\dot{I}_C=1.59\angle141.8°\ \text{A}$$

(2) 中线断开并且 A 相未开灯(即断路)时的电路如图 5.4.4 所示。此时，B、C 两相负载串联后接在相线 B、C 之间，承受线电压 U_{BC}，可按单相电路计算。

$$I_C=I_B=\frac{U_{BC}}{R_B+R_C}=\frac{380}{193.6+96.8}=1.31\ \text{A}$$

$$U_B'=R_BI_B=193.6\times1.31=253.6\ \text{V}>220\ \text{V}$$

$$U_C'=R_CI_C=96.8\times1.31=126.8\ \text{V}<220\ \text{V}$$

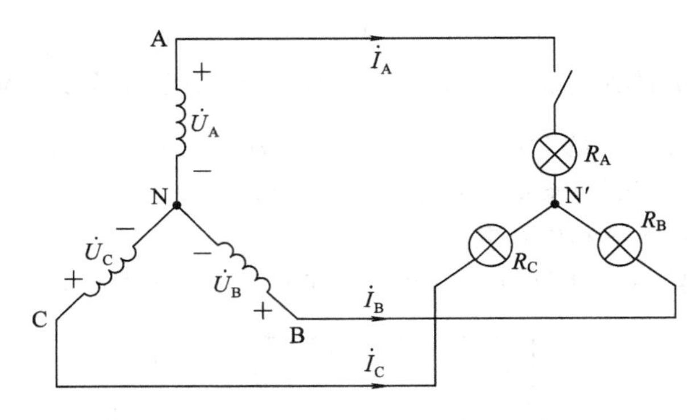

图 5.4.4　例 5.4.1 无中线的电路

B 相灯泡电压大于其额定电压，C 相灯泡电压小于其额定电压，灯泡不能正常工作。

【例 5.4.2】　图 5.4.5 所示为相序仪电路，说明测相序的方法。

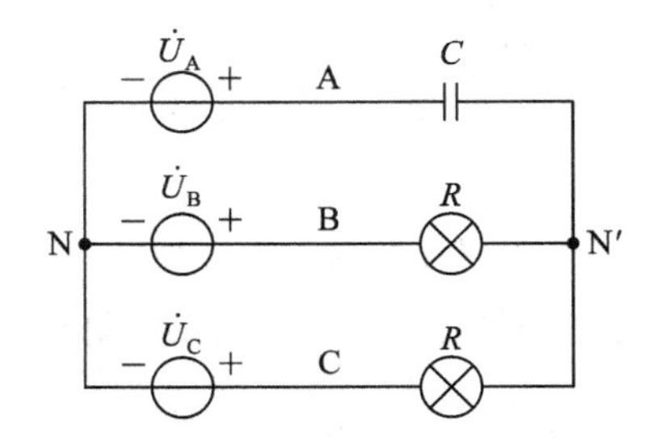

图 5.4.5　例 5.4.2 图

解：应用戴维南定理将图 5.4.5 等效变换为图 5.4.6(a)，图中：

$$R_{eq}=R/2$$

$$\dot{U}_{oc}=\dot{U}_A-\dot{U}_B+\frac{\dot{U}_B-\dot{U}_C}{2}=\dot{U}_A-\frac{1}{2}(\dot{U}_B+\dot{U}_C)=\frac{3}{2}\dot{U}_A$$

当 C 变化时，N′在半圆上移动，如图 5.4.6(b)所示。

画出三相电源的相量图，如图 5.4.6(c)所示。当电容断路时，N′在 CB 线中点，有

$$AN' = \dot{U}_{oc} = \frac{3}{2}\dot{U}_A$$

当C变化时，N′在半圆上运动，因此总满足：

$$\dot{U}_{BN'} \geqslant \dot{U}_{CN'}$$

若以接电容一相为A相，则B相电压比C相电压高。B相灯较亮，C相灯较暗(正序)。据此可测定三相电源的相序。

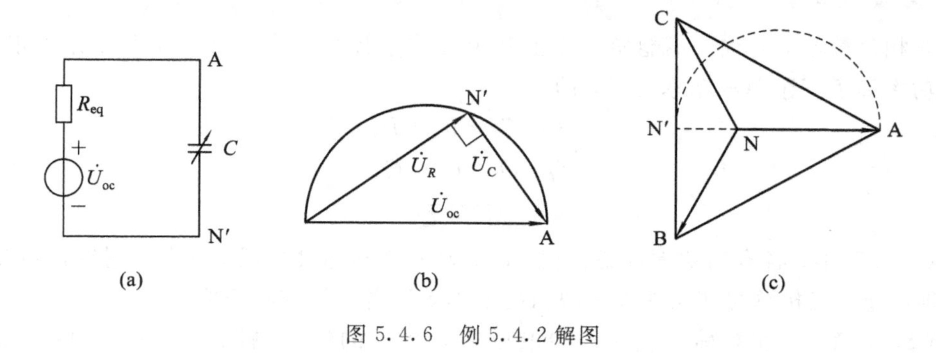

图5.4.6 例5.4.2解图

5.5 三相电路的功率

5.5.1 三相电路功率的计算

单相电路中计算有功功率的公式为

$$P = UI\cos\varphi$$

三相电路中，三相负载所吸收的总有功功率应等于各相负载所吸收的有功功率之和。

负载星形连接时，有

$$P = P_1 + P_2 + P_3 = U_1 I_1 \cos\varphi_1 + U_2 I_2 \cos\varphi_2 + U_3 I_3 \cos\varphi_3$$

负载三角形连接时，有

$$P = P_{12} + P_{23} + P_{31} = U_{12} I_{12} \cos\varphi_{12} + U_{23} I_{23} \cos\varphi_{23} + U_{31} I_{31} \cos\varphi_{31}$$

当三相负载对称时，不论负载星形连接还是三角形连接，各相负载的电压相等、电流相等，相电压与相电流的相位差也相同，故各相负载所吸收的功率必相等。因此，三相电路的功率等于3倍的单相功率，即

$$P = 3P_P = 3U_P I_P \cos\varphi \tag{5.5.1}$$

当对称负载星形连接时，有

$$U_L = \sqrt{3}U_P, \quad I_L = I_P$$

当对称负载三角形连接时，有

$$U_L = U_P, \quad I_L = \sqrt{3} I_P$$

因此不论对称负载是星形连接还是三角形连接，如将上述关系代入式(5.5.1)，均有

$$P = \sqrt{3} U_L I_L \cos\varphi \tag{5.5.2}$$

通常三相电路中的线电压和线电流的数值较易测量，所以多用式(5.5.2)计算三相功率。

同理可得，在负载对称的情况下，三相电路的无功功率和视在功率分别为

$$Q=3U_{P}I_{P}\sin\varphi=\sqrt{3}U_{L}I_{L}\sin\varphi \tag{5.5.3}$$

$$S=3U_{P}I_{P}=\sqrt{3}U_{L}I_{L} \tag{5.5.4}$$

小贴士

使用式(5.5.1)～式(5.5.4)计算三相对称电路功率时，应注意式中的 φ 是相电压与相电流的相位差，即每相负载的阻抗角。

当三相负载不对称时，不能使用以上几个公式来计算功率，而应分别计算各相功率，三相总功率等于三个单相功率之和，即

$$\begin{cases}P=P_1+P_2+P_3\\Q=Q_1+Q_2+Q_3\\S=\sqrt{P^2+Q^2}\end{cases} \tag{5.5.5}$$

式(5.5.5)中，各有功功率都是正值，而无功功率对感性负载为正值，对容性负载为负值。必须注意，三相总视在功率在一般情况下不等于各相视在功率之和。

【例 5.5.1】 三相对称负载接入线电压为 380 V 的三相电源，每相负载的电阻 $R=6\ \Omega$，感抗 $X_L=8\ \Omega$。求负载在星形连接和三角形连接两种情况下，电路的有功功率。

解： 三相电源线电压 U_L 为 380 V，则相电压 U_P 为 220 V。

每相负载阻抗为

$$|Z|=\sqrt{R^2+X_L{}^2}=\sqrt{6^2+8^2}=10\ \Omega$$

负载的功率因数为

$$\cos\varphi=\frac{R}{|Z|}=0.6$$

负载星形连接时，线电流等于相电流，即

$$I_L=I_P=\frac{U_P}{|Z|}=\frac{220}{10}\ A=22\ A$$

三相总有功功率为

$$P_Y=\sqrt{3}U_LI_L\cos\varphi=\sqrt{3}\times380\times22\times0.6\ W=8.7\ kW$$

负载三角形连接时，负载相电压为电源线电压，即 $U'_P=U_L=380$ V，此时线电流为

$$I_L=\sqrt{3}I_P=\sqrt{3}\frac{U'_P}{|Z|}=\sqrt{3}\times\frac{380}{10}\ A=66\ A$$

三相总有功功率为

$$P_\triangle=\sqrt{3}U_LI_L\cos\varphi=\sqrt{3}\times380\times66\times0.6\ W=26\ kW$$

上述结果表明，当三相电源的线电压不变，负载阻抗不变的情况下，负载三角形连接时的相电压为星形连接时的相电压的 $\sqrt{3}$ 倍，而三角形连接时所消耗的功率为星形连接时的 3 倍，即 $P_\triangle=3P_Y$。所以，若本应连接成星形的负载误接成三角形，则负载会因功率和电流过大而烧坏。

5.5.2 三相电路功率的测量

在三相三线制电路中，不论是否对称，都可以使用两个功率表的方法测量三相有功

率，称为二瓦计法。测量线路的接法是将两个功率表的电流线圈串到任意两相中，使线电流从同名端分别流入两个功率表的电流线圈。电压线圈的同名端接到其电流线圈所串的线上，电压线圈的非同名端接到另一相没有串功率表的线上。共有三种接线方式，如图5.5.1所示是其中的一种接法。

可以证明图5.5.1中两个功率表读数的代数和即为三相负载吸收的平均功率。

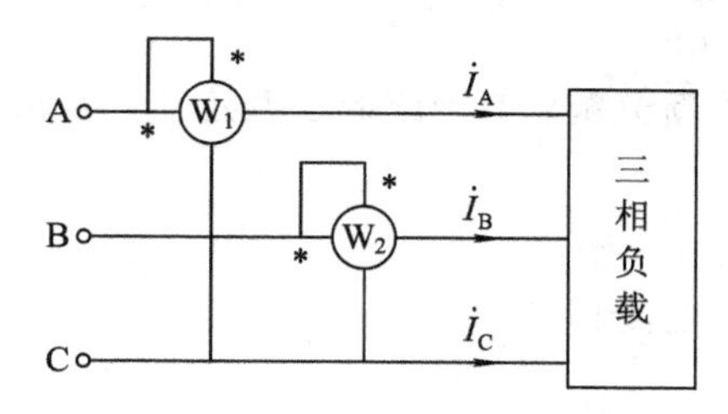

图5.5.1　二瓦计法

使用二瓦计法测量三相功率还应注意以下几个问题：

(1) 三相四线制电路不能用二瓦计法测量三相功率。

(2) 两块表读数的代数和为三相总功率，单块表的读数无意义。

(3) 两块表读数中可能有一个读数为负，此表读数应记为负值。

(4) 接线时应注意功率表的同名端。

练习与思考

1. 选择题

1.1　某正序三相交流电路中，电源和负载都采用星形连接，若电源的相电压 $\dot{U}_A=220\angle 0°$ V，则线电压 $\dot{U}_{AB}=$(　　)。

A. $220\angle 30°$　　B. $380\angle 0°$ V　　C. $220\angle 0°$ V　　D. $380\angle 30°$ V

1.2　某对称三相电源绕组为Y形连接，已知 $\dot{U}_{AB}=380\angle 15°$ V，当 $t=10$ s时，三个线电压之和为(　　)。

A. 380 V　　B. 0 V　　C. $380\sqrt{3}$ V　　D. 220 V

1.3　某三角形连接的三相对称负载接于三相对称电源，则负载相电流的相位与其对应的线电流相位相比应(　　)。

A. 超前30°　　B. 滞后30°　　C. 同相　　D. 反相

1.4　三角形连接的对称三相负载接至相序为A、B、C的对称三相电源上，已知相电流 $\dot{I}_{AB}=10\angle 0°$ A，则线电流 $\dot{I}_A=$(　　) A。

A. $10\sqrt{3}\angle -30°$　　B. $10\sqrt{3}\angle 30°$　　C. $\frac{10}{\sqrt{3}}\angle -30°$　　D. $\frac{10}{\sqrt{3}}\angle 30°$

1.5　一台三相电动机绕组星形连接，接到 $U_L=380$ V的三相电源上，测得线电流 $I_L=10$ A，则电动机每组绕组的阻抗为(　　)。

A. 38 Ω　　B. 22 Ω　　C. 66 Ω　　D. 11 Ω

1.6 三相电源线电压为 380 V，对称负载为星形连接，未接中性线。如果某相突然断掉，其余两相负载的电压均为(　　)。

A. 380 V　　B. 190 V　　C. 220 V　　D. 无法确定

1.7 如题 1.7 图所示的三相四线制照明电路中，各相负载电阻不等。如果中性线在“×”处断开，后果是(　　)。

A. 各相电灯中电流均为零

B. 各相电灯上电压将重新分配，高于或低于额定值，因此有的不能正常发光，有的可能烧坏灯丝

C. 各相电灯中电流不变

D. 各相电灯变成串联，电流相等

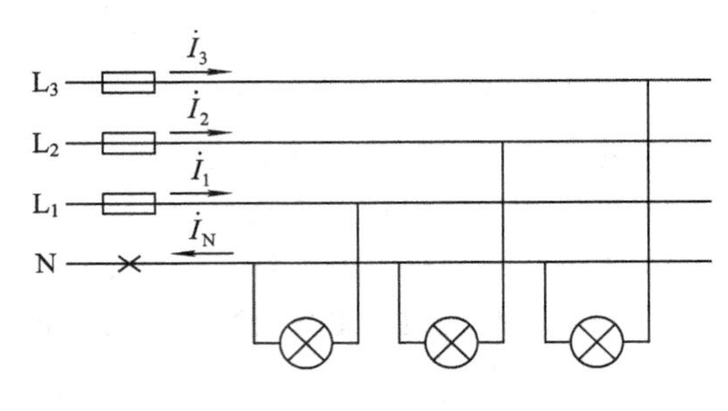

题 1.7 图

1.8 如题 1.8 图所示的三相电路中，对称负载接成三角形，已知电源电压 $U_L=220$ V，电流表读数 $I_L=17.3$ A，当 L_2线断开时，下列描述正确的是(　　)。

A. L_1和 L_3线电流均为 15 A　　B. L_1和 L_3线电流均为 10 A

C. L_1和 L_3线电流均为 17.3 A　　D. L_1和 L_3线电流均为 5 A

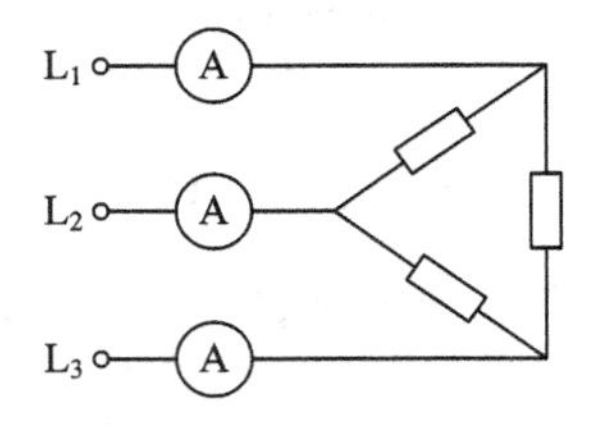

题 1.8 图

1.9 有一三相异步电动机，其绕组接成三角形，接在线电压 $U_L=380$ V 的电源上，从电源所取用的功率 $P_1=11.43$ kW，功率因数 $\cos\varphi=0.87$，则电动机的相电流有效值为(　　)。

A. 20 A　　B. 35 A　　C. 30 A　　D. 11.5 A

1.10 在相同线电压作用下，同一台三相交流电动机作三角形连接所产生的功率是作星形连接所产生功率的(　　)倍。

A. $\sqrt{3}$　　B. 1/3　　C. $1/\sqrt{3}$　　D. 3

2. 计算题

2.1 有一三相电动机，每相的等效电阻 $R=29\ \Omega$，等效感抗 $X_L=21.8\ \Omega$，试求当绕

组连接成星形接于线电压 $U_L=380$ V 的三相电源上时，电动机的相电流、线电流以及从电源输入的功率。

2.2　接成星形的对称负载，接在一对称的三相电源上，线电压为 380 V，负载每相阻抗 $Z=8+j6\ \Omega$，试求：

(1) 各相电流及线电流；

(2) 三相总功率 P、Q、S。

2.3　题 2.3 图所示的对称三相电路中，电源端线电压为 380 V，端线阻抗 $Z_L=1+j\,4\ \Omega$，三角形负载阻抗 $R=6\ \Omega$。试求：

(1) 线电流 I_L；

(2) 三相电源供给的总有功功率 P。

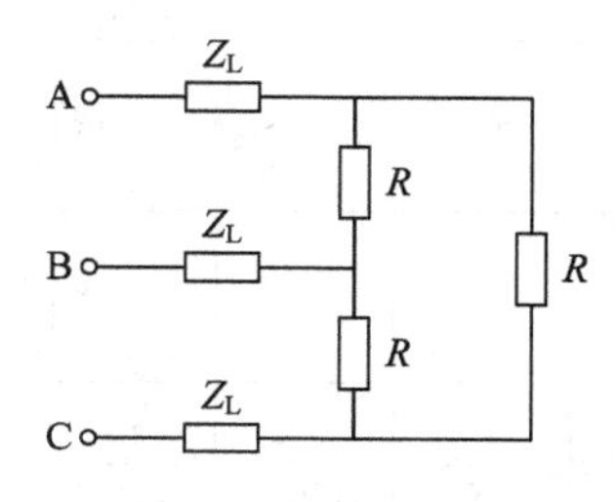

题 2.3 图

2.4　一台三相交流电动机，定子绕组星形连接于 $U_L=380$ V 的对称三相电源上，其线电流 $I_L=2.2$ A，$\cos\varphi=0.8$，试求每相绕组的阻抗 Z。

2.5　三相对称负载三角形连接，其线电流为 $I_L=5.5$ A，有功功率为 $P=7760$ W，功率因数 $\cos\varphi=0.8$，求电源的线电压 U_L、电路的无功功率 Q 和每相阻抗 Z。

2.6　对称三相负载星形连接，已知每相阻抗为 $Z=31+j22\ \Omega$，电源线电压为 380 V，求三相交流电路的有功功率、无功功率、视在功率和功率因数。

2.7　在线电压为 380 V 的三相电源上，接有两组电阻性对称负载，如题 2.7 图所示。试求线路上的总线电流 I 和所有负载的有功功率。

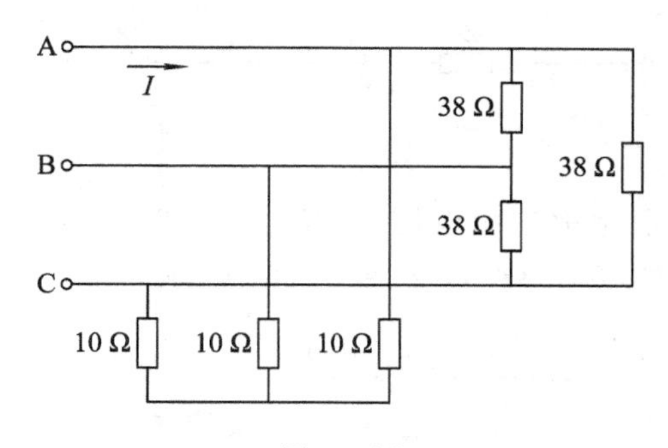

题 2.7 图

2.8　对称三相电源，线电压 $U_L=380$ V，对称三相感性负载作三角形连接，若测得线电流 $I_L=17.3$ A，三相功率 $P=9.12$ kW，求每相负载的电阻和感抗。

2.9　对称三相电源，线电压 $U_L=380$ V，对称三相感性负载作星形连接，若测得线电流 $I_L=17.3$ A，三相功率 $P=9.12$ kW，求每相负载的电阻和感抗。

2.10　三相异步电动机的三个阻抗相同的绕组连接成三角形，接于线电压 $U_L=380$ V 的对称三相电源上，若每相阻抗 $Z=8+j6\ \Omega$，试求此电动机工作时的相电流 I_P、线电流 I_L 和三相电功率 P。

2.11　已知对称三相电路的线电压 $U_L=380$ V(电源端)，三角形负载阻抗 $Z=4.5+j14\ \Omega$，端线阻抗 $Z_L=1.5+j2\ \Omega$。求线电流和负载的相电流。

2.12　已知对称三相电路的星形负载阻抗 $Z=165+j84\ \Omega$，端线阻抗 $Z_L=2+j1\ \Omega$，中线阻抗 $Z_N=1+j1\ \Omega$，线电压 $U_L=380$ V。求负载端的电流和线电压。

2.13　题 2.13 图所示为对称三相电路，线电压为 380 V，$R=200\ \Omega$，负载吸收的无功功率为 $1520\sqrt{3}$ Var。试求各线电流。

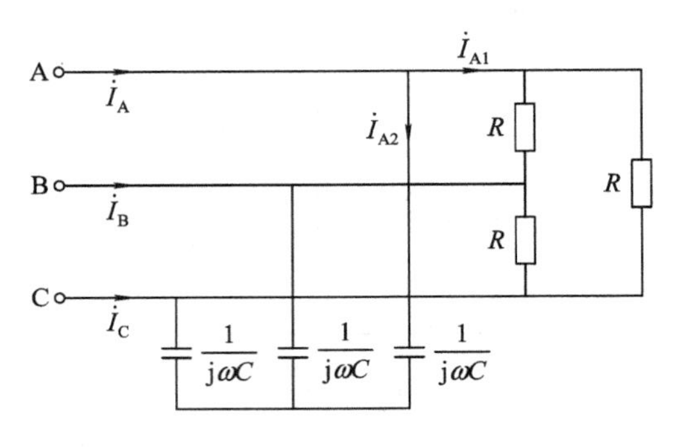

题 2.13 图

2.14　题 2.14 图所示的对称 Y－Y 三相电路中，电压表的读数为 1143.16 V，$Z=15+j15\sqrt{3}\ \Omega$，$Z_L=1+j2\ \Omega$。求图示电路电流表的读数和线电压 U_{AB}。

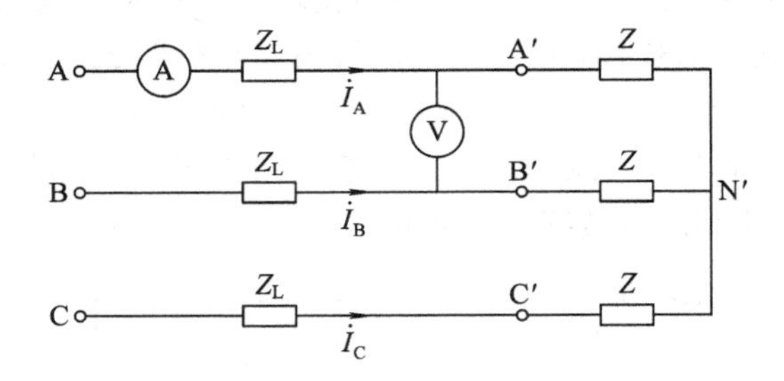

题 2.14 图

2.15　题 2.15 图所示对称三相电路中，$U_{A'B'}=380$ V，三相电动机吸收的功率为 1.4 kW，其功率因数 $\lambda=0.866$(感性)，$Z_L=-j55\ \Omega$。求 U_{AB}。

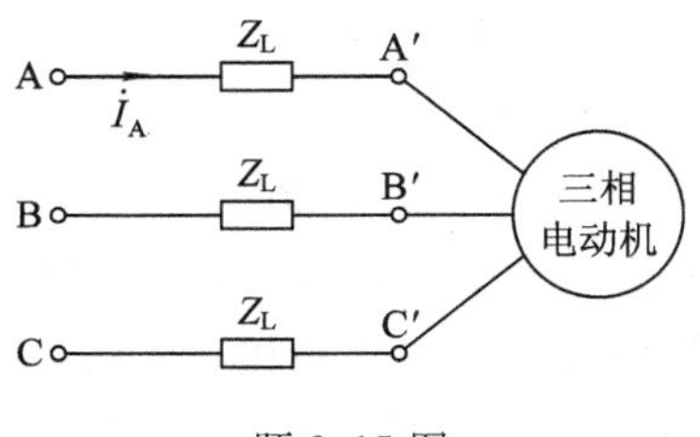

题 2.15 图

2.16　题2.16图所示为对称三相电路，电源线电压为380 V，负载阻抗$|Z_1|=10\ \Omega$，$\cos\varphi_1=0.6$(感性)，$Z_2=-\mathrm{j}50\ \Omega$，中线阻抗$Z_N=1+\mathrm{j}2\ \Omega$。求线电流和相电流。

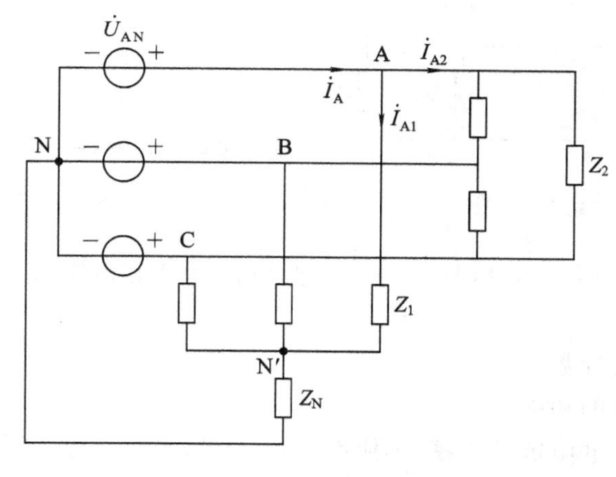

题2.16图

2.17　题2.17图所示电路中，电源电压$U_L=380$ V，每相负载的阻抗为$R=X_L=X_C=10\ \Omega$。

(1) 该三相负载能否称为对称负载？为什么？

(2) 计算中线电流和各相电流。

(3) 求三相总功率P。

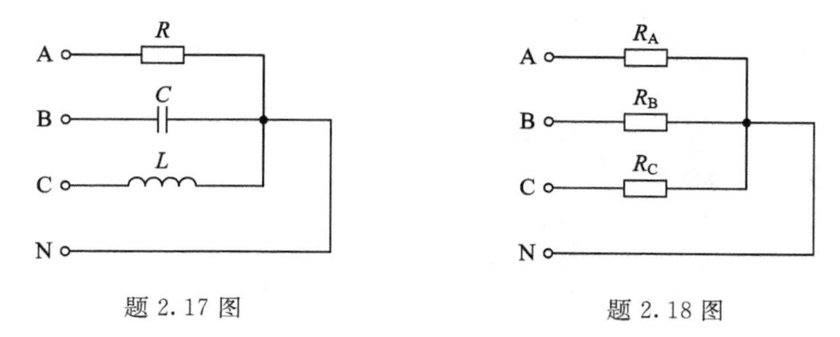

题2.17图　　　　题2.18图

2.18　题2.18图所示的三相四线制电路，三相负载连接成星形，已知电源线电压为380 V，负载电阻$R_A=11\ \Omega$，$R_B=R_C=22\ \Omega$，试求：

(1) 负载的各相电流、线电流。

(2) 中线断开，A相又短路时的各相电流和线电流。

(3) 中线断开，A相断开时的各相电流和线电流。

2.19　如题2.19图所示，三相对称负载作三角形连接，$U_L=220$ V，当S_1、S_2均闭合时，各电流表读数均为17.3 A，三相功率$P=4.5$ kW，试求：

(1) 每相负载的电阻和感抗。

(2) S_1闭合、S_2断开时，各电流表读数和有功功率P。

(3) S_1断开、S_2闭合时，各电流表读数和有功功率P。

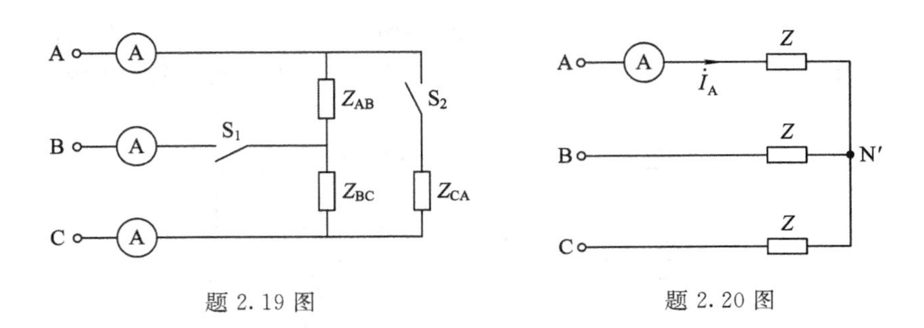

题 2.19 图　　题 2.20 图

2.20　题 2.20 图所示为对称的 Y－Y 三相电路，电源相电压为 220 V，负载阻抗 $Z=30+j20\ \Omega$。求：

(1) 图中电流表的读数。

(2) 三相负载吸收的功率。

(3)如果 A 相的负载阻抗等于零(其他不变)，再求(1)、(2)。

第 6 章　磁路与变压器

【导读】

变压器、电动机和电磁铁是最常用的电气设备，对其内部原理的分析既包括电路的分析，也包括磁路的分析。只有同时掌握电路和磁路分析的基本理论和方法，才能对上述电气设备进行全面分析和理解。本章结合交直流磁路，分析变压器的工作原理和特性。

【基本要求】

- 掌握交直流磁路的分析和计算。
- 掌握单相变压器的结构、工作原理以及电压变换、电流变换和阻抗变换的功能。
- 了解磁路及其基本定律，效率、功率损耗。

6.1 磁　　路

6.1.1 磁场的基本物理量

1. 磁通

通过与磁场且与磁场方向垂直的某一面积上的磁力线总数，称为通过该面积的磁通。用字母 Φ 表示。磁通的单位是 Wb(韦伯)，简称韦，工程上常用 Mx(麦克斯)作为单位，简称麦，1 Wb＝10^8 Mx。

磁通是描述磁场在一定面积上分布情况的物理量。在面积一定的情况下，通过该面积的磁通量越大，该磁场越强。

2. 磁感应强度

磁感应强度是表示磁场中某点磁场强弱和方向的物理量，用符号 $\boldsymbol{B}$ 表示。磁场中某点磁力线的切线方向就是该点磁感应强度 $\boldsymbol{B}$ 的方向。

如果磁场中磁感应强度 $\boldsymbol{B}$ 是恒定量，那么这样的磁场被称为均匀磁场。在均匀磁场中，磁感应强度与磁通 Φ 的关系为

$$B=\frac{\Phi}{S} \tag{6.1.1}$$

在均匀磁场中，磁感应强度 B 等于单位面积的磁通量。如果通过单位面积的磁通量越大，则磁场越强。所以磁感应强度有时又称为磁通密度。

磁感应强度的单位是“特斯拉”，简称“特”，用字母“T”表示。在工程上，常用较小的磁感应强度单位“高斯(Gs)”。1 T＝10^4 Gs。

3. 导磁率

不同材料其导磁性能不同。通常用导磁率(导磁系数)μ 来表示该材料的导磁性能。导

磁率 μ 的单位是 H/m(亨/米)。由实验测定得到真空的导磁率 $\mu_0=4\pi\times10^{-7}$ H/m，它是一个常量，所以用其他材料的导磁率和它相比较，其比值称为相对导磁率，用字母 μ_r 表示，$\mu_r=\mu/\mu_0$。

4. 磁场强度

磁场强度是一个矢量，常用字母 $\boldsymbol{H}$ 表示，其大小等于磁场中某点的磁感应强度 $\boldsymbol{B}$ 与媒介质导磁率 μ 的比值，即

$$\boldsymbol{H}=\frac{\boldsymbol{B}}{\mu} \tag{6.1.2}$$

磁场强度的单位是 A/m(安/米)，较大的单位是奥斯特，简称奥。它们的关系为：1 奥斯特=80 安/米。在均匀媒介质中，磁场强度 $\boldsymbol{H}$ 的方向和所在点的磁感应强度 $\boldsymbol{B}$ 的方向相同。

6.1.2 磁性材料的磁性能

1. 高导磁性

相对导磁率 $\mu_r\gg1$ 的材料称为铁磁性物质，其相对导磁率可达数千甚至数万，它们具有被强烈磁化的特性。由于铁磁性物质导磁性好，在饶有铁芯的线圈中通入不大的励磁电流就可产生较大的磁通和磁感应强度。利用高导磁率的物质材料可大大减轻电机及变压器的重量和体积，降低成本。

2. 磁饱和性

将磁性材料放入磁场强度为 H 的磁场内，会受到磁场的磁化作用，其磁化曲线如图 6.1.1 所示。磁场强度 H 较小时，导磁率近似与 H 成正比，随着 H 的增加，B 增加逐渐缓慢，最后趋于饱和。

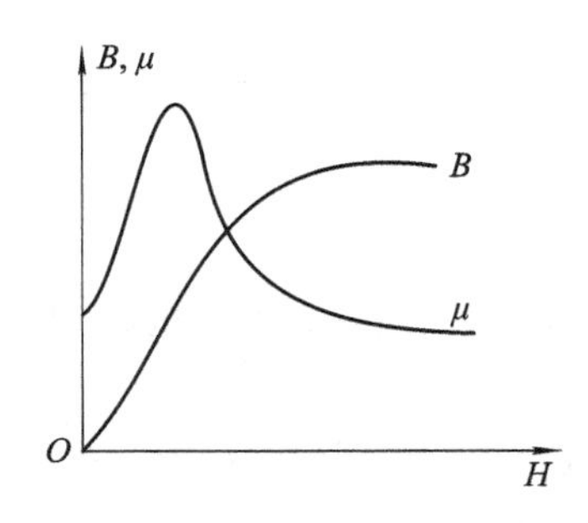

图 6.1.1　B、H、μ 之间的关系

3. 磁滞性

当铁芯线圈中通过交变电流时，铁芯就会受到交变磁化。磁感应强度 B 随磁场强度 H 变化的关系如图 6.1.2 所示。由图可知，当 H 由零开始增大时，磁感应强度 B 也随之增大，当到达 a 点后，磁场强度 H 开始下降时，磁感应强度 B 也开始下降。但是，当 H 降到零时，B 并未下降到零，磁性物质的这种磁感应强度变化滞后于磁场强度变化的特性称之为磁滞性，其对应的曲线称为磁滞回线。

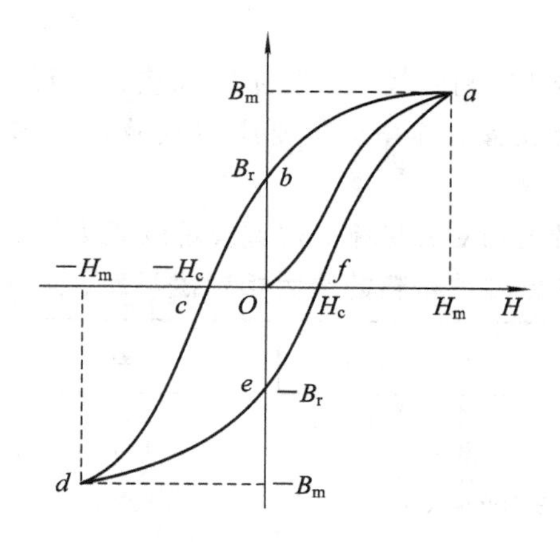

图 6.1.2　磁滞曲线

当线圈中的电流减到零($H=0$)时，这时铁芯中的磁感应强度的值为 B_r，把它称为剩磁感应强度，简称剩磁。由图 6.1.2 可知，如果要使铁芯剩磁消失，就要施加反方向的磁场强度($-H_c$，矫顽磁力)，也即改变线圈中励磁电流的方向进行反向磁化。

人们根据磁性材料的这种剩磁特性，可以制成永久磁铁用于电机、变压器制造等行业。但剩磁也有不利的方面，比如，用于工件加工固定的电磁吸盘在工件加工完毕后仍存在剩磁，工件仍被吸住，就需要加反向电流去掉剩磁才能取走工件。

不同的磁性物质，其磁滞回线和磁化曲线也是不同的。图 6.1.3 给出了几种常见磁性材料的磁化曲线。

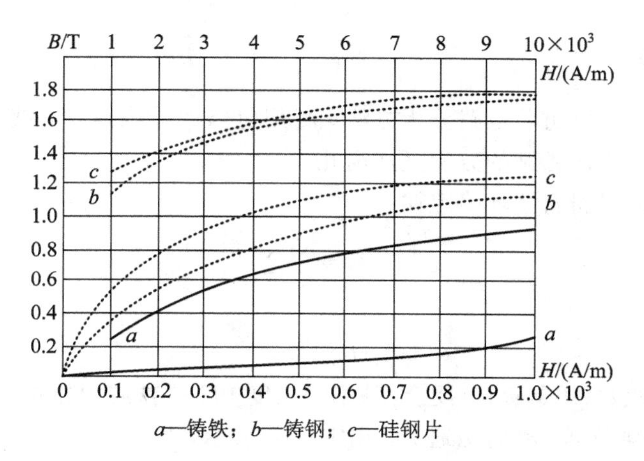

图 6.1.3　磁化曲线

按磁性物质的磁性能，磁性材料可以分成三种类型：

1)软磁材料

这种材料具有较小的剩磁和矫顽磁力，磁滞回线较窄，电机、变压器的铁芯一般用这种材料来制造。常见软磁材料有铸铁、硅钢、坡莫合金及铁氧体等。

2) 永磁材料

矫顽磁力较大，磁滞回线较宽，一般用来制造永久磁铁。常用的有碳钢及铁镍铝合金等。

3）矩磁材料

矩磁材料的矫顽磁力较小，剩磁较大，磁滞回线接近矩形，具有良好的稳定性。常用的矩磁材料有镁锰铁氧体及铁镍合金等，主要应用领域是计算机和控制系统中的记忆元件、开关元件和逻辑元件。

几种常见磁性材料的最大相对磁导率、剩磁及矫顽磁力见表 6.1.1 所示。

表 6.1.1　常见磁性材料的最大相对磁导率、剩磁及矫顽磁力

材料名称	μ_{max}	B_r/T	H_c/(A/m)
铸铁	200	0.475～0.500	880～1040
硅钢片	8 000～10 000	0.800～1.200	32～64
坡莫合金(78.5% Ni)	20 000～200 000	1.100～1.400	4～24
碳钢(0.45% C)		0.800～1.100	2400～3200
铁镍铝钴合金		1.100～1.350	40 000～52 000
稀土钴		0.600～1.000	320 000～690 000
稀土汝铁硼		1.100～1.300	600 000～900 000

6.2　磁路的分析方法

6.2.1　直流磁路

在分析磁路时，可以仿照电路分析方法，利用电路的欧姆定律，找出磁路中与之相对应的磁路欧姆定律，使得磁路的分析更加简化。

对于某一磁路，根据安培环路定律：

$$\int H\mathrm{d}l = N\sum I \tag{6.2.1}$$

可得出

$$Hl=NI \tag{6.2.2}$$

式中，N 是线圈的匝数；l 是磁路(闭合)的平均长度；H 是铁芯中磁路的磁场强度。上式中线圈匝数与电流的乘积 NI 称为磁通势，用字母 F 表示，即

$$F=NI \tag{6.2.3}$$

它产生磁通，单位是安培(A)。将式(6.1.1)、(6.1.2)带入式(6.2.3)得

$$\Phi=\frac{NI}{l/(\mu S)}=\frac{F}{R_m} \tag{6.2.4}$$

式中，$R_m=l/(\mu S)$称为磁路的磁阻，S 为磁路的横截面积。

设电路中的电压、电流、电阻分别为 U、I、R。三者满足欧姆定律：

$$I=\frac{U}{R} \tag{6.2.5}$$

观察式(6.2.4)与式 (6.2.5)不难发现：两式在形式上相似。所以称式(6.2.4)为磁路

的欧姆定律，但不能简单地等同。磁路的分析处理比电路要复杂得多：

(1) 在处理电路时一般不涉及电场问题，而在处理磁路时离不开磁场的概念。

(2) 在处理电路时，电路周围介质的电导率相比导体而言非常小，可以不用考虑介质的分电流；而磁路周围介质的磁导率相对导磁材料不是特别小，因此，在处理磁路时一般都要考虑漏磁通。

(3) 由图 6.1.1 可知磁路的欧姆定律中由于 μ 不是常数，它随磁场强度变化而变化，它们之间是非线性的关系，且当 $H=0$ 时，也即磁通势 $F=0$ 时，磁场强度 B 不等于 0，有剩磁。所以不能直接应用磁路的欧姆定律来计算，只能用于定性分析。

在计算磁路时，往往预先给定铁芯中的磁通量，再按照所给的磁路各段的尺寸和材料去求产生预定磁通所需的磁通势 $F=NI$。计算均匀磁路应采用式(6.2.2)，如果磁路是由不同材料或不同长度和截面积的 N 段磁路构成，应采用公式：

$$NI = H_1l_1 + H_2l_2 + \cdots = \sum_{k=1}^{N} H_kl_k \tag{6.2.6}$$

举例：若一个磁路由三段串联构成，已知磁通和各段材料及尺寸，其计算步骤如下：

(1) 计算各段磁感应强度 $B_k=\Phi/S_k(k=1\cdots N)$；

(2) 根据各段磁路材料的磁化曲线 $B_k=f(H_k)$，计算出对应的磁场强度 H_k；

(3) 计算各段磁路的磁压降 H_kl_k；

(4) 应用式(6.2.6)求出磁通势 NI。

【例 6.2.1】 有一回形铁芯线圈，其尺寸如图 6.2.1 所示，磁路中有一空气气隙，长度为 0.1 cm。铁芯材料为铸钢。设线圈中通过 1 A 的电流，如要得到 0.9 T 的磁感应强度，在下列几个条件下，求线圈匝数：

(1) 考虑气隙；

(2) 不考虑气隙；

(3) 把铁芯材料换成铸铁，不考虑气隙。

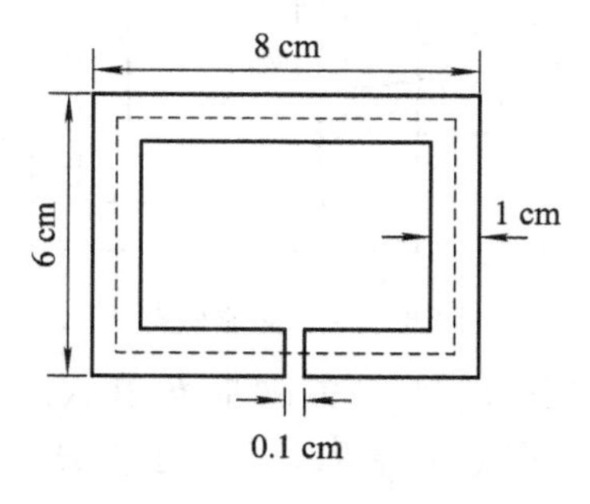

图 6.2.1　例 6.2.1 图

解： (1) 磁路的平均长度为

$$l=(5+7)\times 2=24\ \text{cm}$$

从图 6.1.3 所示铸钢的磁化曲线查出，当 $B=0.9$ T 时，$H_1=500$ A/m，有

$$H_1l_1=500\times(0.24-0.001)=119.5\ \text{A}$$

空气气隙的磁场强度为

$$H_0=\frac{B_0}{\mu_0}=\frac{0.9}{4\times 3.14\times 10^{-7}}=7.2\times 10^5\ \text{A/m}$$

则

$$H_0 l_0 = 7.2 \times 10^5 \times 0.001 = 720 \text{ A}$$

总磁通势为

$$F = H_1 l_1 + H_0 l_0 = 119.5 + 720 = 839.5 \text{ A}$$

$$N = \frac{F}{I} = 839.5 \approx 840 \text{ 匝}$$

(2)
$$F' = H_1 l_1' = 500 \times 0.24 = 120 \text{ A}$$

$$N' = \frac{F'}{I} = 120 \text{ 匝}$$

(3) 从图 6.1.3 所示铸铁的磁化曲线查出，当 $B=0.9$ T 时，$H_2=9000$ A/m，有

$$F'' = H_2 l_1 = 9000 \times 0.24 = 2160 \text{ A}$$

$$N'' = \frac{F''}{I} = 2160 \text{ 匝}$$

由此可以得出以下结论：

(1) 在产生相同磁感应强度下，采用高磁导率的铁芯材料，可使线圈匝数大大降低，节省材料成本及重量。

(2) 磁路中含有空气隙时，为克服气隙的较大磁阻，励磁电流一定时，要得到相等的磁感应强度，线圈匝数要增大很多；反过来当线圈匝数一定时，必须增大励磁电流。

6.2.2 交流磁路

在图 6.2.2 所示的铁芯线圈上外加交流电压 u，绕组中将流过交流电流 i，从而产生交变磁通，其中包括集中在铁芯中的主磁通 Φ 和很少的一部分漏磁通 Φ_σ。

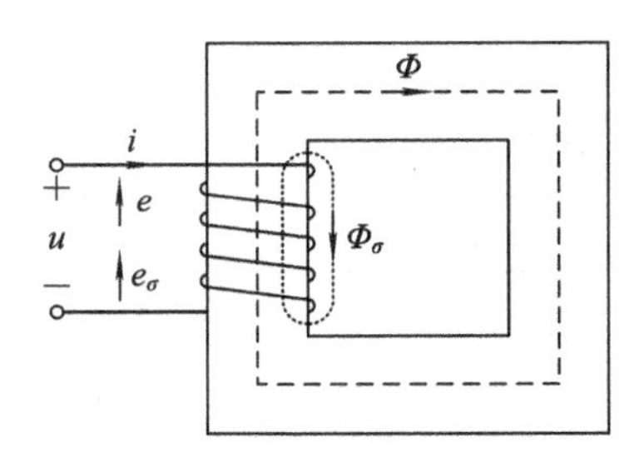

图 6.2.2 交流磁路

主磁通 Φ 在线圈中产生感应电动势 e，漏磁通 Φ_σ 在线圈中产生感应电动势 e_σ。另外再考虑到电流 i 在线圈电阻 R 上会产生压降 Ri。由基尔霍夫电压定律可得 KVL 方程：

$$u = -e - e_\sigma + Ri \tag{6.2.7}$$

设主磁通为正弦交变磁通，即

$$\Phi = \Phi_m \sin(\omega t) \tag{6.2.8}$$

根据电磁感应定律，主磁通在励磁线圈中产生感应电动势 e，如果规定 e 和 Φ 的参考方向符合右手螺旋定则，则有

$$e = -N\frac{d\Phi}{dt} = -N\frac{d\Phi_m \sin(\omega t)}{dt} = N\Phi_m \omega \sin\left(\omega t - \frac{\pi}{2}\right) = E_m \sin\left(\omega t - \frac{\pi}{2}\right) \tag{6.2.9}$$

式中，N 是励磁线圈匝数；E_m 是 e 的最大值，其有效值为

$$E=\frac{E_m}{\sqrt{2}}=\frac{N\Phi_m\omega}{\sqrt{2}}=\frac{2\pi fN\Phi_m}{\sqrt{2}}=4.44fN\Phi_m \tag{6.2.10}$$

由于 Ri 和 e_σ 都很小，因此式(6.2.7)可近似为

$$u=-e \tag{6.2.11}$$

即认为外加电压和主磁通产生的感应电动势平衡，其有效值为

$$U\approx E=4.44fN\Phi_m \tag{6.2.12}$$

上式说明，当交流铁芯线圈匝数 N、电源电压 U 和频率 f 一定时，主磁通的最大值就是一定的，即为“常磁通”。

6.3　变　压　器

6.3.1　变压器的用途和基本结构

变压器是一种在电力系统和工业生产中广泛应用的电气设备。

在电力系统领域，当输送的总功率 $P=UI\cos\varphi$ 及功率因数 $\cos\varphi$ 不变时，电压越高，则电流越小。电流小，一方面可以减小输电线路的横截面积，节省材料，同时可以减少线路损耗($\Delta P=I^2R$)。所以输电时都采用高压输电，用变压器将电压升高后通过输电线路送到各处，再用变压器将电压降低后送给各用电单位。这种输电方式可以大大降低线路损耗，提高输送效率。

除了用于电力传输的变压器外，还有其他用途的变压器，例如电子电路中用的整流变压器、振荡变压器、输入变压器、输出变压器、脉冲变压器，控制线路用的控制变压器，调节电压用的自耦变压器，测量用的互感器，另外还有电焊变压器、电炉变压器等。

各种用途的变压器的基本构造和工作原理都是相同的，都基于电磁感应现象。因此，尽管各类变压器外形和体积差别很大，但它们主要都是由铁芯和绕组两部分组成的。根据铁芯和绕组的结构，变压器可分为芯式变压器和壳式变压器。芯式变压器特点是绕组包围铁芯，而壳式变压器正好相反。它们的结构如图 6.3.1 所示。

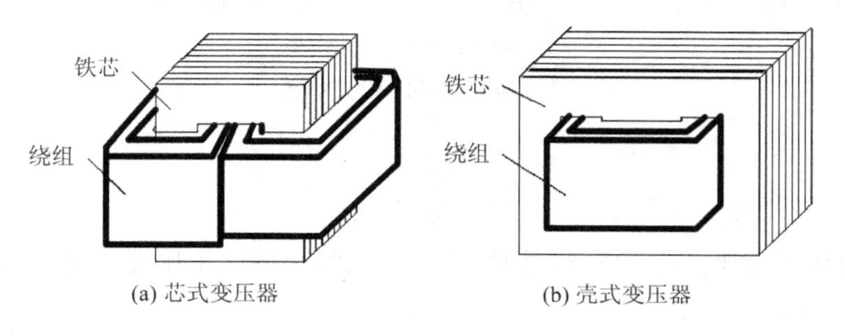

(a) 芯式变压器　(b) 壳式变压器

图 6.3.1　变压器结构示意图

变压器的铁芯通常采用表面涂有绝缘漆膜、厚度为 0.35 mm 的硅钢片经冲剪、叠制而成。它的绕组有一次绕组和二次绕组。一次绕组连接电源，二次绕组连接负载，且一、二次绕组都可以由一个或几个线圈组成，使用时可根据需要把它们连接成不同的组态。

6.3.2 变压器的工作原理

1. 变压器的电压变换

下面以空载运行情况来分析电压变换原理。

将变压器一次绕组加额定电压，二次绕组开路，构成变压器空载运行，如图 6.3.2 所示。当原绕组接上交流电压 u_1 时，原绕组中便有电流 i_0 通过，并在磁动势 i_0N_1 作用下产生交变的主磁通，i_0 称为励磁电流，也叫空载电流。由于主磁通同时与原、副绕组相连，因此，当主磁通交变在原绕组产生感应电动势 e_1 时，也会在副绕组中产生感应电动势 e_2。漏磁通 Φ' 在一次绕组中产生感应电动势 e_1'，一、二次绕组电压方程为

$$u_1=-e_1-e_1'+R_1i_0 \tag{6.3.1}$$

$$u_{20}=e_2 \tag{6.3.2}$$

写成相量形式为

$$\dot{U}_1=-\dot{E}_1-\dot{E}_1'+R_1\dot{I}_0 \tag{6.3.3}$$

$$\dot{U}_{20}=\dot{E}_2 \tag{6.3.4}$$

式(6.3.3)后两项很小，忽略后可得

$$\dot{U}_1\approx-\dot{E}_1 \tag{6.3.5}$$

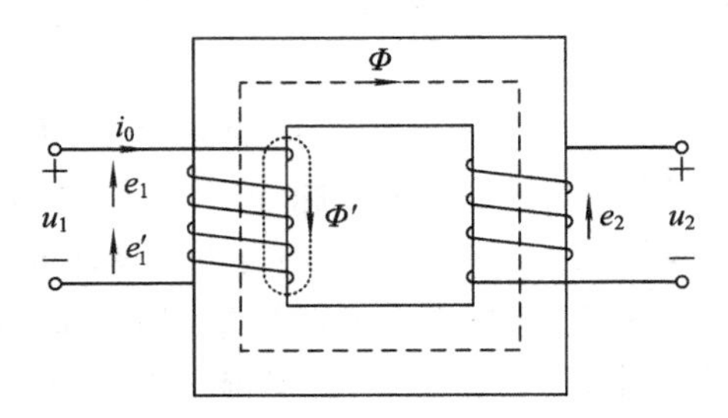

图 6.3.2 变压器空载运行示意图

设原副边匝数分别为 N_1、N_2，由式(6.2.12)可得原副边绕组电压有效值为

$$U_1\approx E_1=4.44fN_1\Phi_m \tag{6.3.6}$$

$$U_2=E_{20}=4.44fN_2\Phi_m \tag{6.3.7}$$

于是

$$\frac{U_1}{U_2}\approx\frac{E_1}{E_2}=\frac{N_1}{N_2}=k \tag{6.3.8}$$

式中，k 为变压器变比。式(6.3.8)说明，一、二次绕组的电压比等于它们的匝数比，即可实现电压的变换。

2. 变压器的电流变换

在变压器一次绕组加额定电压，二次绕组接上负载后，电路如图 6.3.3 所示，二次绕组中就会产生电流 i_2，它在二次绕组产生的感应电动势为 e_2。这时铁芯中的主磁通由磁通势 $N_1\dot{I}_1$ 和 $N_2\dot{I}_2$ 共同产生，其合成磁通势为 $N_1\dot{I}_1+N_2\dot{I}_2$。一次绕组电阻压降和漏磁通产生的感应电动势仍然很小，式(6.3.3)仍然成立，说明不管是空载还带载运行，外加电压及

其频率不变时，主磁通也不变，所以空载磁通势和带载时的合成磁通势应当相等，即

$$N_1\dot{I}_1+N_2\dot{I}_2=N_1\dot{I}_0 \tag{6.3.9}$$

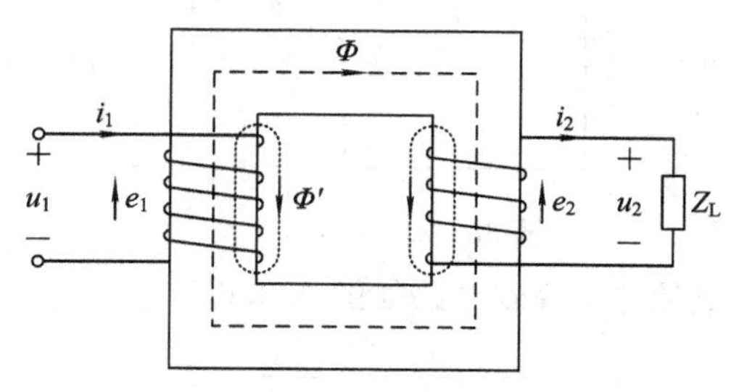

图 6.3.3　变压器带载运行

因空载运行时 I_0 相对原副边电流很小，可忽略不计，式(6.3.9)可近似为

$$\frac{\dot{I}_1}{\dot{I}_2}\approx-\frac{N_2}{N_1} \tag{6.3.10}$$

对应有效值为

$$\frac{I_1}{I_2}\approx-\frac{N_2}{N_1}=-\frac{1}{k} \tag{6.3.11}$$

也就是说一、二次绕组电流与匝数成反比。负号说明原副边电流在图示参考方向下测相位相差 180°。

3. 变压器的阻抗变换

在图 6.3.4(a)中，当变压器负载阻抗 Z_L变化时，负载电流 $\dot{I}_2$ 也发生变化，$\dot{I}_1$ 也跟随变化。Z_L对 $\dot{I}_1$ 的影响可以用接于原边电压的阻抗 Z_L'来等效，如图 6.3.4(b)所示。等效的条件是，一次绕组电压、电流不变。不考虑一、二次绕组漏磁通感应电动势和空载电流的影响，并忽略各种损耗，认为变压器是理想变压器，此时原边端口输入阻抗为

$$Z_L'=\frac{\dot{U}_1}{\dot{I}_1}=\frac{-k\dot{U}_2}{-\frac{1}{k}\dot{I}_2}=\frac{k\dot{U}_2}{\frac{1}{k}\frac{\dot{U}_2}{Z_L}}=k^2Z_L \tag{6.3.12}$$

即二次侧阻抗折算到一次侧后的等效阻抗是原阻抗的 k^2 倍。由此可见，变压器可以起到阻抗变换的作用。在电子技术中有时利用变压器的这个作用来达到阻抗匹配的目的。

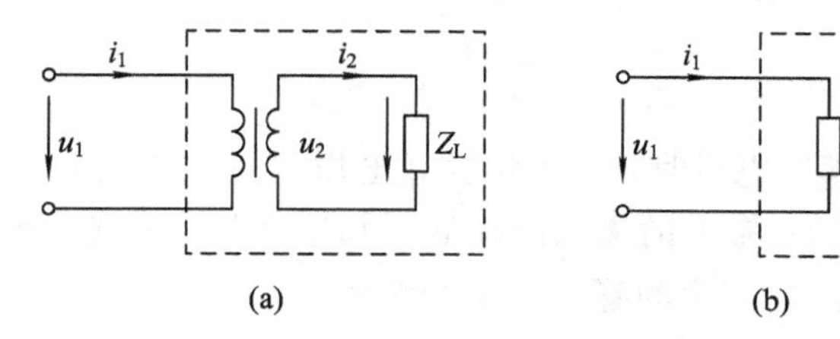

图 6.3.4　负载阻抗等效变换

【例 6.3.1】　求图 6.3.5 所示电路中的变量 $\dot{U}_2$。

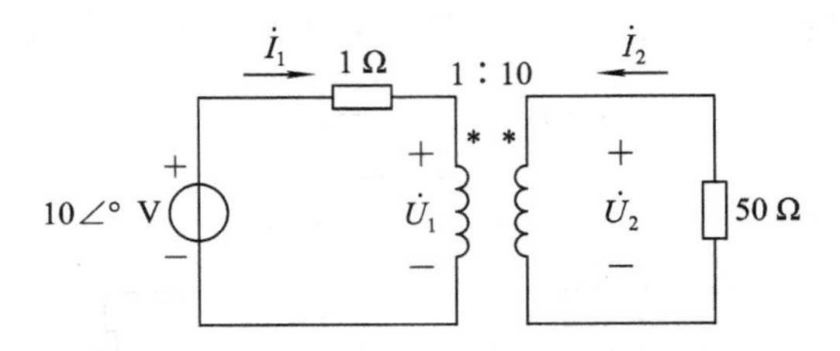

图 6.3.5 例 6.3.1 图

解： 将副边电阻变换到原边，等效电路如图 6.3.6 所示。

$$\dot{U}_1=\frac{10\angle 0^\circ}{1+1/2}\times\frac{1}{2}=\frac{10}{3}\angle 0^\circ\ \text{V}$$

$$\dot{U}_2=\frac{1}{k}\dot{U}_1=33.33\angle 0^\circ\ \text{V}$$

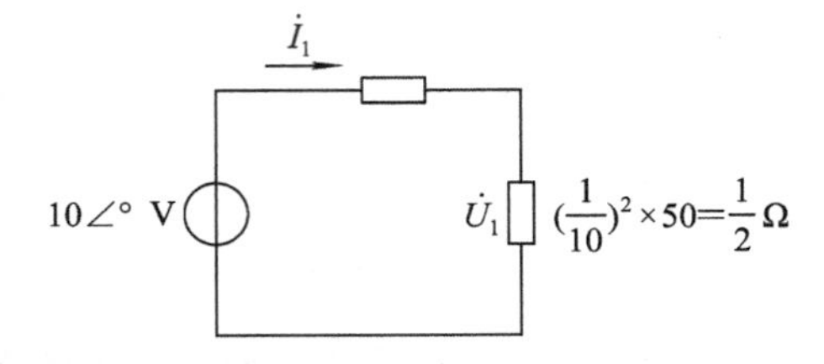

图 6.3.6 例 6.3.1 解图

6.3.3 变压器的工作特性

变压器的外特性是指在一次侧电压施加额定电压 U_{1N} 和负载功率因数不变的情况下，二次侧电压 U_2 与电流 I_2 的关系，即：$U_2=f(I_2)$，其特性曲线如图 6.3.7 所示。

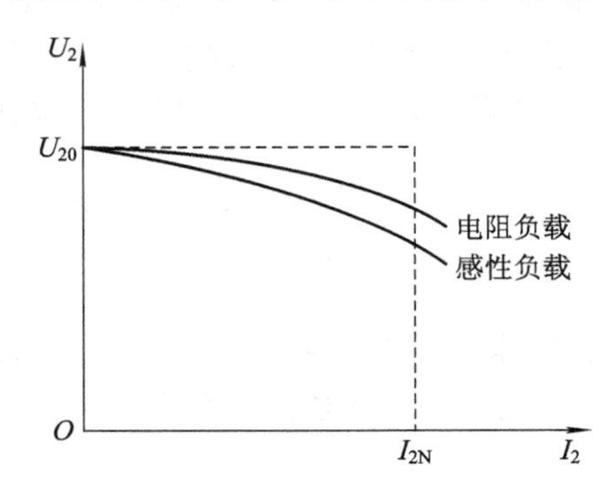

图 6.3.7 变压器外特性曲线

图中 U_{20} 是一次侧加额定电压时，二次侧空载电压。对于二次侧带电阻性和电感性负载而言，由上图可以看出，U_2 随 I_2 的增加而降低。其原因是：负载电流增大时，副边绕组的等效电阻上的压降和漏磁通产生的感应电动势增大。

理想情况下，我们希望电压 U_2 是恒定的，而实际使用时当然希望其变动越小越好。这里用电压变化率来衡量电压变动的大小：

$$\Delta U=\frac{U_{20}-U_2}{U_{20}}\times 100\% \tag{6.3.13}$$

由于变压器二次侧绕组的等效阻抗较小，其输出电压变化不大，一般情况下 ΔU 在3%～6%范围内。

6.3.4　变压器的损耗与效率

前述讨论变压器电压和电流变比时均做了理想化处理，即把变压器当作理想变压器来分析，其输出到负载的功率等于一次侧输入的功率。但变压本身也要消耗一定功率，即变压器损耗。变压器的损耗主要包括铁耗 P_{Fe} 和铜耗 P_{Cu}。

1. 铁耗

铁耗主要取决于一次侧电压和频率，基本不变；铁耗是由交变磁通在铁芯中产生的，包括磁滞损耗和涡流损耗。

流过铁芯上的线圈是交变电流时，其在铁芯中产生的主磁通也是交变的。交变的主磁通除了在线圈中产生感应电动势，也会在铁芯中产生感应电动势，并形成涡旋状的感应电流，如图6.3.8所示。这种电流称为涡流，由涡流产生的能量损耗称为涡流损耗。

涡流损耗会引起铁芯发热，温度升高，严重时还会造成电气设备的损坏。为了减小涡流损耗，变压器、交流电动机等电气设备的铁芯都采用互相绝缘的硅钢片叠压而成。这样就可以限制涡流大小，使之只能在薄薄的硅钢片范围内流动。此外在一些频率较高的电气设备中，有时也采用电阻率很高的非金属磁性材料作铁芯，可使涡流大大减小。

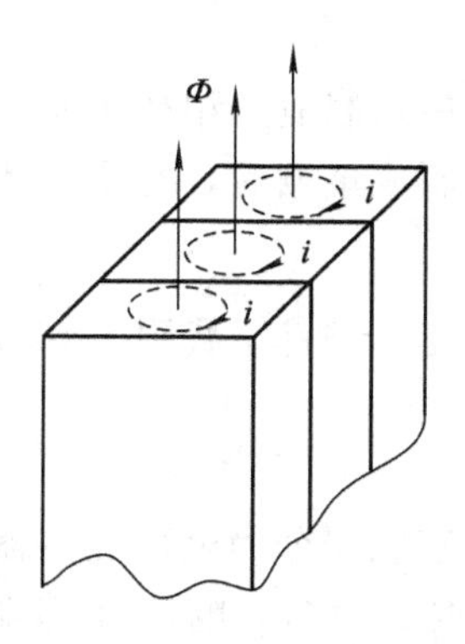

图6.3.8　铁芯中的涡流

由于磁性材料在磁化过程中存在磁滞现象，因此而产生的损耗称为磁滞损耗。可以证明，铁芯磁滞损耗与磁性材料磁滞回线所包围的面积成正比。应选磁滞回线面积小的软磁材料作为铁芯来减小磁滞损耗。

2. 铜耗

铜耗是指变压器线圈等效电阻上的功率损耗，主要取决于一、二次侧的电流大小。当变压器空载运行时，其铜耗很小，因此空载损耗主要体现在铁耗上。

3. 效率

变压器的效率定义为其二次侧输出功率与输入功率的比值，表达式为

$$\eta=\frac{P_2}{P_1}\times 100\%=\frac{P_2}{P_2+P_{Fe}+P_{Cu}}100\% \qquad (6.3.14)$$

要指出的是，变压器的效率并不是固定不变的，它随输出功率增加而增大，一般在带额定负载的50%～75%时达到最大值。负载再增大，效率反而会下降。

6.3.5 变压器的额定参数

1. 额定电压 U_{1N}/U_{2N}

额定电压是指变压器在允许的绝缘和温升情况下所施加规定的电压值。额定电压 U_{1N} 是一次侧额定施加的电压，U_{2N} 是一次侧施加额定电压，二次侧空载时的输出电压。对于三相变压器是指其线电压，单位是伏特(V)或千伏(kV)。

2. 额定电流 I_{1N}/I_{2N}

额定电流是指变压器在允许绝缘和温升情况下而规定的电流值。一般是一次侧施加额定电压，二次侧带额定负载时对应的一、二次电流。对于三相变压器是指其线电流，单位是安培(A)或千安(kA)。

3. 额定容量 S_N

额定容量表示变压器占用电网的容量，单位是伏安(VA)或千伏安(kVA)，对于单相变压器其容量为一次侧额定电压、电流的乘积；对于三相变压器，其容量为一次侧额定电压、电流乘积的$\sqrt{3}$倍。

4. 相数

变压器分单相和三相两种，一般均制成三相变压器以直接满足输配电的要求。小型变压器有制成单相的，特大型变压器制成单相后，组成三相变压器组，以满足运输的要求。

5. 额定频率

变压器的额定频率即所设计的运行频率，我国为50 Hz。

6.3.6 互感器

互感器是一种特殊的变压器。互感器分为电压互感器和电流互感器两大类，它们是供电系统中测量、保护、监控用的重要设备。电压互感器是将系统的高电压变为低电压(100 V或更低)；电流互感器是将高压系统中的电流或低压系统中的大电流变为低压的标准小电流(5 A或1 A)，供测量仪表、继电保护自动装置、计算机监控系统用。

互感器具有以下作用：

(1) 与测量仪表配合，对线路的电压、电流、电能进行测量；与继电器配合，对系统和电气设备进行过电压、过电流和单相接地等保护。

(2) 将测量仪表、继电保护装置和线路的高电压隔开，以保证操作人员和设备的安全。

(3) 将电压和电流变换成统一的标准值，以利于仪表和继电器的标准化。

1. 电压互感器

电压互感器是利用电磁感应原理工作的，类似于一台降压变压器。图6.3.9为电压互感器的原理图。互感器的高压绕组与被测电路并联，低压绕组与测量仪表电压线圈并联。由于电压线圈的内阻抗很大，所以电压互感器运行时，相当于一台空载运行的变压器。故二次侧不能短路，否则绕组将被烧毁。

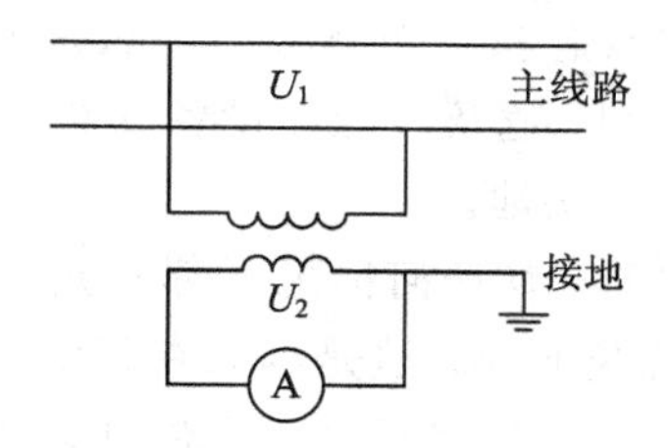

图 6.3.9　电压互感器原理图

电压互感器等级分为 0.2、0.5、1、3、3P、4P 级等。0.2 级一般用于电能表等；0.5 级一般用于测量仪表；1、3、3P、4P 级一般用于保护。

电压互感器运行注意事项：

(1) 电压互感器的一、二次侧接线应保证极性正确。当两台同型号的电压互感器接成 V 型时，必须注意极性正确，否则互感器线圈烧坏。

(2) 电压互感器的一、二次侧绕组都应装设熔断器(保护专用电压互感器二次侧除外)，以防止发生短路故障。电压互感器的二次侧绕组不能短路，否则电压互感器会因为过热而烧毁。

(3) 电压互感器二次侧绕组，铁芯和外壳都必须可靠接地，在绕组绝缘损坏时，二次侧绕组对地电压不会升高，以保证人身和设备安全。

(4) 电压互感器二次侧回路只允许有一个接地点。如有两个或多个接地点，当电力系统发生接地故障时，各个接地点之间的地电位可能会相差很大，该电位差将叠加在电压互感器侧二次侧回路上，从而使电压互感器二次侧电压的幅值及相位发生变化，有可能造成阻抗保护或方向保护误动或拒动。

(5) 涉及计费的电能计量装置中，电压互感器二次侧回路电压降应不大于其额定二次侧电压的 0.2%；其他电能计量装置中，电压互感器二次侧回路电压降应不大于其额定二次侧电压的 0.5%(参见电能计量装置技术管理规定 DL/T448—2000)。

2. 电流互感器

电流互感器是按电磁感应的原理工作的，其结构与普通变压器相似。图 6.3.10 为电流互感器的原理图。它的一次侧绕组匝数很少，串联在线路里，其电流大小取决于线路的负载电流，由于接在二次侧的电流线圈阻抗很小，所以电流互感器正常运行时，相当于一台短路运行的变压器。

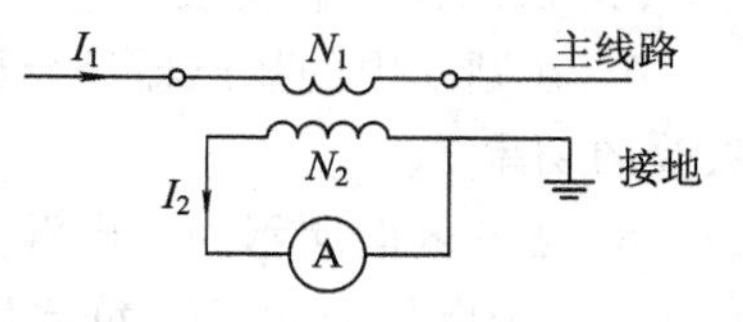

图 6.3.10　电流互感器原理图

利用一、二次侧绕组不同的匝数比就可将系统的大电流变为小电流来测量。

电流互感器运行注意事项：

(1) 电流互感器的一次侧线圈串联接入被测电路，二次侧线圈与测量仪表连接，一、二次侧线圈极性应正确。

(2) 二次侧的负载阻抗不得大于电流互感器的额定负载阻抗，以保证测量的准确性。

(3) 电流互感器不能与电压互感器二次侧互相连接，以免造成电流互感器近似开路，出现高电压的危险。

(4) 电流互感器二次侧绕组铁芯和外壳都必须可靠接地，以防止一、二次侧线圈绝缘击穿时，一次侧的高压窜入二次侧，危及人身和设备安全。而且电流互感器的二次侧回路只能有一个接地点，决不允许多点接地。

(5) 电流互感器一次侧带电时，在任何情况下都不允许二次侧线圈开路，因此在二次侧回路中不允许装设熔断器或隔离开关。这是因为在正常运行情况下，电流互感器的一次侧磁势与二次侧磁势基本平衡，励磁磁势很小，铁芯中的磁通密度和二次侧线圈的感应电势都不高。当二次侧开路时，一次侧磁势全部用于励磁，铁芯过度饱和，磁通波形为平顶波，而电流互感器二次侧电势为尖峰波，因此二次侧绕组将出现高电压，给人体及设备安全带来危害。

习题与思考

1. 有一绕在由铸钢制成的闭合铁芯上的线圈，其匝数 $N=100$ 匝，铁芯的横截面积 $S=20\ \text{mm}^2$，铁芯的平均长度 $l=40$ cm。如要在铁芯中产生 0.002 Wb 磁通，试问线圈中应通入多大直流电流？(铸钢的 $H=0.7\times10^3$ A/m。)

2. 如果上题的铁芯中含有一长度为 $\delta=0.1$ cm 的空气隙(与铁芯柱垂直)，若要使铁芯中的磁场强度保持上题中的量不变，试问线圈中需施加多大的电流？

3. 已知一线圈的电阻为 2 Ω，接在 $U=200$ V 交流电源上，测得功率 $P=120$ W，电流 $I=2$ A，试求该线圈的铁耗和功率因数。

4. 有一单相照明变压器，容量为 10 kVA，电压 3300/220 V，为某学生宿舍提供照明。负载为 220 V、40 W，功率因数为 0.8 的日光灯，如果要变压器在额定情况下运行，可以带多少盏日光灯？并求原、副绕组的电流。

5. 若题 6.4 中各条件不变，负载改为白炽灯(纯电阻性)，可以带多少盏白炽灯？并求原、副边绕组的电流。

6. 一电阻为 $R_L=8$ Ω 的扬声器接在一信号源上，信号源电动势 $E=18$ V，内阻 $R_{s1}=100$ Ω，试求扬声器吸收的功率。

7. 在题 6 中的扬声器经变比为 3 的变压器接在信号源上，其他条件不变，试求扬声器吸收的功率。

8. 题 6.8 图所示为一电源变压器，接在 220 V 电源上。副边有两个绕组，均带纯电阻负载：一个电压为 36 V，负载为 36 W，匝数为 90；一个电压为 12 V，负载为 24 W。求原边绕组匝数和电流 I_1 以及另一个副绕组的匝数。

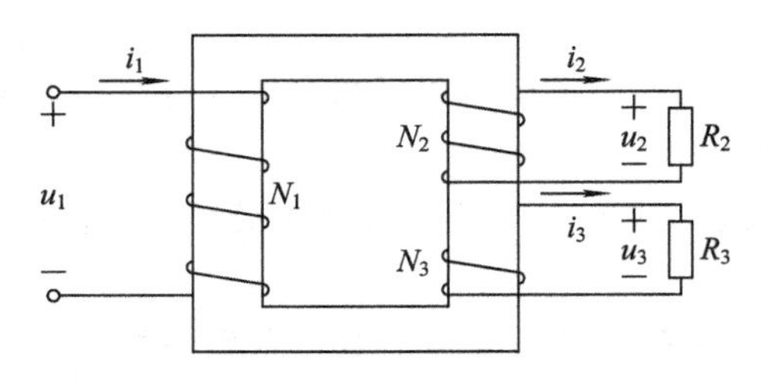

题 8 图

9. 一台容量为 50 kVA 的三相变压器带额定负载运行时，铜耗为 2200 W，铁耗为 540 W，负载功率因数为 0.75，试求此时变压器的效率。

10. 某型号电压互感器原副边额定电压为 220/5 V，现用电压表测得副边电压为 5 V，则原边电压是多少 V?

11. 某型号仪用电流互感器，在原边电流为 10 A 时，副边所接 100 Ω 电阻上电压为 1 V，求原边电流为 20 A 时，副边电流大小及原副边电流变比。

第7章 安全用电

【导读】

电作为生产和生活的重要能源，在给人们带来方便的同时，也具有很大的危险性和破坏性，如果操作不当和使用不当，就会危及人的生命、财产甚至电力系统的安全，造成巨大的损失。因此，掌握安全用电技术、熟悉保证电气安全的各项措施，防止事故发生是非常重要的。

【基本要求】

- 理解电流对人体的危害。
- 了解电流对人体伤害的类型。
- 掌握人体触电的类型。
- 了解防止人身触电和电气设备防火的技术措施。

7.1 电流对人体的危害

电流通过人体，它的热效应、化学效应会造成人体电灼伤、电烙印和皮肤金属化；它产生的电磁场能量会导致人头晕、乏力和神经衰弱。电流通过人体头部会使人立即昏迷，甚至醒不过来；通过人体脊髓会使人肢体瘫痪；通过中枢神经或有关部位会导致中枢神经系统失调而死亡；通过心脏会引起心室颤动，致使心脏停止跳动而死亡。由此看出，电流通过人体非常危险，尤其是通过心脏、中枢神经和呼吸系统危险性更大。

电流通过人体，对人的危害程度与通过的电流大小、持续时间、电压高低、频率以及通过人体的途径，人体电阻状况和人身体健康状况等有密切关系。

1. 不同电流强度对人体触电的影响

通过人体的电流越大，人的生理反应越明显，引起心室颤动所需的时间越短，致命的危险就越大。按照不同的电流强度通过人体时的生理反应，可将电流分成以下三类。

1）感知电流

人体能感觉到的最小电流称为感知电流。比这个电流小，人就感觉不到了。

2）摆脱电流

触电人能自主摆脱的最大电流称为摆脱电流。比这个电流大，人就无法自主摆脱了，比这个电流小，人能够自主摆脱。

3）致命电流

在较多时间内，危及人生命的最小电流称为致命电流。一般情况下，通过人体的工频电流超过30～50 mA时，人的心脏就可能停止跳动，发生昏迷和出现致命的电灼伤。

2. 电流通过人体的持续时间对人体触电的影响

电流通过人体时间越长，对人体组织破坏越厉害，触电后果越严重。人体心脏每收缩和扩张一次，中间有一时间间隙，在这个时间间隙内触电，心脏对电流特别敏感，即使电流很小，也会引起心室颤动。

3. 作用于人体的电压对人体触电的影响

当人体电阻一定时，作用于人体的电压越高，流过人体的电流就越大，也越危险。而且，随着作用于人体的电压升高，人体电阻还会下降，致使电流更大，对人体的伤害更严重。

4. 电源频率对人体触电的影响

人体触碰到的电源频率越高或越低，对人体触电危险性不一定就越大。对人体伤害最严重的交流电频率是50～60 Hz。

5. 人体电阻对人体触电的影响

人体触电时，当接触的电压一定时，流过人体的电流大小就取决于人体电阻的大小。人体电阻越小，流过人体的电流就越大，也就越危险。

人体电阻主要由两部分组成，即人体内部电阻和皮肤表面电阻。前者与触电电压和外界条件无关，一般在500 Ω左右；而后者随皮肤表面的干湿程度、有无破伤以及触电电压有关。不同的人皮肤表面电阻差异很大，因而使人体电阻的差异也很大。但一般情况下人体电阻可按1000～2000 Ω考虑。

6. 电流通过人体不同途径对人体触电的影响

电流总是从电阻最小的途径通过，所以触电情况不同，电流通过人体的途径也不同。很明显，电流从左手到脚是最危险的途径。

7. 人体健康状况对人体触电的影响

身体健康，精神饱满，思想就集中，工作中就不容易发生触电，万一发生触电时，其摆脱电流相对也较大。反之，若有慢性疾病，如身体不好或醉酒，则精力就不易集中，就容易发生触电事故，而且触电后，由于体力差，摆脱电流的能力相对也小，加上自身抵抗力差，容易诱发疾病，后果更为严重。因此，身心健康也是影响触电的重要因素。

7.2　电流对人体伤害的分类

电流对人体的伤害可以分为电击和电伤两大类。

1. 电击

电击就是我们通常所说的触电，是电流通过人体对人体内部器官的一种伤害，绝大部分的触电死亡事故都是电击造成的。当人体在触及带电导体、漏电设备的金属外壳或距离高压电太近以及遭遇雷击、电容器放电等情况时，都可能导致电击。

2. 电伤

电伤是指触电时电力的热效应、化学效应以及电击引起的生物效应对人体造成的伤害。电伤多见于肌肉外部，而且在肌体上往往留下难以愈合的伤痕。常见的电伤有电灼伤(电弧烧伤)、电烙印和皮肤金属化等。

1）电灼伤

电灼伤即电弧烧伤，是最常见也是极严重的电伤。在低压系统中，带负荷特别是感性负荷拉合裸露的闸刀时，产生的电弧可能会烧伤人的手部和面部；线路短路，跌落式熔断器的熔丝熔断时，炽热的金属微粒飞溅出来也可能造成灼伤；在高压系统中由于误操作，如带负荷拉合隔离开关、带电挂接地线等，会产生强烈的电弧，将人严重灼伤。另外，人体过分接近带电体，其间距小于放电距离时，会直接产生强烈的电弧对人放电，造成人触电死亡或大面积烧伤而死亡。强烈电弧的照射还会使眼睛受伤。

2）电烙印

电烙印也是电伤的一种，当通过电流的导体长时间接触人体时，由于电流的热效应和化学效应，使人体接触部位的肌肤发生质变，形成肿块，颜色呈灰黄色，有明显的边缘，如同烙印一般，称之为电烙印。电烙印一般不发炎、不化脓、不出血，受伤皮肤硬化，造成局部麻木和失去知觉。

3）皮肤金属化

在电流电弧的作用下，使一些融化和蒸发的金属微粒渗入人体皮肤表层，使皮肤变得粗糙而坚硬，导致皮肤金属化，给人体健康造成很大的危害。

7.3 人体触电类型

人体触电可分为直接接触触电和间接接触触电两大类。间接接触触电包括跨步电压触电和接触电压触电两种类型。

7.3.1 直接接触触电

人体直接碰到带电导体造成的触电或离高压带电体距离太近，造成对人体放电这两种情况的触电称之为直接接触触电。

1. 单相触电

如果人体直接碰到电气设备或电力线路中的一相带电导体，或者与高压系统中一相带电导体的距离小于该电压放电距离而造成对人体放电，这时电流将通过人体流入大地，这种触电称为单相触电，如图 7.3.1 所示。

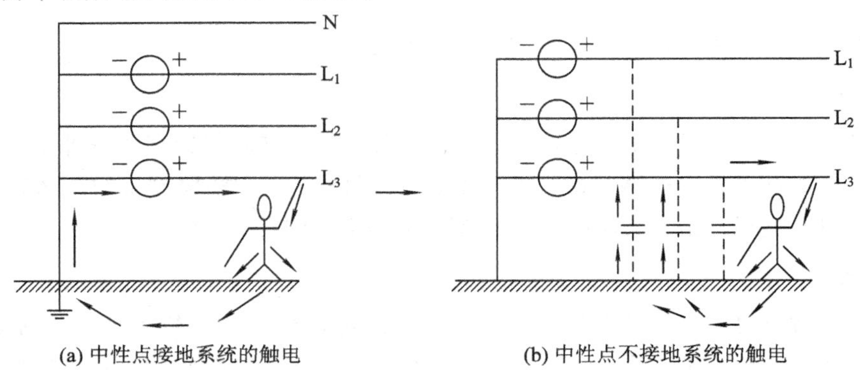

图 7.3.1 单相触电示意图

2. 两相触电

如果人体同时接触电气设备或电力线路中两相带电体，或者在高压系统中，人体同时过分靠近两相带电导体而发生电弧放电，则电流将从一相导体通过人体流入另一相导体，这种触电现象称为两相触电，如图 7.3.2 所示。显然，发生两相触电危害更大，因为这时作用于人体的电压是线电压。

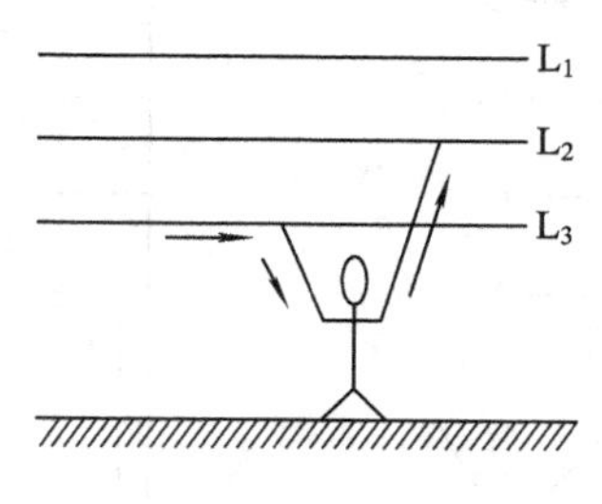

图 7.3.2 两相触电示意图

7.3.2 间接接触触电

1. 跨步电压触电

当电气设备或线路发生接地故障时，接地电流从接地点向大地四周流散，这时在地面上形成分布电位。在 20 米以外大地电位可认为等于零，距离接地点越近，大地电位越高。假如人在接地点周围行走，其两脚之间就有电位差，这就是跨步电压。由跨步电压引起的人体触电称为跨步电压触电。

2. 接触电压触电

电气设备的金属外壳，不应该带电，但由于设备使用时间太长，内部绝缘老化，造成击穿碰壳；或由于安装不良，造成设备的带电部分触碰到金属外壳；或其他原因造成电气设备金属外壳带电。此时，人若触碰到带电外壳，就会发生触电事故，这种触电称为接触电压触电。

7.4 防止人体触电的技术措施

防止人体触电，要时刻具有安全第一的思想，在工作中一丝不苟；要努力学习专业业务，掌握电气专业技术和电气安全知识。另外，必须严格遵守规程规范和各种规章制度。从设计、设备制造、设备安装验收、设备运行维护管理以及检修都必须按规程规范，要保证质量，每个环节都不能马虎。除上述这些要求外，为确保安全，还要根据规定有屏护、间距、安全标志及防止人体触电的一些技术措施。防止人体触电的技术措施有保护接地和保护接零、采用安全电压、装设剩余电流保护器等。

7.4.1 保护接地和保护接零

1. 保护接地

将电气设备的外露可导电部分通过接地装置与大地相连称为保护接地，如图 7.4.1(a) 所示。接地装置是接地体和接地线的总称。接地体是埋在地下，与土壤直接接触的金属导体；接地线是连接电气设备和接地体的导线。保护接地的接地电阻不能大于 4 Ω，在发生人体触电时，由于人体电阻在 1000～2000 Ω，远大于接地电阻，触电电流仅有很小一部分从人体流过，大大减小了人体触电的危险性。若没有采取保护接地，如图 7.4.1(b)所示，电气设备发生漏电或碰壳时，漏电流将全部通过人体，人将发生严重触电事故。

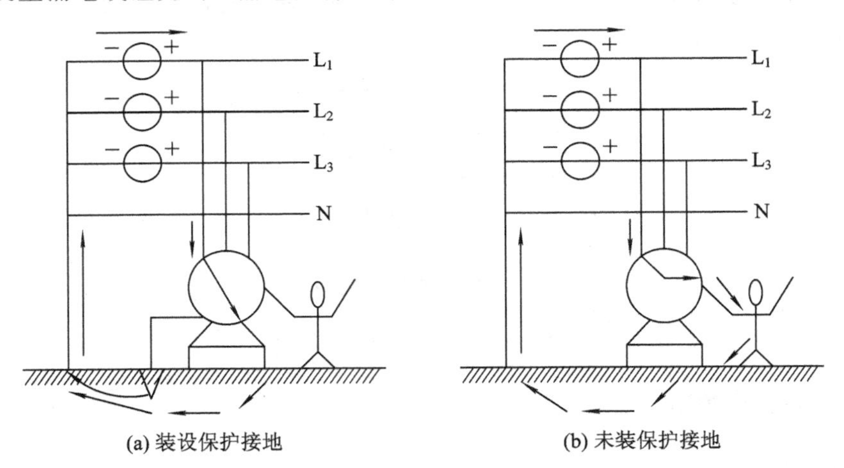

图 7.4.1　中性点直接接地系统保护接地原理图

2. 保护接零

保护接零是指低压配电系统中将电气设备外露导电部分与供电变压器的零线直接连接，如图 7.4.2 所示。

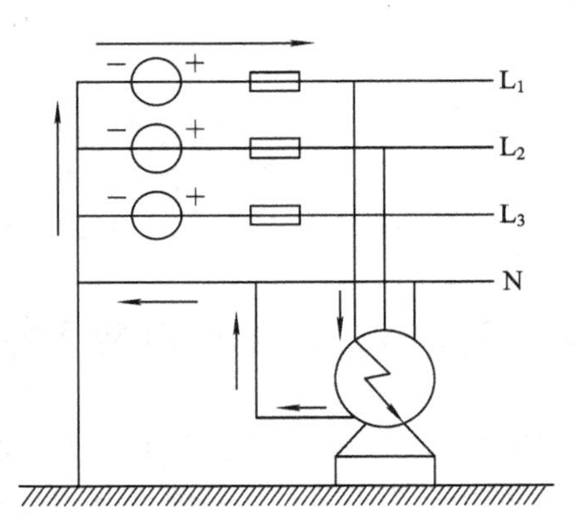

图 7.4.2　保护接零原理图

实施保护接零后，假如电气设备发生漏电或带电部分碰到外壳，就构成单相短路，短路电流很大，使碰壳相电源短路保护，自动切断电源，这时人就不会发生触电。实施保护接零时，必须注意零线不能断线，否则电气设备发生漏电或带电部分碰到外壳，就不会构成单相短路，电源也不会自动切断，设备就失去了保护，同时会造成人体触电危险。

7.4.2 安全电压

安全电压是低压，但低压不一定是安全电压。《电力安全工作规范》(GB26860—2011)中规定，低压是指用于配电的交流系统中 1000 V 及以下的电压等级。而《安全电压》

(GB3805—83)规定的安全电压等级为42 V、36 V、24 V、12 V和6 V，且应根据作业场所、操作条件、使用方式、供电方式、线路状况等因素选用。例如机床的局部照明应采用36 V及以下安全电压；灯的电压不应超过36 V；在特别潮湿或工作地点狭窄、行动不便的场所应采用12 V安全电压。还有一些移动电气设备等都应采用安全电压，以保护人身用电安全。

7.4.3 装设剩余电流保护器

剩余电流动作保护装置是指电路中带电导体对地故障所产生的剩余电流超过规定值时，能够自动切断电源或报警的保护装置。它包括各类剩余电流动作保护功能的断路器、移动式剩余电流动作保护装置和剩余电流动作电气火灾监控系统、剩余电流继电器及其组合电器等。

在低压配电系统中，广泛采用额定动作电流不超过30 mA、无延时动作的剩余电流动作保护器，作为直接接触触电保护的补偿防护措施。

7.5 电气装置防火

电气火灾事故是指由电气原因引起的火灾事故，在火灾事故中占有很大比例。电气火灾除可能造成人身伤亡和设备损坏外，还可能造成电力系统停电，给国民经济造成重大损失。因此，防止电气火灾是安全工作的重要内容之一。

7.5.1 电气火灾的原因

电气火灾的原因，除了设备缺陷或安装不当等设计、制造和施工方面的原因外，在运行中，电流的热量和电火花或电弧等都是造成电气火灾的直接原因。

1. 电气设备过热

引起电气设备过热的主要原因有：

1）短路

线路发生短路时，线路中电流将增加到正常工作电流的几倍甚至几十倍，使设备温度急剧上升，尤其是连接部分接触电阻大的地方，当温度达到可燃物的引燃点时，就会引起燃烧。

引起线路短路的原因很多，如电气设备载流部分的绝缘损坏，这种损害或者是设备长期运行，绝缘自然老化；或者是设备本身不合格，绝缘强度不符合要求；或者是绝缘受外力损失引起短路事故。再如在运行中误操作造成弧光短路等。

2）过负荷

由于导线横截面积和设备选择不合理，或运行中电流超过设备的额定值，从而引起发热并超过设备允许的长期运行温度而过热。

3）接触不良

导线接头做的不好，连接不牢靠，活动触头接触不良，导致接触电阻过大，电流通过时接头就会过热。

4）铁芯过热

变压器、电动机等设备的铁芯压得不紧而使磁阻很大，铁芯绝缘损害，长时间过电压使铁芯损耗大，运行中铁芯饱和，非线性负载引起高次谐波，这些都可能造成铁芯过热。

5）散热不良

设备的散热通风措施遭到破坏，设备运行中产生的热量不能有效及时散发而造成设备过热。

2. 电火花和电弧

电火花和电弧是在生产和生活中经常见到的一种现象，电气设备正常工作时或正常操作时都会产生电火花和电弧。电火花和电弧的温度很高，特别是电弧，温度可高达6000 ℃以上，造成危险的火源。

7.5.2 防止电气火灾的措施

从上面分析可以看出，发生电气火灾的原因可以概括为两条：现场有可燃物质；现场有引燃的条件。所以应从这两方面采取措施，防止电气火灾事故的发生。

1. 排除可燃物质

保持良好的通风，使现场可燃气体、粉尘和纤维浓度降低到可燃浓度以下；加强密封，减少和防止可燃物质泄露。

2. 排除电气火源

应严格按照防火规程的要求来选择、布置和安装电气设备。对运行中可能产生电火花、电弧和高温危险的电气设备，不应放置在易燃的危险场所。

7.5.3 电气火灾的扑救

1. 断电灭火

当电气装置或设备发生火灾或引燃附件可燃物时，首先要切断电源。室外高压线路或杆上配电变压器起火时，应立即与供电部门联系拉闸断电；室内电气装置或设备发生火灾时应尽快拉掉开关切断电源，并及时正确选用灭火器进行扑救。

2. 带电灭火

发生电气火灾时应首先考虑断电灭火，因为断电后火势可减小下来，同时扑救比较安全。但有时在危急情况下，如果等切断电源后再进行扑救，会延误时机，使火势蔓延，扩大燃烧面积，或者断电会严重影响生产，这时就必须在确保灭火人员安全的情况下，进行带电灭火，一般限在10 kV及以下电气设备上进行。

练习与思考

1. 电流通过人体对人体的危害程度与哪些因素有关?
2. 电流对人体的伤害有哪些类型?
3. 人体触电有哪些类型?
4. 浅谈如何防止人身触电。
5. 什么是保护接地和保护接零?
6. 电气火灾发生的主要原因有哪些?